新生物学丛书

合成生物学：理论、方法与应用

雷长海　胡　适　毛瑞雪　主编

U0289670

科学出版社

北京

内 容 简 介

合成生物学研究的技术方法和工具手段，可以突破生命自然进化的限制，有望引领生命科学研究的未来，具有广阔的应用前景。2004 年，合成生物学被评为改变世界的十大新技术之一，2014 年，又被美国国防部列为"21 世纪优先发展的六大颠覆性技术之一"。近年来，我国也日益重视合成生物学领域的研究和人才培养。

本书共九章。第一章合成生物学概述和第二章合成生物学的学科基础，介绍了合成生物学的发展历程，与分子生物学、基因工程等相关学科的联系，使读者对合成生物学有一个全面的认识；第三至八章分别介绍了合成生物系统的底盘、基因表达调控、生物砖、逻辑门、合成受体和基因线路设计，帮助读者理解合成生物系统设计的工程化理念、原理策略和常用技术方法；第九章合成生物学应用，介绍了合成生物学在民用领域和军事领域的典型应用。

本书可供从事合成生物学研究与教学的人员参考，也可作为普通高等院校医学、生命科学、生物医学工程等相关专业本科生及研究生的参考用书。

图书在版编目（CIP）数据

合成生物学：理论、方法与应用 / 雷长海，胡适，毛瑞雪主编. —北京：科学出版社，2024.2
　（新生物学丛书）
　ISBN 978-7-03-077439-2

Ⅰ. ①合… Ⅱ. ①雷… ②胡… ③毛… Ⅲ. ①生物合成-研究 Ⅳ. ①Q503
中国国家版本馆 CIP 数据核字（2024）第 005912 号

责任编辑：王　静　罗　静　赵小林　付丽娜 / 责任校对：张小霞
责任印制：赵　博 / 封面设计：刘新新

科学出版社 出版
北京东黄城根北街 16 号
邮政编码：100717
http://www.sciencep.com

北京市金木堂数码科技有限公司印刷
科学出版社发行　各地新华书店经销
*
2024 年 2 月第 一 版　开本：720×1000 1/16
2024 年 9 月第二次印刷　印张：17 3/4
字数：360 000

定价：168.00 元
（如有印装质量问题，我社负责调换）

"新生物学丛书"专家委员会

"新生物学丛书"丛书序

当前,一场新的生物学革命正在展开。为此,美国国家科学院研究理事会于2009年发布了一份战略研究报告,提出一个"新生物学"(New Biology)时代即将来临。这个"新生物学",一方面是生物学内部各种分支学科的重组与融合,另一方面是化学、物理、信息科学、材料科学等众多非生命学科与生物学的紧密交叉与整合。

在这样一个全球生命科学发展变革的时代,我国的生命科学研究也正在高速发展,并进入了一个充满机遇和挑战的黄金期。在这个时期,将会产生许多具有影响力、推动力的科研成果。因此,有必要通过系统性集成和出版相关主题的国内外优秀图书,为后人留下一笔宝贵的"新生物学"时代精神财富。

科学出版社联合国内一批有志于推进生命科学发展的专家与学者,联合打造了一个21世纪中国生命科学的传播平台——"新生物学丛书"。希望通过这套丛书的出版,记录生命科学的进步,传递对生物技术发展的梦想。

"新生物学丛书"下设三个子系列:科学风向标,着重收集科学发展战略和态势分析报告,为科学管理者和科研人员展示科学的最新动向;科学百家园,重点收录国内外专家与学者的科研专著,为专业工作者提供新思想和新方法;科学新视窗,主要发表高级科普著作,为不同领域的研究人员和科学爱好者普及生命科学的前沿知识。

如果说科学出版社是一个"支点",这套丛书就像一根"杠杆",那么读者就能够借助这根"杠杆"成为撬动"地球"的人。编委会相信,不同类型的读者都能够从这套丛书中得到新的知识信息,获得思考与启迪。

"新生物学丛书"专家委员会

主　任:蒲慕明

副主任:吴家睿

2012年3月

前　言

俄罗斯生物学家尤里·拉泽布尼克写过一篇著名的幽默论文"*Can a biologist fix a radio*?（生物学家能修理收音机吗？）"，对生物学的研究方法进行了反思。

在文章中，作者假设生物学家根本不知道收音机的工作原理，只知道它播放音乐是正常的，不播放音乐就是坏了。那么，如果生物学家接到维修收音机的任务时，他们会采用什么样的研究手段呢？

首先，肯定是争取经费买一堆收音机，想办法打开观察、命名并描述各种不同形状的零件。圆的、方的、两条腿、三条腿……仅由于不同零件有不同的颜色，可能就会产生很多篇论文，甚至会因为颜色的改变与声音的关系引发激烈的争论。

其次，生物学家会试着移除一两个元件，或者让它们交换位置，看看会发生什么。这是为了确定哪些元件是关键性的，因为移除关键元件会导致收音机完全停止工作，而缺少不那么重要的元件只会影响音质而已。

可能会有一个幸运的博士后拆掉一根导线，发现收音机不工作了，这根导线会被命名为"意外恢复元件"（serendipitously recovered component，SRC）。顺藤摸瓜，他发现 SRC 的唯一功能是连接了一个可伸缩金属物体（其实是短波天线），于是这个可伸缩的金属物体被命名为"最重要的元件"（most important component，MIC）。这个实验室和相关领域立刻就会欣欣向荣起来。

与此同时，另一个实验室传来喜讯，一位执着的研究生发现收音机工作所需的是另一个元件（其实是中波天线），这个元件是石墨材料制成的，其长度变化不会明显影响收音机的声音。这个研究生可以用实验证明收音机工作不需要 MIC 元件，然后把他发现的物体命名为"真正重要的元件"（really important component，RIC），于是又出现一个有前景的研究领域。

MIC 阵营和 RIC 阵营会发生激烈争论，因为证据表明某些收音机需要 MIC，而其他收音机则需要 RIC。

这场争论最后由一个聪明的博士后来结束。他极其偶然地发现了一个开关元件（其实是中波/短波切换开关），这个元件的状态决定了收音机需要 MIC 还是 RIC。这个元件被命名为"毫无疑问的最重要的元件"（undoubtedly most important component，U-MIC）。

而这才是刚刚开始。受这些"伟大发现"的启发，更多生物学家将采用成分研究方法来研究收音机的每个元件，事情进一步复杂化……

为什么会出现这样的结果呢？

拉泽布尼克把这种尴尬的原因归之于语言，维修收音机需要掌握电子工程的语言，包括电压、电流、电阻、电容、电感、二极管、三极管、放大器等各种电子元器件和电路组合模块，以及它们的定量方法和计算公式。如果掌握了这些语言，普通人也能在电子工程领域如鱼得水。反之，不掌握这些语言，只要系统的复杂性超过某个限度，就只能期待天才和奇迹的出现了。

正是由于合成生物学所用的语言既有生物学的语言，又融合了工程学的语言，还掺杂着数学、计算机等多门学科的语言，刚接触合成生物学这门学科的初学者倍感困惑：合成生物学到底是研究什么的？它和分子生物学、系统生物学、生物化学、生物物理学、基因工程、代谢工程有着怎样的关系？DNA、RNA、受体、配体、转录、翻译怎么就和逻辑门、前馈、反馈、级联、放大联系到了一起，尤其是看到振荡器、双稳态开关、群体感应等基因线路图时，茫然地不知从何处着手……

本书试图从一个初学者的角度去解答这些困惑，旨在帮助合成生物学爱好者读懂基因机器的语言，了解基因线路的工作原理，理解基因元件的特性，为下一步深入学习乃至能够动手理性设计具有特定功能的生物体打下一些基础。当然，有意愿参加国际基因工程机器大赛的学生肯定也能从本书中获得有用的信息。

登山亦有道，徐行则不蹶。

合成生物学包含的知识很多很多，本书只选择了入门所必须掌握的内容，并对一些关键的原理和知识点在书中多处进行了必要的重复，以期在不同的语境下进行阐述，试图把抽象的符号组合成有实际意义的代码，帮助读者理解。

本书在编写中，得到校内外多位老师和我校国际基因工程机器大赛团队NMU-iGEMer 的支持和帮助，同时参考了相关书籍、文献与互联网资料，在此一并表示感谢！

限于作者的知识和学术水平与能力，书中难免有疏漏与不足，敬请同行专家与读者批评指正，以便不断改进和完善。

雷长海

2024 年春于中国人民解放军海军军医大学

目　　录

第一章　合成生物学概述

　　合成生物学是一门涉及分子生物学、系统生物学、生物工程学、生物物理学、信息科学等多门学科的新兴会聚型学科。它的目标是在工程化思想的指导下有目的、可预测地对生物体进行设计、改造乃至重新合成。经过 20 余年的蓬勃发展，合成生物学取得了重大成就，它的崛起突破了生物学以发现描述与定性分析为主的"格物致知"的传统研究方式，提出了"建物致知"的全新理念。通过生物体系的模拟、合成、简化和再设计，人类更加深刻地理解生命的本质。合成生物学研究的技术方法和工具手段，可能会突破生命自然进化的限制，有望引领生命科学研究的未来，成为 21 世纪的"颠覆性"技术之一。

第一节　合成生物学的起源与发展

一、合成生物学的起源

　　"合成生物学"（synthetic biology）这个词最早可以追溯到 1910 年法国学者斯特凡·勒杜克（Stéphane Leduc）（1853—1939 年）通过溶剂和溶质渗透与扩散方法模拟人工合成细胞的工作。1913 年，署名为 W. A. D.的作者在 *Nature* 上发表了"合成生物学与生命的机制"（*Synthetic Biology and the Mechanism of Life*）一文，对 Stéphane 的研究进行了系统评述（W. A. D.，1913）。与现在对合成生物学的理解不同，那个时代的"合成生物"是指生命体形状和结构的合成。

　　现代意义上的合成生物学概念的提出应该是源于弗朗索瓦·雅各布（Francois Jacob）和雅克·莫诺（Jacques Monod）于 1961 年发表的名为"通用结论：细胞代谢、生长和分化中的目的论机制"（*General Conclusions: Teleonomic Mechanisms in Cellular Metabolism, Growth, and Differentiation*）的那篇里程碑式的文章，文中报道了研究人员通过对大肠杆菌中乳糖操纵子的研究，提出了包括群体活动、酶活性、酶合成的特异性控制，以及变构调节、基因表达控制、mRNA 等可能的调控机制，并推测细胞中存在对环境反应的调节线路。

　　例如，在图 1-1 所示的自催化和自我维持的调节线路中，调控基因（regulatory gene，RG）产物作用于结构基因（structural gene，SG）上游的操纵子位点（O），SG 表达被抑制，而诱导物（P）可以阻断这种抑制作用；当向环境中添加少量 P 时，RG 产物对 O 的抑制作用被解除，SG 表达，生成酶（E）；酶（E）可以催化底物 S 生成更多的 P，进一步解除 RG 产物对 O 的抑制作用。

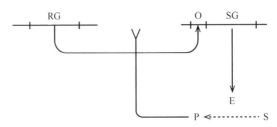

图 1-1　细胞中可能存在的自催化和自我维持的调节线路（Monod and Jacob，1961）

随着细菌转录调控的分子细节被发现，科学家不断构想出基于分子成分组装新的调控系统的方案，逐步形成了基于程序化基因表达的具体设想。然而受限于各种技术难题，这个时期的研究尚未达到可以将理论与实验进行相互验证、详细比较的状态。

随着20世纪70～80年代分子克隆和聚合酶链反应（polymerase chain reaction，PCR）的发展，基因操纵技术在微生物学研究中得到广泛应用，为人工基因的调控提供了技术手段。在这一前基因组时期，属于基因工程的研究方法大多局限于克隆和重组基因表达，还没有具备足够的知识或工具来创建生物系统。

到20世纪90年代中期，自动DNA测序技术和改进的计算工具使完整的微生物基因组得以测序，测量 RNA、蛋白质、脂质和代谢物的高通量技术使科学家能够了解大量的细胞成分及其相互作用，进而促进了系统生物学的产生。系统生物学不但关心个别的基因和蛋白质，而且研究生物系统中所有组分（基因、mRNA、蛋白质及代谢物等）的构成，以及在特定条件下这些组分间的相互关系。以还原论为指导思想的生物医学的研究具备了新的发展契机，即从整体、系统的角度来研究生命和疾病的本质。生物学家和计算机科学家开始将实验和计算相结合，采用逆向工程来研究细胞网络。在这一时期，通过大量且持续的基础研究，逐步形成了一种观点：细胞功能网络尽管庞大而复杂，但都是由许多相互作用分子组成的"模块"来执行的，可以像工程系统一样分解成清晰可辨、由功能模块组成的层次结构（Hartwell et al.，1999）。研究人员认识到，通过系统地调整或重新排列模块化的分子成分，可以实现对生物系统的理性控制，并设想出自下而上方法（bottom-up approach）作为对系统生物学自上而下方法（top-down approach）的补充。自下而上方法通过不断扩展分子"模块"，逐步形成调控线路，它既可用于研究自然系统的功能组织，又可用于创建具有潜在生物技术和健康应用的人工调节网络。

到20世纪90年代末，一些工程师、物理学家和计算机科学家抓住这一机会，开始向分子生物学迁移，尝试在实验台上开展工作，合成生物学的生物工程学科基础逐步成型。

二、合成生物学的诞生

早期合成生物学家的工作起点是创建简单的基因调控线路，以类似于电子电路的方式执行功能。这些简单基因线路的动力学特征可以使用相应的简单数学模型来描述，从而可以像电子工程师那样评估基于模型的设计方法的效果，并通过试错（trial and error）法改进模型设计，再尝试-纠错，反复试验，不断修改完善，直到成功。这些工作基本都是基于大肠杆菌实验平台开展的，这主要源于大肠杆菌遗传操作的易用性，以及基于对大肠杆菌生物学机制的充分研究和深刻理解积累了相对丰富的基因调控系统，这些系统提供了方便的基本基因线路"零件"。

2000 年 1 月，关于设计基因线路以执行预定功能的第一批研究报告发表，包括波士顿大学的 Collins 团队设计的双稳态基因开关（Gardner et al.，2000）和普林斯顿的 Elowitz 及 Leibler 基于负反馈调控原理设计的基因振荡线路（Elowitz and Leibler，2000）。双稳态基因开关通过构建包含启动子的基因线路，驱动相互抑制的转录抑制剂的表达，拥有这种线路的细胞可以响应外部信号，在两种稳定表达之间实现切换，并使用绿色荧光蛋白（green fluorescent protein，GFP）表达作为输出来监测基因线路行为（图 1-2）；基因振荡线路则由三组顺序的抑制子-启动子对组成，该线路的激活会导致蛋白质表达的有序周期性振荡，在模型和实验输出间达成一致。

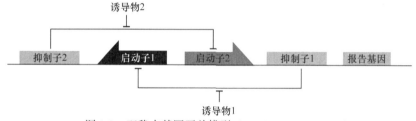

图 1-2　双稳态基因开关模型（Gardner et al.，2000）

以上工作都是在大肠杆菌中实现的，所使用的基因元件都经过人工设计，并采用了模块化方式构建的基因线路。这种基于模块化的基因线路可以很方便地应用于多种情况，只要通过替换"元件"来"调整"线路就可以获得期望的行为。

这些工作成为合成生物学的经典开山之作，所建立的研究方法，包括假设驱动、理性设计、模型仿真、物理构造、实验测量等，成为合成生物学的重要特征。

在 2000 年美国化学学会年会上，斯坦福大学的 Eric Kool 教授提出合成生物学是利用有机化学和生物化学的合成能力来设计非天然的在生物系统中仍能起作用的合成分子。通过仔细地调整这些合成分子的性质，研究人员可以使用它们来了解所研究的系统中发生的化学变化。

自此，现代意义上的合成生物学作为生物学领域一个崭新的分支诞生了。

三、合成生物学的发展

由于合成生物学既带来了生物学研究的新思想、新策略，又能为人类克服社会和经济发展中的重大挑战提供新技术、新工具，合成生物学很快步入蓬勃发展时期。特别是美国国家科学基金会为合成生物学工程研究项目（synthetic biology engineering research project，SynBERC）提供了专门的研究资金后，各类资助机构开始纷纷效仿，合成生物学研究在全世界范围引起了广泛的关注与重视，被公认为在医学、制药、化工、能源、材料、农业等领域都有着广阔的应用前景。

2003 年美国麻省理工学院成立了标准生物部件登记处（Registry of Standard Biological Parts，RSBP）。RSBP 作为合成生物学领域的一个公共存储库，用于数字编码和以标准化的"生物砖"（BioBrick）格式物理存储基因元件，供全世界科学家索取使用，从而可以方便地将这些基因元件组装成基因线路，在已有基础上扩展设计具有更复杂功能的生物系统。

合成生物学的国际学术竞赛——国际基因工程机器大赛（International Genetically Engineered Machine Competition，iGEM），自 2003 年创设以来蓬勃发展，促使大学和公众对合成生物学领域产生浓厚兴趣，合成生物学开始得到科学界和大众媒体的广泛认可。

2004 年，合成生物学的第一届国际会议（First International Meeting on Synthetic Biology）——Synthetic Biology 1.0（SB1.0）在美国麻省理工学院举行。这次会议会聚了来自生物学、化学、物理、工程和计算机科学的研究人员。来自当代工程领域的思想第一次广泛地融入分子生物学研究中，两个领域相容性的问题被提了出来：①合成生物学能发展成一门像电子或机械工程一样复杂的工程学科吗？②像"元件标准化"这样的实践和"抽象、层次"这样的概念能映射到生物系统上吗？这是第一次高度跨学科的研究小组开始明确地尝试通过创建模块部件的集合和开发构造、调整特定电路设计的方法来改进基因系统的工程。

2006 年以来，合成生物学发展又进入了新阶段，研究主流从单一基因部件的设计快速发展到对多种基本部件和模块进行整合。通过设计多模块之间的协调运作建立复杂的系统，并对代谢网络流量进行精细调控，从而构建人工细胞工厂来实现药物、功能材料与能源替代品的大规模生产，合成生物学的商业应用价值受到资本的高度关注。

这一阶段，国际上的合成生物学研究发展迅速，在短短几年内就设计了多种基因控制模块，可以有效调节基因表达、蛋白质功能、细胞代谢或细胞间相互作用，包括设计了多细胞模式的群体感应线路；用光控制基因表达的环境感应线路等；促进细菌入侵肿瘤细胞的合成线路成为以细胞为基础的治疗策略的早期尝试；基于 RNA 的调控系统也被设计出来，从而将基因线路设计从转录控制扩展到转录后和翻译调控；CRISPR-Cas 系统也被用于实现全基因组的转录控制（Cameron et al.，2014）。

2012 年美国政府发布的《国家生物经济蓝图》指出，美国未来的生物经济依赖于包括合成生物学在内的新技术的开发应用。英国也将合成生物学作为引领未来经济发展的 4 个新兴产业之一，对合成生物学经费投入、研究平台和基础设施建设、促进技术商业化应用等方面的支持力度不断加大，谋求未来全球合成生物学发展的领导地位。除美国、英国外，德国、日本、瑞士等在合成生物学研究领域也极具实力。

四、合成生物学发展中的重要里程碑

加利福尼亚大学伯克利分校的 Jay Keasling 团队在微生物体内开展的青蒿素（artemisinin）前体生物合成是合成生物学发展中最重要的里程碑之一。该团队于 2003 年在大肠杆菌内生物合成青蒿素前体——紫穗槐二烯获得成功（Martin et al.，2003）。

青蒿素是中国科学家于 20 世纪 70 年代首先研发的一种抗疟疾特效药。由于通过化学合成青蒿素存在合成难度大、成本高及污染严重等，因此，当时的商用青蒿素基本来自植物青蒿的提取物，但野生青蒿素含量仅为 0.4%～1.0%，且产量和品质均不稳定。

植物青蒿可利用甲羟戊酸途径（mevalonate pathway，MVP）和非甲羟戊酸途径合成青蒿素。其中，MVP 为主要途径。该途径是以乙酰辅酶 A 为原料合成异戊烯焦磷酸（isopentenyl pyrophosphate，IPP）和二甲烯丙基焦磷酸（dimethyl allyl pyrophosphate，DAMPP）的一条代谢途径。由于 MVP 存在于所有高等真核生物和很多病毒中，因此为生物合成青蒿素前体提供了可能。

研究人员首先敲除了大肠杆菌的 1-脱氧-D-木酮糖-5-磷酸还原酶（DXP reductase）基因，抑制了大肠杆菌自身的非甲羟戊酸途径，然后将源自酿酒酵母的甲羟戊酸途径相关酶及优化密码子的紫穗槐二烯合酶（ADS）基因转入大肠杆菌体内。大肠杆菌体内通过各种代谢产生的乙酰辅酶 A 通过 MVP 转化为 DAMPP，在香叶基焦磷酸合酶的催化下形成香叶基焦磷酸（geranyl pyrophosphate，GPP），在法尼基焦磷酸合酶的作用下生成法尼基焦磷酸（farnesyl pyrophosphate，FPP），然后由紫穗槐二烯合酶将 FPP 催化形成紫穗槐二烯。并通过基因重组和优化培养条件等手段，最终大肠杆菌合成紫穗槐二烯的产率达到 24μg/ml（图 1-3）。

Jay Keasling 团队凭借前期对青蒿素生物合成做出的成果，于 2004 年获得比尔及梅琳达·盖茨基金 4260 万美元资助并在 2006 年将青蒿素生物合成又推进了一步。通过合成生物学技术对一株酿酒酵母进行了工程化改造，使其不仅可以生物合成紫穗槐二烯，还能够高水平合成青蒿素的直接前体——青蒿酸（artemisinic acid），产率可达每升 153mg 的紫穗槐二烯和每升 115mg 的青蒿酸（Ro et al.，2006）。对酵母的工程化改造包括：①在酵母中构建与大肠杆菌中同样的甲羟戊酸途径；②将青蒿的紫穗槐二烯合酶基因导入酵母中，该合酶催化 FPP 生成紫穗槐二烯；③将源自青蒿的细胞色素 P450 单加氧酶基因导入酵母中，催化紫穗槐二烯生成青蒿素。合成的青蒿酸被运出并保留在工程酵母外部，这意味着可以使用简单且廉价的纯化过程来获得所需的产品。

而且，Jay Keasling 等在制备青蒿素时所采用的合成生物学技术具有一定的扩展

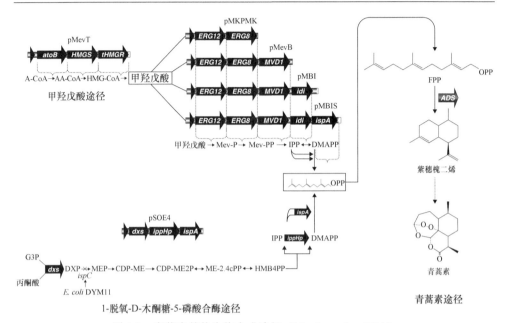

图 1-3　青蒿素前体生物合成途径（Martin et al.，2003）

性，依仗该技术为核心可以建立一个生物合成平台，通过微生物合成不同的目标化合物。2010 年，该团队又针对大肠杆菌，通过构建人工合成途径，采用"一步发酵法"制备多种产物（图 1-4），包括生物柴油、醇类及蜡酯等（Steen et al.，2010）。

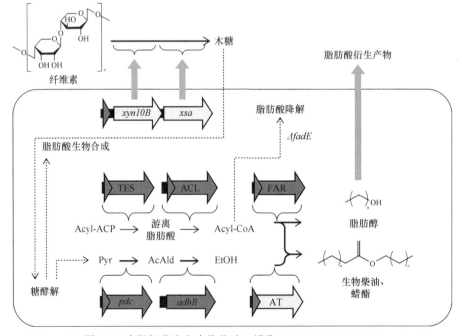

图 1-4　大肠杆菌生产生物柴油、蜡酯（Steen et al.，2010）

2010 年，美国 Venter 团队宣布首个"具有人工合成基因组的活细胞"诞生（Gibson et al.，2010）。该研究团队成功地人工合成了蕈状支原体基因组，并将其移植到山羊支原体受体细胞中成功复制、翻译并传代，产生了仅由合成染色体控制的新支原体细胞。

支原体（mycoplasma）是目前发现的可在人工培养基上培养增殖的最小的也是结构最简单的原核单细胞生物。由于能形成丝状或分枝状结构，故称为支原体，其基因组全长仅为 110 万个碱基对，只有酵母的 1/11、人类的 1/2700。

研究人员首先解码了支原体生命活动必不可少的 300 多个基因，然后利用化学方法重新合成 DNA，再将重组的 DNA 碎片放入酵母液中，令其慢慢地重新聚合拼接成人工合成基因组，并进行甲基化修饰后，将其移植入山羊支原体受体细胞中。细胞经过不断分裂传代，具有人造基因组的细胞在含抗生素的培养基中存活下来，含有天然 DNA 的细胞逐渐消失殆尽。最终，受体细胞内原有 DNA 的所有痕迹全部消失，只剩下含有山羊支原体细胞质但由合成 DNA 控制的人工嵌合体细胞。该人造细胞明显表现出蕈状支原体的生长特性，新的生命（JCVI-syn1.0）诞生了，被命名为辛西娅（Synthia），意为人造儿。

Venter 团队合成基因组并不是利用插入、去除和置换等方法修饰自然基因组，而是依靠计算机设计基因组序列，并使用人工印记将具有自然 DNA 的细胞与合成细胞区分开来。这项孕育 15 年、耗资 4000 万美元的科技成果入选 Science 评选的 2010 年度十大科学突破，是生命科学发展的一大进步。

随着酵母基因组测序工作及基因功能标注工作（Sc1.0）的完成，人们对酵母的认识达到了一个新的水平。2009 年，美国约翰斯·霍普金斯大学的 Jef Boeke 提出了人工合成酵母基因组计划（Sc2.0），旨在对酿酒酵母整个基因组进行重新设计与人工合成，这是首次挑战真核细胞基因组的合成。Sc2.0 计划现已成为由美国、中国、英国、澳大利亚、新加坡、法国研究机构参与其中的合成生物学研究的标志性国际合作项目。目前，已经合成了 6 条染色体，并已用来替换酿酒酵母 S288c 中的原生染色体，剩下的 10 条染色体的全长合成也几乎已经完成（Pretorius and Boeke，2018）。

2014 年，美国 Scripps 研究所 Romesberg 团队设计合成了一组非天然碱基配对：X 和 Y，并将它们整合到大肠杆菌基因组（Malyshev et al.，2014）。理论上，遗传字母表从 ATCG 4 个变成 ATCGXY 6 个，密码子可以从 64 个扩充到 216 个，这意味着在控制条件下，未来的生命形式有无限种可能。拓展遗传密码子的工作入选 Science 年度十大科学突破。遗传学和合成生物学专家 George Church 评论说，这是人类探索生命基石的里程碑事件。

2015 年，斯坦福大学 Smolke 团队通过基因组编辑在酵母菌中完全合成阿片类药物（opioid），可能会对未来的罂粟种植业产生重大影响（Galanie et al.，2015）。

这项研究也入选 *Science* 年度十大科学突破。

五、我国合成生物学的发展

在生物大分子的人工合成领域，我国的前辈科学工作者在 20 世纪曾经取得过人工合成胰岛素和合成酵母丙氨酸转移核糖核酸等重大科学突破，其中人工合成胰岛素是世界上第一个人工合成的蛋白质，全合成的酵母丙氨酸 tRNA 则是首次人工合成的具有生物学功能的核糖核酸。这些开创性的工作都是中国学者完成的，是我国合成生物学的早期实践，为后来人工合成基因积累了重要经验。

自 2000 年以来，国内科学界就我国合成生物学的发展方向展开了广泛深入研讨，先后召开"香山科学会议""东方论坛""中德圆桌会议"等进行专题讨论。从 2007 年开始，北京大学、中国科学技术大学、清华大学、天津大学等高校积极参加麻省理工学院组织的国际基因工程机器大赛，并取得了优异成绩，该比赛对我国合成生物学的普及发挥了重要作用。

2010～2012 年，中国科学院与中国工程院、英国皇家学会与皇家工程院、美国科学院与美国工程院共同发起了"三国六院"系列会议，主题为"定位合成生物学，迎接 21 世纪的挑战"（positioning synthetic biology to meet the challenges of the 21st century）。"三国六院"会议对全球合成生物学发展有积极作用，中国参与共同主办，中国的合成生物学步入了正常发展轨道（张先恩，2017）。

2008 年，中国科学院批准上海生命科学研究院成立合成生物学重点实验室，这是中国最早的建制化的合成生物学研究基地。2015 年，清华大学合成与系统生物学研究中心成立，旨在发挥清华大学在生命科学和工科等方面的有利条件，以期在医学应用和工业等方面取得具有国际影响力的重要学术成果，并积极推动科研成果产业化。2017 年，中国科学院批准深圳先进技术研究院成立合成生物学研究所，并牵头组建深圳合成生物学协会，推动产学研一体化发展。2018 年，深圳市批准建设全国首个合成生物研究重大科技基础设施。同年，教育部批准天津大学建设合成生物学前沿科学中心，目标是结合"双一流"建设，会聚整合创新资源，率先实现前瞻性基础研究、原创成果的重大突破，发挥领域前沿引领作用（张先恩，2019）。2020 年，合成生物学专业列入教育部普通高等学校新增审批本科专业名单。

国家也对合成生物学研究持续投入，"十二五"规划及 973 计划、863 计划等均将合成生物学列为重点研究方向，"十三五"规划将合成生物技术列为引领产业变革的颠覆性技术之一。2018 年，科技部设立"合成生物学重点专项"，2018 年和 2019 年两个年度共支持 58 个研究方向，资助经费总概算达到 14.37 亿元（杜全生等，2020）。专项的主要研究方向和重点研究任务包括 4 方面：基因组人工合成与高版本底盘细胞，人工元器件与基因回路，人工细胞合成代谢与复杂生物系统，使能技术体系、平台和生物伦理与生物安全评估等。该专项为中国合成生物学研究提供了一个稳定、持续的经费渠道，所涵盖的方向和队伍形成中国合成生物学研究的基本盘并不断拓展，高水平成果持续产生（张先恩，2019），提高了中国在生物能源、药物研究和生产领域的综合应用能力（陈秉埰和钟源，2021）。

第二节　合成生物学的定义和内涵

一、合成生物学的定义

由于合成生物学是一门新兴学科，而且还不断有更多的学科知识与之融合，因此具有不同的知识背景或研究方向的学者给出的定义往往不尽相同，至今尚没有一个唯一的标准定义。常见的对合成生物学的定义包括：一门使用工程原理来设计、组装生物成分的新兴学科；一门设计和建造生物模块、生物系统和生物机器以达成特定目的的学科；一个信息技术、生物技术和纳米技术相互融合并促进彼此发展的新兴科学领域；一门通过人工设计和工程化方法构建生物系统和生物体，并用于改进工业或生物研究的应用学科等。

这里，我们认为合成生物学是一门多学科融合的会聚型学科，它通过在基因工程与细胞工程等生物技术领域中应用工程学思想与方法，在分子水平上对基因线路进行重编程，实现对天然生物系统改造，或设计构建自然界中不存在的人工生物，从而提高人们对生命本质的认识，解决现代社会面临的问题，应对社会重大需求。

二、合成生物学的内涵

（一）学科会聚内涵

当今世界的科技发展正在从解决高度细化的特定问题转变为通过整合和协作方法解决复杂问题的挑战。传统的以知识分类为基础、以学科架构为表征的智力组织模式，已经不能适应综合性、交叉性问题的解决，也不能真实地反映自然现象的全部内在联系。自 20 世纪后期开始，纳米技术（nanotechnology）、生物技术（biotechnology）、信息技术（information technology）、认知技术（cognitive technology）这四大前沿科技领域的高度融合催生了一种新的科技发展方法论——会聚技术（converging technology），成为科学技术发展的重要特征和新趋势，缔造了全新的研究思路和全新的经济模式，并将大大提高整个社会的创新能力和社会生产力水平（裴钢等，2007）。

在此背景下，会聚技术推动了学科会聚的发展。它是以人类社会面临的共同的生产、生活重大挑战（grand challenge）问题为导向，在学科内外力量的协同作用下，形成的大跨度、宽领域、网络化并有机融合的学科集成系统。

与学科群、跨学科、交叉学科等概念相比，学科会聚有两个特征：①为了解决一系列研究问题的多学科领域专业知识的会聚，更加强调应对社会重大需求情境下学科间的有机协同和高效集成；②形成一个全面、综合的会聚，包括思维模式交叉和价值观会聚，进而影响科学活动主体的行为。

会聚型学科是学科会聚发展的更高阶段，代表着新兴前沿领域的知识生产模式和知识生产组织的成型。吴伟等（2020）认为合成生物学是会聚型学科的典型代表。这是因为合成生物学是为了提高人们对生命本质的认识，解决现代社会面临的问题，应对社会重大需求，融合了包括基因工程、分子生物学、系统生物学和计算机工程、数学、物理学、信息学等生物和工程领域的多门学科的知识，进行理性设计以实现新的人工生物行为，并作为一个具有工程学思维的生物学新学科取得飞速发展。

（二）工程学内涵

合成生物学的工程学内涵在麻省理工学院科学家 Endy（2005）发表在 *Nature* 上的名为"工程生物学的基础"（*Foundations for engineering biology*）的综述论文得到全面、清晰的阐述。他提出通过利用工程学中常用的"标准化""复杂系统解耦""概念抽象化"的做法可以将合成生物学涉及的生物系统划分成 DNA、"元件"（part）、"装置"（device）、"系统"（system）4 个层次，并可通过从头构建元件、基因线路、信号级联及代谢网络等生物工程，达到对生物系统的重新设计和改造（Endy，2005）。

由此可见，合成生物学的工程学内涵就是：采用工程学"自下而上"的研究方法，通过解耦、抽象和理性设计，实现生物元件的标准化表征和通用型模块的建立，在简约的"细胞"或"系统"底盘上构建人工生物系统并实现其运行的定量可控。

赵国屏（2018）认为合成生物学区别于其他传统生命科学的核心是其"工程学本质"，正是通过将工程学原理与方法应用于基因工程与细胞工程等生物技术领域，合成生物学才具有了"建造能力"，该能力也是合成生物学不同于分子生物学、系统生物学等其他生物学科的重要特征。

（三）生物技术内涵

合成生物学的生物技术内涵有三层含义：一是通过对包括细胞工程、基因工程、代谢工程等多种传统生物技术的综合应用，在分子水平上实现了对生命系统的重新设计和改造；二是使用工程化的理念，将传统的生物技术上升到系统化和标准化高度，把生物技术推向平台化的工程生物学层次；三是在学科会聚基础上实现了技术创新的飞跃，创建了合成新生命体系的全新生物技术。

（四）科学内涵

合成生物学的科学内涵可以从两个方面去理解。

一是建立了生命科学研究的新科学范式。生命科学研究的目标是提高人们对生命本质的认识。在传统生命科学研究中，常使用从整体到局部的以"还原论"为主导的科学范式，而合成生物学从其诞生开始从"合成"的理念和策略出发，通过"自下而上""从创造到理解"的方式，开启理解生命本质的新途径，建立了生命科学研究的新科学范式。

二是丰富了人类对生命理解的科学理论体系。赵国屏（2011）认为合成生物学需要解决的关键科学问题包括理论和技术两方面。理论方面，主要是要实现生物体（系）功能模块的鉴定，研究基因组组分的构造原理和调控机制，发展设计生物体元件和反应系统的理论体系；技术方面，则是要在工程技术平台的理念指导下，获取、测试、鉴定和构建标准化的生物功能元件，发展检测、分析和设计网络系统的技术平台，建立分子机器和细胞工厂的设计及构建的工程技术平台。合成生物学技术研究注重应用，而合成生物学理论研究代表当代研究的学科前沿，对基础研究的贡献极为重要。

第三节　合成生物学面临的问题

一、生物武器威胁

世界卫生组织将生物武器定义为致病的病毒、细菌或真菌等微生物，或由生物体产生的有毒物质，被故意生产和释放，引起人类、动物或植物的疾病和死亡。

在第二次世界大战期间，日本731部队（正式名称为陆军防疫研究实验室）受到第一次世界大战期间德国使用毒性气体的启发，对人类受试者接种引起霍乱、天花、肉毒杆菌中毒、鼠疫、炭疽、兔热病的病原体，且不加以治疗，以研究疾病的各种影响，并带领日军进行了大规模的生物武器试验，包括研制用于传播病原体的炸弹，用致命病原体（特别是炭疽杆菌、霍乱弧菌、鼠疫杆菌）感染水库和井，以及通过飞机将感染鼠疫的跳蚤、被感染的食物和衣服投放到中国未被日本士兵占领的地区，估计有数千人因这些生物武器袭击而死亡（Goldman and Dacre，1989）。

传统的生物武器主要是利用自然界中天然存在的致命性病原体，20世纪美苏冷战时期，生物武器制造者就曾幻想能够通过生物技术改造病原体，使其更致命、更易传播，或难以检测和抵抗。进入21世纪，合成生物学取得突破性进展的同时，也降低了生物武器研发的门槛。早期生物武器研发过程中遇到的很多问题都能够通过合成生物学技术给出解决方案甚至已经被攻克。Wickiser等（2020）指出，合成生物学将从以下6方面促进生物武器的设计和发展：①二元武器的发展，二元武器是指某种生物体或生物制品，当其成分独立时不致命，一旦将单独的成分混合在一起后会变得致命；②人为设计的基因构建；③使用基因疗法作为武器（the use of gene therapy as a weapon）；④逃避宿主免疫应答的病毒开发（the development of viruses that evade the immune response of the host）；⑤使用可在不同物种之间传播的病毒；⑥人为设计的疾病开发。

例如，美国国防高级研究计划局在 2016 年启动"昆虫联盟"（insect allies）项目，据报道该项目签订了超过 2700 万美元的研究合同，其主要任务是使用基因编辑技术设计能直接在田间编辑作物染色体的传染性转基因病毒。这些病毒经过精心设计，能够通过昆虫传播，从而对植物的染色体进行编辑。但来自德国、法国的 5 位科学家联合在 *Science* 上刊文对该项研究提出疑虑，他们认为将这类能够跨越物种传递遗传物质的水平环境遗传改造生物剂（horizontal environmental genetic alteration agent，HEGAA）分散到自然生态系统中，将对生物安全、经济和社会产生深远的影响，值得高度关注。而且该项目也可用于为了敌对目的而研发生物武器及其运载工具，如果确实如此，则违反了《禁止生物武器公约》（Reeves et al.，2018）。

类似地，2018 年美国陆军研究实验室和麻省理工学院生物工程系合成生物学中心合作开发了一种改造未驯化细菌的技术：该技术基于野生细菌间 DNA 转移的常见机制——接合（conjugation，指遗传信息可以从供体细胞通过直接接触交换到受体细胞），构建了用于传递 DNA 的微型化结合元件 mini-ICEBs1，并将该元件安装到名为 XPORT 的工程化枯草芽孢杆菌菌株上，从而实现以高度精确和可控的方式将 DNA 传递给包括从人类皮肤、肠道和土壤中分离出的多个革兰氏阳性菌株（Brophy et al.，2018）。有学者认为这项技术可用于复杂战场环境中的微生物底盘细胞，但潜在的威胁是可开发针对敌方的生物武器乃至基因武器（万秀坤等，2019）。

另外，合成生物学的发展使得生物武器和化学武器的重叠程度逐渐增加，使用生物方法制造药物或化学毒素作为武器的担忧并非杞人忧天。美国国家科学院 2018 年发布的《合成生物学时代的生物防御》（Biodefense in the Age of Synthetic Biology）报告对合成生物学可能带来的潜在威胁进行评估，提及"制造病原体生物武器""制造化学品或生物化学品""制造可改变人类宿主的生物武器"等三大类 11 种合成生物学能力，报告指出合成生物学技术一旦被滥用，将导致其用于制造生物武器，也将对民众和军事作战产生巨大威胁。报告建议美国军方及其他机构建立合成生物学技术和能力的评估框架，探索更为灵活的生物防御策略，加强军民基础设施建设，以应对潜在的生物攻击（National Academies of Sciences et al.，2018）。

二、生物恐怖主义和生物犯罪威胁

生物恐怖主义被认为是由恐怖分子实施的，故意释放病毒、细菌或其他用于导致人类及动物或植物疾病或死亡物质的行为，旨在在意识形态、宗教或政治信仰的启发下制造伤亡、恐怖、社会混乱或经济损失（Jansen et al.，2014）。

1984 年，Bhagwan Shree Rajneesh 邪教组织在美国俄勒冈州用沙门氏菌培养物污染多家沙拉店，导致 751 人生病，以试图影响地方选举，以争取权力（Török et al.，1997）。1995 年，奥姆真理教在对东京地铁系统的 5 列火车的协同攻击中传播神经麻痹性毒剂——沙林，袭击造成 12 人死亡，至少 1400 人受伤。2001 年，一系列包含炭疽孢子的信件通过邮件发送给美国参议员、记者和媒体大楼，在此过程中，有 22 人受重伤，其中 5 人死亡，可能还有数千人感染，并被建议长期使用抗生素。这些事件使得生物恐怖袭击成为国际社会担忧的现实威胁。

而生物犯罪则是指使用生物制剂杀死或使一个人或一小群人患病，其动机是报复或通过勒索获得金钱，而与政治、意识形态、宗教或其他信仰无关。例如，1996 年一位心怀不满的医院实验室员工使用痢疾志贺菌制作糕点作为礼物送给其同事（Kolavic et al.，1997）。

与合成生物学将会减少或消除以前被认为是使用生物武器的障碍类似，合成生物学的发展同样降低了生物恐怖主义和生物犯罪的技术门槛。

2002 年，纽约大学的病毒学家 Eckard Wimmer 在 Science 上发文，宣布其研究小组仅通过遵循书面序列中的说明，就可以通过体外化学-生化方法合成脊髓灰质炎病毒（Cello et al.，2002）。这项研究的成功让研究人员完成了一项前人从未开展过的工作，但也把合成生物学对社会的潜在危害带进了公众视野。生物恐怖主义分子完全可以利用合成生物学制造出埃博拉病毒、天花病毒等致命病毒，甚至目前人们拥有的药物均无法消灭的病毒。

2012 年，来自荷兰伊拉斯姆斯大学的 Fouchier 教授和美国威斯康星大学麦迪逊分校的 Kawaoka 教授分别利用人工设计改造的基因组和基因片段重组方法获得突变 H5N1 亚型高致病性禽流感病毒。研究结果表明，重组病毒有可能直接通过气溶胶或呼吸道飞沫在哺乳动物之间传播，而无须在任何中间宿主中进行重组，从而构成在人类中流行的风险（Herfst et al.，2012；Imai and Kawaoka，2012）。这在当时引起世界震惊，因其突破了 H5N1 亚型禽流感病毒的自然进化并获得了在哺乳动物之间传播的能力。如果这样的病毒从实验室泄漏，其带来的后果将是灾难性的。

2018 年，来自加拿大阿尔伯塔大学的病毒学家 Evans 等第一次使用合成生物学方法完全合成传染性马痘病毒（一种天花病毒的近亲）。该研究的报道同时指出，大多数病毒都可以使用反向遗传学组装，并且这些方法已与基因合成技术相结合，以组装已灭绝的病原体。以天花病毒为例，虽然世卫组织在 1980 年就宣布该病毒被彻底消灭，但是由于自 1993 年以来天花病毒的序列就已为人所知，利用合成生物学技术显然可以合成天花病毒，从而对公共卫生和生物安全造成重大影响（Noyce et al.，2018）。

虽然目前与使用枪支和爆炸物的更传统的恐怖主义形式相比，生物恐怖主义和生物犯罪夺走的生命很少，但是由于技术普及和设备的日益完善，以及知识通过互联网在世界范围内的扩散，设备变得更便宜、更小、更易于操作，方法也变得更容易执行。特别是随着合成生物学的发展，合成生物学技术正在改变安全威胁态势，曾经需要在昂贵的实验室中开展的工作可以由一个技术熟练的人在车库中完成。这些都使得更多的恶意行为体参与制造生物武器的可能性增加，而对其预测和防御的难度将变得更大（Wickiser et al.，2020）。

三、网络生物安全威胁

维护生物安全包含了对产生严重后果的生物制剂、毒素，以及相关的关键性生物材料和信息的责任、保护和控制，以防止未经授权地占有、遗失、盗用、滥用、转移或故意释放。旨在降低因滥用生物科技而可能对人类、动物、植物和环境造成危害的风险，包括传染病病原体或其副产品（如毒素）的产生、生产和故意或意外释放。网络安全则主要关注基于信息技术系统的安全，包括个人计算机、通信设备到网络基础设施和数据的安全。

然而，随着生物科技研发的数字化，前沿生物科技创新越来越依赖全球高端仪器装备（及供应链）和计算机网络，生物安全和网络安全之间的重要相互关系也越来越受到关注（Murch et al.，2018），信息网络的安全问题已经渗透到生物科技领域（王小理，2019）。

2014年，美国科学促进会（AAAS）、美国联邦调查局（FBI）及联合国区域间犯罪和司法研究所（UNICRI）发表了题为"生命科学中大数据的国家和跨国安全影响"（*National and Transnational Implication of Security of Big Data in the Life Sciences*）的报告。报告指出生命科学中大数据安全风险包括两大类，即网络基础设施和数据存储库的安全性，以及个人的隐私和机密性，存在通过数据和网络基础设施中的漏洞导致生命科学数据被不当访问和非法分析的安全隐患。

DNA组装、合成和打印设备及便携式基因组测序仪，用于理解生物复杂性的人工智能，云实验室中的自主系统和机器人技术，以及芯片实验室和微流体技术等都具有网络物理接口。生物技术设备的网络物理性质将引发前所未有的安全问题。例如，利用脆弱的基础设施从生物技术公司窃取专有序列，破坏被盗知识产权的机密性；通过网络篡改计算机控制过程中的参数或将导致不受控的生产；出于恶意目的更改序列或注释将破坏生物信息学数据库；篡改电子订单可能会造成有毒产品或传染性病原体的扩散；甚至可以在DNA序列中编码恶意软件而攻破计算机；通过在公开使用的DNA序列中植入恶意编码，将造成更大范围的危害等（Peccoud et al.，2018）。

在此背景下，网络生物安全（cyberbiosecurity）作为网络实体安全、网络安全，以及生命科学与生物安全等学科间的新兴交叉领域应运而生。它被定义为"了解非必要的监视、入侵及攻击可能会发生在混合了生命科学和医学科学数据、网络基础设施的供应链和系统内部或接口处，并制定措施来预防、防御、减轻、调查和溯源与安全有关的此类威胁"（Murch et al.，2018）。更全面的则认为由与生物数据有关的网络物理接口引发的任何不可预见的不利后果都可以被视为一种网络生物安全，而不仅仅是与故意滥用形式相关的行为（Mueller，2021）。

由此可见，网络生物安全是一种不断发展的范式，它指出了现代生物技术的网络重叠所带来的新风险。尤其是合成生物学的进步将对网络生物安全产生重大影响（Richardson et al.，2019）。如果将合成生物学和基因工程的进展与机器学习、高级建模、代谢工程，以及对包括毒力因子在内的病原体的完整基因组序列的公开数据库的访问结合起来，完全能够在个人计算机上设计出新型的高危生物制剂，并且只需要极少的实验室基础设施和设备就可以生产出来。此外，大量公开可用的合成生物学开源工具使非专业人员也具备开展可能威胁生物安全活动的能力（Schabacker et al.，2019）。

四、生物黑客

曾经的基因工程需要在高度专业化的实验室中由生物学家才能开展。例如，聚合酶链反应（PCR）作为分子生物学的主要技术，用于创建 DNA 片段的多个副本，它需要 DNA 合成仪、PCR 机器和试剂，这些仪器和试剂过去都很昂贵，而且只有在学术或工业实验室工作的研究人员才能使用。随着合成生物学的发展，生物学研究的技术门槛和应用成本在逐渐降低且更容易操作，人们对基因编辑等生物实验的兴趣已经扩散到科研机构和生物技术公司之外，更多业余或以娱乐为主的非科研工作群体加入合成生物学研究中。任何想深入了解分子生物学的人都可以在线购买 PCR 仪、试剂、引物和其他材料。克隆实验也是如此，任何可以访问互联网的人都可以轻松地在网上找到实验流程并订购 DNA 序列、试剂和设备。业余分子生物学家甚至可以省去购买设备和试剂的麻烦，委托第三方实验室进行实验。3D 打印的出现和传播也有助于更多的人可以制作简易生物研究设备。越来越多的人成为自己动手的生物学家（DIYBioer），甚至在部分 DIY 生物学参与者中逐步形成所谓的生物黑客（biohack）文化（Schmidt，2008）。可以说，合成生物学的发展正推动生物黑客文化的加速形成，扩大包括生物黑客在内的非机构科学家可能实现的目标（彭耀进，2020）。

生物黑客文化有其积极的意义，即可以让更广泛的人更容易地接触分子生物学。对某些人来说，生物黑客只是一群想成为科学家的人，他们中的大多数人都在学术领域之外，学习和实践先进生物技术。例如，Tom Knight 在千禧年之际对改进基因工程产生了兴趣，并于 2004 年与 Randy Rettberg 等人共同发起了合成生物学的 iGEM 竞赛。iGEM 旨在基于标准生物部件或生物砖，为建设性目的构建新型工程生命形式。它们在概念上以电子部件为模型进行建模，以实现更简单、更有效的基因工程。此类生物砖可供广大用户（主要是年轻用户）使用，iGEM 的一些最早的学生参与者后来成为 DIYBioer/生物黑客领域的先驱（de Lorenzo and Schmidt，2017）。但是，由此带来的挑战是合成生物学技术、知识和能力在专业生物技术社区之外的持续传播和扩散。由于许多人缺乏通过传统途径的生物安全培训机会，基因工程工具在传统学术领域和工业实验室之外的扩散将引发安全问题和事故。国际基因合成联盟（IGSC）董事会主席 Marcus Graf 指出，即使心中有最好的意图，很多事情也可能会出错（Gruber，2019）。

而另一些生物黑客在某种程度上类似于 20 世纪 90 年代出现的计算机黑客。其核心类似于计算机黑客所谓的"打破常规束缚""反对技术壁垒"。只不过计算机黑客打破的是计算机安全规则，追求的是突破计算机世界中的屏障，而生物黑客则以生物安全和伦理规则为突破目标，追求的是突破生物技术的技术壁垒。他们长期致力于在缺乏监管的私人场所建立实验室，试图开展不经过伦理审查、不经过安全性评估、不经过审批的试剂采购，以及不经过指定的渠道排放污染物、人员不经过生物安全培训的生物学实验。例如，一位据称制造了可以治愈乳糖不耐受症药物的生物黑客，他跳过了人体临床试验的传统途径，在网络直播中吞下了他生产的混合物。在生物黑客开发的 DIY 方法中可以找到更多种技术方案，包括用于治疗疱疹的制剂、用于治疗人类免疫缺陷病毒（human immunodeficiency virus，HIV）的制剂和用于增肌减脂的基因疗法等（Chen，2018）。

生物黑客带来的潜在安全和健康风险不仅涉及自身和公共健康，还涉及以制造生物武器或修改病原体而进行的恶意滥用。尽管由于这一群体大多数成员目前的水平限制，尚未造成重大公共危害，但是随着各项科技的综合发展，合成生物学现有的科技障碍和所面临的工程挑战可能在不久的将来会被克服，生物技术工具将在更少的技术挑战下实现目标，生物黑客对社会造成公共安全威胁或许只是时间问题。正如 Schmid（2008）指出的：如果不能解决传播合成生物学的技术、知识和能力所带来的挑战，最终可能会导致我们无法回头关闭"潘多拉盒子"的局面。

五、生态环境问题

首先，有意或无意释放合成生物进而对生态环境造成破坏是人们担忧的重要风险之一。不受管制的释放，理论上可能导致与其他有机体交叉繁殖和不受控制地扩散，对现存生物产生"挤出效应"。从实验室逃逸产生有害有机物的工程菌株可能会导致生态系统破坏，此外，它们的环境入侵能力和进化潜力也难以确定。

在自然进化和自然力量的压力下，意外影响将是不可避免的，可能会导致工程生物的功能丧失或出现意想不到的后果（Li et al.，2021）。

其次，随着合成生物学的不断发展，在未来可能形成完全崭新的当今世界前所未见的生物系统。这些新的生物系统拥有极大的不确定性或无法预测的功能，可能会以一种未知的不利的方式影响现有的生态系统和其他物种：合成生物将如何与现有物种相互作用？它们是否会入侵并破坏现有生态环境？如果合成生物学家提出使用先进的基因工程技术来拯救濒危物种并使灭绝的物种回归，那么它们会被视为"来自过去的入侵者"并对现有物种构成威胁吗（Redford et al.，2013）？这些关键的新兴问题都亟待我们面对和解答。

最后，合成生物学的发展还可能会对生物多样性产生不利影响，这主要是因为合成生物学制造出来的新生物偏向单一化、工程化及功能化，会影响生物多样性的发展，进而对整个生态系统产生难以预料的风险（欧亚昆等，2019）。

六、伦理问题

和众多新兴技术一样，合成生物技术也不可避免地引发了一系列伦理问题。这些伦理问题的探讨主要集中于"自然与人工""生命与非生命"等概念的界定与区分，对合成生物学家"扮演上帝""人造生命"的批判，以及合成生物技术"挑战自然进化"的追责（胡韦唯等，2021）。

首先，是对生命观念的冲突。反对者认为合成生物学的生命观念是机械论的，即把生物看作由零件组装而成的机器。这一理念与传统"生命"的含义、本质、价值和意义等观念构成巨大冲击（翟晓梅和邱仁宗，2014）。

其次，认为人工生命是对进化的挑战。合成生物学的出现改变了自然界原本的进化规律发生作用的方式、过程，甚至与原本的进化机制背道而驰。进化不再是自然界生物相互作用、相互影响，而变成了一种人为的有目的地操作自然进化的手段，这是违背自然进化的发展规律的，是对自然的亵渎（姚琳，2014）。

最后，动物解放/权利论认为，当人的利益与动物的利益发生冲突时，在其余情况相同的条件下，那种为了人的利益而牺牲动物的类似利益的行为在道德上是允许的，但不能为了人的边缘利益而牺牲动物的基本利益。生物中心论认为所有的生物都拥有"生存意识"，人应当像敬畏自己的生命那样敬畏所有的生命，把植物和动物的生命看得与人类生命同样重要。而合成生物技术把生命当成了工具和机器，物种的自然进化和繁衍过程可以被技术任意操纵，基因、生物被设计和控制。这种定向的设计与环境相脱离，是逆基因及生物本性的一种非自然行为，这是对生物有目的性的打击，损害了动物的利益，损害了生物的内在价值、自身福利，应受到伦理的批评（欧亚昆和雷瑞鹏，2016）。

为了尽量减少合成生物学发展所带来的伦理问题，在发展合成生物学的同时对其采取适当措施及伦理评估具有重要的现实意义。虽然对于合成生物学发展所带来的安全和伦理问题没有必要过度担心，但采取必要的有判断力有预见性的规范和引导，对于合成生物学的发展非常有必要且具有重要意义（李文芳，2017）。

参 考 文 献

陈秉垠, 钟源. 2021. 合成生物学研究的特征与趋势: 基于 CiteSpace 的数据分析. 科学技术与工程, 21(18): 7476-7484.

杜全生, 洪伟, 祖岩. 2020. 2010—2019 年国家自然科学基金资助合成生物学领域情况. 合成生物学, 1(3): 385-394.

胡韦唯, 沈心成, 王高峰. 2021. 合成生物学中工程师责任伦理问题探究. 医学与哲学, 42(10): 17-23.

李文芳. 2017. 合成生物学的伦理评估及其现实意义. 当代经济, (13): 138-140.

欧亚昆, 雷瑞鹏. 2016. 伦理视域中合成生物学的利益与风险评价. 伦理学研究, (2): 95-102.

欧亚昆, 雷瑞鹏, 冀朋. 2019. 合成生物学的安全伦理问题及其对策初探. 生物产业技术, (1): 91-94.

裴钢, 熊燕, 高柳滨. 2007. NBIC 会聚技术: 中国的新机遇? 中国医药生物技术, 2(1): 46-50.

彭耀进. 2020. 合成生物学时代: 生物安全、生物安保与治理. 国际安全研究, 38(5): 29-57.

万秀坤, 姚戈, 刘艳丽, 等. 2019. 合成生物学发展现状与军事应用展望. 军事医学, 43(11): 801-810.

王小理. 2019. 网络生物安全: 大国博弈的另类疆域. 科学中国人, (7): 76-77.

吴伟, 徐贤春, 樊晓杰, 等. 2020. 学科会聚引领世界一流大学建设的路径探讨. 清华大学教育研究, 41(5): 80-86, 126.

姚琳. 2014. 合成生物学的伦理问题研究. 学理论, (2): 30-32.

翟晓梅, 邱仁宗. 2014. 合成生物学: 伦理和管治问题. 科学与社会, 4(4): 43-52.

张先恩. 2017. 2017 合成生物学专刊序言. 生物工程学报, 33(3): 311-314.

张先恩. 2019. 中国合成生物学发展回顾与展望. 中国科学: 生命科学, 49(12): 1543-1572.

赵国屏. 2011. 合成生物学的科学内涵和社会意义: 合成生物学专刊序言. 生命科学, 23(9): 825.

赵国屏. 2018. 合成生物学: 开启生命科学 "会聚" 研究新时代. 中国科学院院刊, 33(11): 1135-1149.

AAAS, FBI, UNICRI. 2014. National and Transnational Implication of Security of Big Data in the Life Sciences. Washington: American Association for the Advancement of Science.

Brophy J A N, Triassi A J, Adams B L, et al. 2018. Engineered integrative and conjugative elements for efficient and inducible DNA transfer to undomesticated bacteria. Nat Microbiol, 3(9): 1043-1053.

Cameron D E, Bashor C J, Collins J J. 2014. A brief history of synthetic biology. Nat Rev Microbiol, 12(5): 381-390.

Cello J, Paul A V, Wimmer E. 2002. Chemical synthesis of poliovirus cDNA: generation of infectious virus in the absence of natural template. Science, 297(5583): 1016-1018.

Chen A. 2018. A biohacker injected himself with a DIY herpes treatment in front of a live audience. https://www.theverge.com/2018/2/5/16973432/biohacking-aaron-traywick-ascendance-biomedical-health-diy-gene-the rapy[2018-2-5].

de Lorenzo V, Schmidt M. 2017. The do-it-yourself movement as a source of innovation in biotechnology-and much more. Microb Biotechnol, 10(3): 517-519.

Elowitz M B, Leibler S. 2000. A synthetic oscillatory network of transcriptional regulators. Nature, 403(6767): 335-338.

Endy D. 2005. Foundations for engineering biology. Nature, 438(7067): 449-453.

Galanie S, Thodey K, Trenchard I J, et al. 2015. Complete biosynthesis of opioids in yeast. Science, 349(6252):

1095-1100.

Gardner T S, Cantor C R, Collins J J. 2000. Construction of a genetic toggle switch in *Escherichia coli*. Nature, 403(6767): 339-342.

Gibson D G, Glass J I, Lartigue C, et al. 2010. Creation of a bacterial cell controlled by a chemically synthesized genome. Science, 329(5987): 52-56.

Goldman M, Dacre J C. 1989. Lewisite: its chemistry, toxicology, and biological effects//Ware G W. Reviews of Environmental Contamination and Toxicology. New York: Springer: 75-115.

Gruber K. 2019. Biohackers: A growing number of amateurs join the do-it-yourself molecular biology movement outside academic laboratories. EMBO Rep, 20(6): e48397.

Hartwell L H, Hopfield J J, Leibler S, et al. 1999. From molecular to modular cell biology. Nature, 402(6761): C47- C52.

Herfst S, Schrauwen E J A, Linster M, et al. 2012. Airborne transmission of influenza A/H5N1 virus between ferrets. Science, 336(6088): 1534-1541.

Imai M, Kawaoka Y. 2012. The role of receptor binding specificity in interspecies transmission of influenza viruses. Curr Opin Virol, 2(2): 160-167.

Jansen H J, Breeveld F J, Stijnis C, et al. 2014. Biological warfare, bioterrorism, and biocrime. Clin Microbiol Infect, 20(6): 488-496.

Kolavic S A, Kimura A, Simons S L, et al. 1997. An outbreak of *Shigella dysenteriae* type 2 among laboratory workers due to intentional food contamination. JAMA, 278(5): 396-398.

Li J, Zhao H, Zheng L, et al. 2021. Advances in synthetic biology and biosafety governance. Front Bioeng Biotechnol, 9: 598087.

Malyshev D A, Dhami K, Lavergne T, et al. 2014. A semi-synthetic organism with an expanded genetic alphabet. Nature, 509(7500): 385-388.

Martin VJ J, Pitera D J, Withers S T, et al. 2003. Engineering a mevalonate pathway in *Escherichia coli* for production of terpenoids. Nat Biotechnol, 21(7): 796-802.

Monod J, Jacob F. 1961. Teleonomic mechanisms in cellular metabolism, growth, and differentiation. Cold Spring Harb Symp Quant Biol, 26: 389-401.

Mueller S. 2021. Facing the 2020 pandemic: what does cyberbiosecurity want us to know to safeguard the future? Biosaf Health, 3(1): 11-21.

Murch R S, So W K, Buchholz W G, et al. 2018. Cyberbiosecurity: an emerging new discipline to help safeguard the bioeconomy. Front Bioeng Biotechnol, 6: 39.

National Academies of Sciences, Engineering, and Medicine, Division on Earth and Life Studies, et al. 2018. Biodefense in the Age of Synthetic Biology. Washington: National Academies Press (US).

Noyce R S, Lederman S, Evans D H. 2018. Construction of an infectious horsepox virus vaccine from chemically synthesized DNA fragments. PLoS One, 13(1): e0188453.

Peccoud J, Gallegos J E, Murch R, et al. 2018. Cyberbiosecurity: from naive trust to risk awareness. Trends Biotechnol, 36(1): 4-7.

Pretorius I S, Boeke J D. 2018. Yeast 2.0-connecting the dots in the construction of the world's first functional synthetic eukaryotic genome. FEMS Yeast Res, 18(4): foy032.

Redford K H, Adams W, Mace G M. 2013. Synthetic biology and conservation of nature: wicked problems and wicked solutions. PLoS Biol, 11(4): e1001530.

Reeves R G, Voeneky S, Caetano-Anollés D, et al. 2018. Agricultural research, or a new bioweapon system? Science,

362(6410): 35-37.

Richardson L C, Connell N D, Lewis S M, et al. 2019. Cyberbiosecurity: a call for cooperation in a new threat landscape. Front Bioeng Biotechnol, 7: 99.

Ro D K, Paradise E M, Ouellet M, et al. 2006. Production of the antimalarial drug precursor artemisinic acid in engineered yeast. Nature, 440(7086): 940-943.

Schabacker D S, Levy L A, Evans N J, et al. 2019. Assessing cyberbiosecurity vulnerabilities and infrastructure resilience. Front Bioeng Biotechnol, 7: 61.

Schmidt M. 2008. Diffusion of synthetic biology: a challenge to biosafety. Syst Synth Biol, 2(1-2): 1-6.

Steen E J, Kang Y S, Bokinsky G, et al. 2010. Microbial production of fatty-acid-derived fuels and chemicals from plant biomass. Nature, 463(7280): 559-562.

Török T J, Tauxe R V, Wise R P, et al. 1997. A large community outbreak of salmonellosis caused by intentional contamination of restaurant salad bars. JAMA, 278(5): 389-395.

W. A. D. 1913. Synthetic biology and the mechanism of life. Nature, 91(2272): 270-272.

Wickiser J K, O'Donovan K J, Washington M, et al. 2020. Engineered pathogens and unnatural biological weapons: the future threat of synthetic biology. Combating Terrorism Center at West Point (CTCSENTINEL), 13: 1-7.

第二章　合成生物学的学科基础

如果将生命比作计算机，那么基因组就是生命的操作系统。合成生物学要做的就是通过创造或改写基因组，让生命表现出预期的行为，执行预定的工作。为了控制生命机器的行为表现，需要将控制逻辑写到生命的操作系统之中，而控制逻辑是工程学的专业领域，因此合成生物学必须结合分子生物学、基因工程、系统生物学、电子工程学等生物学与工程学多个学科的知识和方法，进行生命代码的理性化设计与开发。

第一节　合成生物学与分子生物学

一、分子生物学对合成生物学的影响

分子生物学（molecular biology）是从分子水平研究生物大分子的结构与功能，从而阐明生命现象本质的科学。与生物化学和生物物理学运用化学和物理学方法研究在细胞水平、整体水平乃至群体水平等不同层次上的生物学问题不同，分子生物学更着重在分子（包括多分子体系）水平上研究生命活动的普遍规律。换言之，研究某一特定生物体或某一种生物体内某一特定器官的物理、化学现象或变化，属于生物物理学或生物化学的范畴，而分子生物学是从分子水平研究生物大分子的结构与功能，从而阐明生命现象本质的科学。

合成生物学旨在从分子水平上对基因线路进行重编程，实现对天然生物系统改造，或设计构建自然界中不存在的人工生物，其发展深深地根植于分子生物学。

1953 年，沃森（J. D. Watson）和克里克（F. H. C. Crick）发现了 DNA 双螺旋结构，开启了分子生物学时代，使遗传学研究深入分子水平，开始逐步了解遗传信息的构成和传递途径。此后，研究者从分子角度清晰地阐明了一个又一个的生命奥秘，并在此基础上发展了 DNA 重组技术。

DNA 重组技术是生物学与工程学交叉融合的初次尝试，开辟了生命科学和生物技术的新领域。1972 年，斯坦福大学生物化学家保罗·伯格（Paul Berg）博士将细菌、病毒的 DNA 拼接到猴子病毒 SV40.1 中，创建了首例重组 DNA 分子；1973 年，科恩（Cohen）首次将 DNA 片段与质粒连接，并转化入大肠杆菌；1974 年，科学家又将外源 DNA 引入小鼠胚胎，创建了首例转基因哺乳动物；1980 年，Hobom 开始用合成生物学的概念来表述基因重组技术。

此后，聚合酶链反应（PCR）技术快速发展，成为生物学研究中极为重要的

工程技术，而基因测序技术也由此得以进步。20 世纪 90 年代初，测序技术的发展和信息技术的引入，使 DNA 自动测序仪在人类基因组计划（human genome project）中得到应用。随着大规模基因组测序技术和序列分析方法的成熟，生命科学研究进入基因组时代，大量的研究结果为合成生物学的产生奠定了基础。

波兰遗传学家瓦茨瓦夫·西巴尔斯基（Waclaw Szybalski）在 1974 年指出，一直以来，人们都在做分子生物学描述性工作，但当我们进入合成生物学的阶段，真正的挑战才开始。我们会设计新的调控元素，并将新的分子加入已存在的基因组内，甚至构建一个全新的基因组。Szybalski 认为，这将是一个拥有无限潜力的领域，几乎没有任何事能限制科学家去做一个更好的基因控制线路，最终将会有合成的有机生命体出现。1978 年，他在《基因》（Gene）期刊上就诺贝尔生理学或医学奖颁给发现 DNA 限制酶的丹尼尔·内森斯（Daniel Nathans）、沃纳·阿尔伯（Werner Arber）与汉弥尔顿·O. 史密斯（Hamilton O. Smith）评论道：限制酶技术将带领我们进入合成生物学的新时代。利用限制剪接 DNA 方式，分子生物学家得以分析各个基因的功能，并将观察的结果记录下来，完成各个基因独立的功能性描述。全世界数以万计的科学家正在进行这样的工作，为人类累积了理解生命与基因组的知识。可预见的未来是，新的合成或复合生命体可能由此诞生。

正是基于分子生物学研究领域取得的巨大成功，人类对生物系统分子水平机制的理解不断加深。构建基因—表达特定蛋白—形成特定功能的过程被深入阐明；启动子（promoter）、核糖体结合位点（ribosome binding site，RBS）和转录抑制因子（transcriptional repressor）等基本的基因组件被大量发现；转录、加工、翻译等各个阶段的基因调控机制被发现；CRISPR 等基因组编辑技术不断推陈出新……这些都为合成生物学工作者增强理性设计能力和基因组的合成改造能力奠定了坚实的理论和技术基础。种类丰富、功能强大的调控元件和基因线路，以及能够调控基因表达的模块被标准化后形成了合成生物学的元件库和工具箱。

二、合成生物学中的分子生物学要素

（一）大分子的结构和功能

1. 蛋白质

（1）肽和蛋白质

肽（peptide）是氨基酸之间发生缩合反应后通过酰胺键（amido bond）或肽键（peptide bond）相连的聚合物，构成肽的每一个氨基酸单位称为氨基酸残基。2 个氨基酸残基构成的肽称为二肽，3 个氨基酸残基构成的肽称为三肽，以此类推。一般将 2～10 个氨基酸残基组成的肽称为寡肽（oligopeptide），由 11～50 个氨基酸残基组成的肽称为多肽（polypeptide），由 50 个以上的氨基酸多肽残基组成的肽称为蛋白质，由 51 个氨基酸残基组成的胰岛素是最小的蛋白质之一。

除了少数环状肽链，其他肽链都含有不对称的两端：其中含有游离的 α-氨基的一端称为氨基端（amino terminal）或 N 端；含有游离的 α-羧基的一端称为羧基端（carboxyl terminal）或 C 端。

（2）蛋白质结构

蛋白质的结构组织形式可分为 4 个主要层次：一级结构、二级结构、三级结构和四级结构，但并不是所有的蛋白质都具有三级结构或四级结构。①一级结构：也称蛋白质的共价结构，是指氨基酸在多肽链上的排列顺序。如果一种蛋白质含有二硫键，那么其一级结构还包括二硫键的数目和位置。稳定蛋白质一级结构的化学键是共价键，主要是肽键。②二级结构：多肽链的主链（backbone）部分（不包括 R 基团）在局部形成的一种有规律的折叠和盘绕，其稳定性主要由主链上的氢键决定。常见的二级结构包括 α 螺旋、β 折叠、β 转角、无规卷曲和环等。从结构的稳定性上看，α 螺旋＞β 折叠＞β 转角＞无规卷曲和环，但从功能上看，包括各种酶在内的蛋白质的活性中心通常由无规卷曲和环充当，α 螺旋和 β 折叠一般只起支持作用。③三级结构：构成蛋白质的多肽链在二级结构的基础上，进一步盘绕、卷曲和折叠，形成的包括所有原子在内的特定三维结构。三维结构通常由模体（motif）和结构域（domain）组成。相邻的二级结构单元组合在一起，彼此相互作用，形成规则排列的组合体，以同一结构模式出现在不同的蛋白质中，这些组合体称为模体或基序。一种蛋白质的全部三维结构称为其构象（conformation）。稳定三级结构的化学键主要是次级键，包括氢键、疏水键、离子键及范德瓦耳斯力，有的金属蛋白还借助于金属配位键来稳定其三级结构。此外，属于共价键的二硫键也参与稳定许多蛋白质的三级结构。④四级结构：许多蛋白质由一条以上的肽链组成，其中的每一条肽链称为单体（monomer）或亚基（subunit）。具有两条或两条以上多肽链的蛋白质如果不以二硫键相连，则认为它们具有四级结构，其中每一个亚基都有自己的三级结构。亚基的表面是不规则的，这使得亚基之间有可能彼此结合，并形成四级结构。

（3）蛋白质结构与功能的关系

蛋白质的特殊性质和生理功能与其特定结构有着密切的关系，这是多种多样的蛋白质具有丰富多彩的生命活动的分子基础。例如，在多种蛋白质中存在 SH2、SH3 结构域，并精确参与蛋白质间的相互作用。其中 SH2 结构域由约 100 个氨基酸残基组成，识别具有磷酸化酪氨酸位点的序列，能结合在酪氨酸被磷酸化的蛋白质上，如胞质酪氨酸激酶、酪氨酸激酶受体。因此，酪氨酸磷酸化调控 SH2 结合位点的构象，提高 SH2 结构域的亲和力，并由此调控一系列刺激依赖性的蛋白质相互作用。接受第二信使刺激的蛋白激酶 PKA 是一个四聚体，由两个催化亚基（C 亚基）和两个调节亚基（R 亚基）组成，R 亚基在底部结构域结合 C 亚基，使 C 亚基保持被遮蔽状态。每个 R 亚基结合两分子的环腺苷酸（cyclic AMP， cAMP），一个 PKA 全酶则结合四分子的 cAMP。当这些位点均被结合后，R 亚基二聚体就会迅速解离，暴露出两个高活性的自由 C 亚基，PKA 的活性迅速上升。

研究蛋白质的结构与功能的关系是生物物理学研究的一项重要内容。为了从分子水平上了解蛋白质的作用机制，常需采用 X 射线晶体学、核磁共振、冷冻电镜等来解析蛋白质三维结构，并由此发展出了一门新的交叉学科——结构生物学。它可以提供生物大分子在原子分辨率水平的原子坐标、相互作用的细节信息，以及生物大分子在行使其功能时的动态变化，这些结构信息与功能研究相结合，不仅能促进人们对生物大分子的生物功能和分子机制的认识，阐述重要的生物学问题，同时也能探索与生物大分子功能失调相关疾病的发病机制（丁建平，2014）。

（4）蛋白质的构象变化

在特定的条件下，蛋白质会以最低自由能的构象存在。如果蛋白质所处的环境发生了变化，这种最稳定的构象会发生改变。另外，蛋白质与其他分子之间的相互作用，既包括诸如酶作用的底物这样的小分子，也包括蛋白质及核酸这样的大分子，都会诱导其构象发生改变。那些以一种特定的方式结合蛋白质的分子被称为配体（ligand）。配体可以通过稳定蛋白质（如酶）的特定状态来调节它的活性。例如，如果配体与酶的结合使得活性位点被屏蔽的构象变得稳定，那么该配体就关闭了这种酶的活性。这种抑制性配体的结合位点无须与活性位点重叠，只要配体结合降低了某种构象的自由能，在这种构象下反应物无法接触活性位点或者活性位点不再有正确的构象。相反地，配体在远程位点的结合可能有助于形成一种构象，在这种构象下活性位点可以与底物结合且与过渡态的反应物互补，此时的配体称为激活子（activator），这种调节称为别构调节（allosteric regulation）。乳糖阻遏物是转录水平上别构调节的经典范例。β-半乳糖苷酶可以催化 β-半乳糖苷（如乳糖）的水解，而乳糖阻遏物可以抑制细菌中 β-半乳糖苷酶编码基因的表达。乳糖阻遏物是一个二聚物，拥有两种不同的构象：一种是结合特定的 DNA 位点［称为操纵子（operator）］时的构象，另一种是结合抑制性代谢产物［称为诱导物（inducer）］时的构象。环境中诱导物缺乏或低浓度时（如乳糖很少或没有时），乳糖阻遏物与操纵基因结合，阻断 RNA 聚合酶合成 β-半乳糖苷酶 mRNA；当环境中存在高浓度诱导物时，会诱导乳糖阻遏物形成不利于结合 DNA 的构象，从而解除其对编码 β-半乳糖苷酶的基因的抑制。

2. 核酸

（1）核酸的分类

核酸即多核苷酸，是由多个单核苷酸通过 3',5'-磷酸二酯键相连的多聚物，可分为核糖核酸（RNA）和脱氧核糖核酸（DNA）两类。构成 DNA 和 RNA 的单核苷酸分别是脱氧核糖核苷酸和核糖核苷酸。因为 DNA 中的戊糖是脱氧核糖，缺乏反应性的亲核基团 2'-OH，降低了磷酸二酯键自发水解的速率，提高了 DNA 的稳定性。RNA 中的核糖带有 2'-OH，2'-OH 的亲核性使其很不稳定，容易发生水解，特别是在碱性溶液中。这使得 RNA 并不适合充当遗传物质，却适合在细胞中充当蛋白质合成的模板 mRNA，在需要时被转录出来，在不需要的时候可迅速降解。但 tRNA 和 rRNA 的很多 2'-OH 发生了甲基化修饰，所以特别稳定，从而使其可以在细胞内不断地被循环使用。RNA 带有 2'-OH 还有一个用处，就是能够利用其羟基的亲核进攻性，作为核酶催化一些重要的生化反应。

（2）核酸的结构

与蛋白质一样，核酸的结构可以划分为几个不同的层级，即一级结构、二级结构和三级结构，但核酸没有四级结构。①一级结构：指构成核酸的多核苷酸链上所有核苷酸或碱基的排列顺序。多核苷酸链具有两个不对称的末端，其中一端的核苷酸 5'-OH 不参与形成 3',5'-磷酸二酯键，此末端称为 5'端，另一端的 3'-OH 不参与形成 3',5'-磷酸二酯键，此末端称为 3'端。除线性核酸外，自然界还有环形核酸。例如，细菌的染色体 DNA，大多数质粒 DNA、叶绿体 DNA 和大多数线粒体 DNA 都属于环形 DNA，而类病毒为环形 RNA。与线性核酸不同，环形核酸没有游离的 3'端和 5'端。②二级结构：其主链建立在碱基配对的基础上形成的各种折叠。对 DNA 而言，一般由两条互补的双链组成，因此可形成完全互补配对的双螺旋。但对 RNA 来说，一般只有一条链，因此只能通过链内的碱基互补配对形成局部的双螺旋结构，而不能配对的序列以突起（bulge）、简单环（simple loop）、内部环（intenal loop）或发夹环的形式游离在双螺旋之外，形成多种形式的二级结构。③三级结构：RNA 的三级结构是在二级结构的基础上进一步折叠、包装而成。其中的双螺旋区域主要充当刚性的框架结构来组织其他结构或功能部件，构成突起、内部环、发夹环和末端环的单链区域对于最终三级结构的形成至关重要。正是这些单链区之间，以及单链区与双链区之间核苷酸的相互作用，才使得一种 RNA 最终能够折叠成它所特有的三级结构。驱动和稳定 RNA 三级结构形成的因素经常涉及金属离子（如 Mg^{2+}）和碱性蛋白质，这是因为 RNA 链在生理 pH 下本身是带高度负电荷的，需要通过与金属离子或者碱性蛋白质的结合，来中和或屏蔽主链上磷酸基团带有的负电荷，以使不同区域的磷酸核糖骨架能相互靠近，发生近距离接触和包装，并作为最终构象的一部分。

（3）核酸的功能

对于 RNA 而言，其功能是多种多样的，主要包括：①充当 RNA 病毒的遗传物质；②作为生物催化剂即核酶；③参与蛋白质的生物合成，这与 mRNA、tRNA 和 rRNA 有关；④作为引物，参与 DNA 复制；⑤参与 RNA 前体的后加工；⑥参与基因表达的调控，如干扰 RNA 和反义 RNA 参与翻译水平上基因表达调控；⑦参与蛋白质共翻译定向和分拣；⑧参与 X 染色体的失活。

与 RNA 相比，DNA 在生物体内的功能只有一种，即作为生物体的主要遗传物质。

（二）分子生物学技术

1. DNA 和 RNA 分析技术

（1）分离 DNA 和 RNA

分离 DNA 和 RNA 分子常用的是凝胶电泳（gel electrophoresis）技术。在外加电场的作用下，线性 DNA 分子在一种称为凝胶基质（gel matrix）的果冻样惰性多孔物质中，能按大小分开。由于 DNA 带负电荷，在外加电场的作用下，它们在凝胶中向正极迁移。DNA 分子是柔性的，占据一定的有效体积。凝胶基质中的网孔能按照 DNA 的体积对它们进行分筛。由于大分子的有效体积比小分子大，较难通过凝胶孔隙，在凝胶中迁移的速度比小分子慢。电泳进行一定时间后，不同大小的 DNA 分子由于在凝胶中的迁移距离的不同而分开。

电泳完成后用荧光染料（如溴化乙锭）对凝胶进行染色（荧光染料能和 DNA 分子结合，嵌入堆积的碱基中），可以显示出 DNA 分子的位置。染色后的 DNA 分子呈现为"带"，每一条带反映了一群特定大小的 DNA 分子的存在。

通常使用的凝胶基质有两种：聚丙烯酰胺凝胶和琼脂糖凝胶。聚丙烯酰胺凝胶分辨率高，能区分只相差一个碱基对的片段，但仅限于分离几百碱基对（低于 1000）大小的 DNA 片段。琼脂糖凝胶分辨率不如聚丙烯酰胺凝胶，但能区分数十至数百千碱基对大小的 DNA 片段。

电泳也能用来分离 RNA。和 DNA 相似，RNA 也带均一的负电荷，但是 RNA 分子通常是单链的，并含有二级和三级结构，这些都会影响它们的电泳迁移率。为了避免产生这个问题，RNA 分子可以先用乙二醛等试剂处理，这些试剂能与 RNA 分子反应防止碱基对的形成。乙醛酸化后的 RNA 分子不能形成二级或三级结构，因此其迁移率和分子质量是大致成比例的。

（2）切割 DNA 分子

要将细胞中大的 DNA 分子分解成可操作的片段，需要用限制性内切酶（restriction endonuclease）来完成。限制性内切酶是一类识别特定 DNA 序列，并在特定位点切割 DNA 的核酸水解酶。分子生物学中使用的限制性内切酶通常识别 4～8bp 的短的靶序列，一般为反向重复（回文）序列，并在其中的特定位置切割。

（3）鉴定 DNA 分子

变性 DNA 重新退火（互补链间重新形成碱基对）的能力使来源不同但具有一定同源性的变性 DNA 在适宜的离子强度和温度下混合时形成杂交双链。两个不同来源的互补单链多核苷酸之间的碱基配对过程称为杂交（hybridization）。这一特性是鉴定复杂核酸混合物中特定序列的基础。其中一个分子被定义为特定序列的探针（probe）。这个探针用来在核酸混合物中寻找含有与其互补序列的分子。探针 DNA 必须先被标记，这样它一旦发现靶序列后，就可以轻易将其定位。

在电泳分离获得的连续分布的条带中鉴定含有目的基因的限制性片段的技术称为 Southern 印迹杂交技术（Southern blot hybridization，因其发明者 Edward Southern 而得名）。在这一过程中切割后的 DNA 先经凝胶电泳分离，然后在碱性溶液中浸泡使双链 DNA 片段变性。再将这些片段转移并黏附到带正电荷的膜上，形成胶的"印迹"。在转移过程中，DNA 片段在膜上的位置与它们在凝胶电泳中迁移的位置相对应。目的 DNA 被转移到膜上后，带电荷的膜与非特异的 DNA 片段混合物共同孵育以封闭膜上多余的结合位点。因为非特异的 DNA 混合物是随机地分布在膜上，如果选择合适，其中不会有目标序列，所以不会干扰下一步骤中对目标序列的检测。然后结合在膜上的 DNA 片段与探针 DNA 一起进行孵育，探针 DNA 含有和目标基因互补的一段序列。因膜上所有非特异结合位点已被无关的 DNA 占据，探针 DNA 只有与膜上的互补 DNA 杂交才能结合到膜上。这个过程所需的离子浓度及温度与核酸变性、复性的条件比较接近。在这样的条件下，探针 DNA 只与互补序列紧密结合。探针的摩尔数通常远远超过固定于膜上的靶片段，这有利于探针与靶 DNA 的杂交。印迹上探针杂交的位置可以用对标记 DNA 发出的光或电子敏感的胶片或其他介质检测到。如采用放射性标记的 DNA 探针，可用 X 线片曝光，显影后获得的放射自显影图像和滤膜上的杂交分子位置是相对应的。

在一组 RNA 中鉴定某一特定 mRNA 的步骤与此相似，被称为 Northern 印迹杂交（Northern blot hybridization，以示与 Southern 印迹杂交相区分）。由于 mRNA 比较短（一般都小于 5kb），它们无须再用任何酶消化。其他步骤都与 Southern 印迹杂交相似。分离的 mRNA 被转移到带正电荷的膜上，和放射性标记的探针反应（此时是 RNA 和互补的 DNA 链配对形成杂交体）。

Southern 印迹杂交和 Northern 印迹杂交的原理也是基因芯片分析的基础。一张芯片需要将几百至几千个已知的 DNA 序列固定到固相支撑表面上，这些固相支撑通常是用玻璃或者塑料制成。其中每个序列对应待研究生物的不同基因。请注意在描述芯片分析的过程中，所使用的术语与 Southern 或 Northern 分析中是相反的。在芯片分析中，固定的未被标记的序列被称为"探针"，因为它们是已知的 DNA 序列，而"靶标"则是从细胞或组织中的全部 RNA 生成的 cDNA 经过扩增和标记形成的，当靶标序列与芯片上排列好的 DNA 探针杂交时，芯片中每个 DNA 探针信号的强弱反映了目标基因的表达水平。

（4）DNA 克隆

构建重组 DNA 分子并在细胞中维持这些分子，称为 DNA 克隆（DNA cloning）。这个过程通常涉及一个载体（vector），它要提供维持克隆的 DNA 在宿主细胞中扩增所需的信息。重组 DNA 的关键是在特定序列处切割 DNA 的限制性内切酶，以及能连接切割后的 DNA 的其他酶类。通过构建能在宿主中扩增的重组 DNA 分子，可以将某一特定的 DNA 片段从其他 DNA 中分离出来并大量扩增。有些载体不仅可分离、纯化特定的 DNA，还能驱动插入 DNA 中的基因的表达。这些载体称为表达载体（expression vector），在它们的插入位点附近含有从宿主细胞中得到的转录启动子。如果一个基因的编码区置于插入位点的合适位置，插入基因就能由宿主细胞转录成 mRNA 并翻译成蛋白质。人们通常用表达载体来表达异源基因或突变基因，以检测其功能。表达载体也能用于大量生产某一蛋白质以供纯化使用。而且，还可以通过改变表达载体中的启动子来方便地对插入片段的表达进行调控。

（5）DNA 扩增

扩增特定 DNA 片段的方法是聚合酶链反应（PCR）。PCR 采用 DNA 聚合酶，以单链 DNA 为模板，以脱氧核糖核酸为底物合成 DNA。首先合成两条单链聚核苷酸。一条寡聚核苷酸与待扩展 DNA 的一条链的 5′端互补，另一条则与互补链的 5′端互补。然后将待扩增的 DNA 变性，寡聚核苷酸和它们的靶序列退火，此时在反应中加入 DNA 聚合酶和脱氧核糖核苷酸底物，DNA 聚合酶使两条引物延伸。这个反应能在目标区域内产生双链 DNA。因此，经过 PCR 反应的第一个循环，产生了初始 DNA 片段的 2 个双链拷贝。接着，用相同的引物 DNA 进行又一轮变性和合成，就生成 4 个拷贝的目标片段。如此重复进行变性和引物指导的 DNA 合成能使两个引物之间的区域呈几何级数扩增。原来含量极低的一个 DNA 片段经过扩增就能够产生大量的双链 DNA。

2. 蛋白质分析

（1）分离

①用聚丙烯酰胺凝胶分离蛋白质。蛋白质既没有均一的负电荷，也没有均一的二级结构。它们由 20 种不同的氨基酸组成，有的氨基酸不带电荷，有的带正电荷，还有的带负电荷。然而，如果用强离子去垢剂十二烷基硫酸钠（sodium dodecylsulfate，SDS）和还原剂（如硫基乙醇）处理蛋白质，蛋白质的二级、三级和四级结构通常能被消除。蛋白质一旦被 SDS 包被，就表现为一个无结构的多聚物。SDS 离子包被蛋白质的多肽链，使其携带均一的负电荷。硫基乙醇还原二硫键，破坏半胱氨酸残基间形成的分子内或分子间的二硫键。在这种情况下蛋白质的电泳迁移率取决于其多肽链的长度，电泳就可以像分离 DNA 和 RNA 混合物一样来分离蛋白质混合物。电泳后，可以利用与蛋白质非特异结合的染色剂，如考马斯亮蓝（Coomassie brilliant blue）使蛋白质染色。②用免疫印迹显示分离的蛋白质。免疫印迹（immunoblotting）也称为蛋白质印迹（Western blotting）。在

免疫印迹中，通过电泳分开的蛋白质被转移到非特异性结合的滤膜上，就像
Southern 印迹一样，蛋白质被转移到膜上，蛋白质在膜上的位置与它在凝胶上的
位置一样。一旦蛋白质结合到膜上，所有的非特异性结合位点需要通过使用与待
检测蛋白不相关的蛋白质溶液进行封闭（通常选择奶粉来封闭，因为它含有很多
白蛋白），接着把滤膜与特异性识别目标蛋白的抗体进行孵育，抗体只能和滤膜
上的目标蛋白结合。最后，抗体中人为加入的显色酶（或者加入能够与一抗结合
的二抗）使膜结合的抗体显影，从而使电泳分离的蛋白质可视化。

　　（2）测序

　　蛋白质也可以被测序，即直接测定肽链中的氨基酸线性排列顺序。由于我们
已得到大量完整或近乎完整的基因组序列，因此，只要测得一小段蛋白质的序列，
就可以通过寻找匹配的蛋白质编码序列来鉴定其编码基因。常见的蛋白质测序方
法有两种：①埃德曼降解法（Edman degradation）。埃德曼降解是一种化学反应，
反应中多肽链的 N 端逐个释放氨基酸残基。该方法使用异硫氰酸苯酯
（phenylisothiocyanate，PITC）特异性地修饰肽链 N 端氨基酸的游离 α-氨基基团。
用酸处理后，这一被修饰的末端氨基酸能从多肽中切离。通过分析高效液相色谱法
（high performance liquid chromatography，HPLC）的洗脱峰可以鉴定末端氨基酸衍
生物的性质（每个氨基酸都有一个特征性的滞留时间）。每一次肽链裂解都能产生
一个带有游离 α-氨基基团的正常 N 端。因此，通过多次循环，就可以获得蛋白质 N
端区段的序列。②串联质谱法（tandem mass spectrometry，MS-MS）。串联质谱法
能非常准确地测定微量样品的质量，是当今最常用的方法。其基本原理是物质在（真
空）仪器中的行进与它的荷质比密切相关。对于小的生物大分子如肽段和小蛋白质
来说，所测得的分子质量能精确到 1 道尔顿。用 MS-MS 进行蛋白质测序前，通常
要用特异性蛋白水解酶，如胰蛋白酶，将目的蛋白消化成小肽段（一般小于 20 个
氨基酸）。质谱分析时，肽段混合物中的各个肽段由于荷质比不同，能相互区分开
来。将如此分离到的单个肽段打碎成其组成肽段，对这些组成肽段进行测序。运用
反卷积法分析这些序列数据能清楚地反映原始肽段的序列。和埃德曼降解法一样，
只要得到某种蛋白质的约 15 个氨基酸长的肽段序列，就能通过比较实测氨基酸序
列和经 DNA 序列预测到的氨基酸序列而鉴定这种蛋白质。

　　（3）纯化

　　几乎所有蛋白质纯化的起始物质都是细胞提取物。不像 DNA 能抵抗温度的
变化，蛋白质一旦从细胞中释放，轻微的温度波动都能使它们变性。由于这个原
因，大多数抽提物的制备和蛋白质的纯化都是在 4℃条件下进行的。细胞提取物
可以用很多不同的方法来制备，如可以用超声、去垢剂、机械剪切力、低渗盐离
子处理（使细胞吸收水分而胀破）或压力的迅速改变来裂解细胞。这些方法总的
目标都是弱化和裂解细胞膜，使蛋白质得以释放。

　　每种蛋白质都有其独特的特性，所以每种蛋白质的纯化方法都有或多或少的区别。蛋白质的纯化往往利用其独特的特性，包括大小、电荷、形状等，甚至可以基于功能。常用的蛋白质纯化方法是柱层析法（column chromatography）。在这种方法中，蛋白质流经充填着适当修饰的聚丙烯酰胺凝胶或琼脂糖凝胶小珠子的玻璃柱而分离。在这些方法中，玻璃管中充填了珠子，蛋白质混合物就流经这一介质，珠子的特性是蛋白质分离的基础。根据珠子的特性，可分成：①离子交换柱层析。这种技术根据蛋白质的表面离子电荷的不同，采用经带正电荷或负电荷化学基团修饰的珠子对蛋白质进行分离。在低盐缓冲液中，和珠子相互作用较弱的蛋白质（例如，微带正电荷的蛋白质与带负电荷的珠子的结合）能被洗脱。如果蛋白质和珠子相互作用较强，洗脱时就需要更高的盐离子浓度。不管在哪种情况下，盐离子都能封闭带电区域而使蛋白质从珠子上洗脱下来。由于每种蛋白质表面具有不同的电荷量，它们将在对应的特定盐离子浓度下依次从层析柱上洗脱下来。逐渐增加洗脱缓冲液中的盐离子浓度，可以将带有相似电荷的蛋白质分离成不同组分。②凝胶过滤层析（gel filtration chromatography）。这种技术根据蛋白质的大小和形状来分离。这种层析中所用的珠子没有带电荷基团，但是含有不同大小的孔径。小蛋白质能进入所有孔径，流经柱子的距离长，洗脱时间也长；大蛋白质流经柱子的距离短，洗脱速度快。③亲和层析（affinity chromatography）。该方法能使蛋白质纯化更加快速，通常根据某一蛋白质的特性来修饰珠子。例如，如果知道某一蛋白质通过和 ATP 结合而起作用，就可以使用含有 ATP 结合珠子的层析柱。由于只有与 ATP 结合的蛋白质能与层析柱结合，大多数蛋白质不能结合 ATP 而直接流出柱子。④免疫亲和层析（immunoaffinity chromatography）。在这种方法中，珠子上结合一种靶蛋白的特异性抗体。理想的抗体只与靶蛋白相互结合，其他蛋白质都流出柱子，结合于层析柱的蛋白质可以用盐、pH 梯度溶液或在某种情况下用温和的去垢剂洗脱下来。

第二节　合成生物学与系统生物学

一、系统生物学对合成生物学的影响

　　系统生物学（systems biology）是一个使用整体论（而非还原论）研究范式，整合不同学科、层次的信息，研究一个生物系统中所有组成成分的构成，以及在特定条件下这些组分间的相互作用关系的学科。它以整体化和定量化为特征，实现从基因到细胞、组织、个体等各个层次的关联信息的整合，着眼于从系统角度认识和解释生物系统基本原理，深刻理解系统行为，并加以应用，其核心任务是认识生物系统的结构和动力学，最终实现对生命的控制和设计。

　　经典的分子生物学研究是一种垂直性的研究，基因组学、蛋白质组学和其他各种组学则是水平性研究，而系统生物学的特点是把水平研究和垂直研究整合起来，将系统内部各个组分的行为与系统的特性及功能连接起来，成为一种三维的研究。首先，系统生物学要把系统内不同性质的构成要素（基因、mRNA、蛋白质、生物小分子等）整合在一起进行研究。其次，对于多细胞生物而言，系统生物学要实现从基因到细胞、到组织、到个体各个层次的整合。它通过系统性地研究一个生物系统中所有组成成分（DNA、RNA、蛋白质等）的构成，以及在特定条件下这些组分间的相互关系，并通过建立数学模型来定量描述和预测生物功能、表型与行为。

在系统生物学帮助我们深刻理解生物系统后，研究者萌发了有目的地改造生命系统的想法，从头设计并创造具有新功能的生命系统，合成生物学由此应运而生。

系统生物学的研究包括两方面内容：一是取得实验数据；二是建立生物模型。因此科学家把系统生物学分为"湿实验"部分（即在实验室内开展的研究，也称"wet lab"）和"干实验"部分（如计算机模拟和理论分析，也称"dry lab"）。这种"湿"与"干"的分工亦存在于合成生物学的研究之中。系统生物学的方法，特别是仿真、控制和设计的方法，是合成生物学"干实验"部分所采用的重要方法。

二、合成生物学中的系统生物学要素

系统生物学主要研究 4 类问题：①系统结构的阐述，如基因、代谢、信号转导网络及物理结构等；②系统行为的分析，如特定行为对外界扰动的敏感性，系统在刺激后多长时间恢复到正常状态等；③系统控制的方法，如将功能异常的细胞转变为健康的细胞，控制癌细胞使之凋亡等；④设计和修改系统的方法以达到期望的特性。

这些问题的研究为合成生物学提供可验证的模型和可供参考的设计路线。

（一）系统测量

高通量、全面、精确的测量是系统生物学最基本的部分。"系统"意味着测量所得到的数据是一致、完整、全面的数据，并能控制产生数据的质量，以供仿真、建模及系统鉴定参考。

为了适应不断增长的全面、精确测量的需求，系统生物学需要一系列新技术、新仪器，以提供自动化程度高、精度高的测量手段，包括：大幅度提高常规实验的自动化程度；采用尖端技术（如微流控系统、纳米技术等）来设计和构建新型实验装置；提高现有设备的测量速度和精度。这些需求也正是国际基因工程机器大赛中硬件赛道的项目所预期解决的现实问题。

（二）鉴定结构

为了理解一个生物系统，首先需要鉴定系统的结构。例如，为了理解基因调控网络，必须鉴定网络的所有组成部分及每一部分的功能、相互作用、相关参数等。

鉴定结构的工作方法可分成两类：①自下而上（bottom-up）的方法。自下而上的方法依赖于已知系统或子系统的可用知识。这种知识被组合成数学模型，该数学模型可用于模拟不同条件下的系统运行。通过与实验数据的比较，有可能估计系统或子系统内个别过程的详细动力学。在得到系统的可接受的数学表示之前，常需要对模型进行修正。因此，需要与实验工作密切配合，进行模型构建和仿真。所得模型可用于设计实验、进一步验证或证伪。这个过程的最终结果是一个动态数学模型，可以用来模拟所研究的生物系统。例如，基于独立的实验数据来构建基因调控网络就属于自下而上的方法，适用于大多数基因及其调控网络已经得到较好理解的情况，特别适用于已经了解部分结构而只需进行完善的情况。多数情况下，其生化参数可以被测量，因而可以进行精细仿真。此时研究的目的就成为建立一个精确的仿真模型，用于分析参数改变时系统的动态特性，而这些参数改变在实际系统中难以实现。最终在现有信息的基础上，通过仿真产生与现有实验数据一致的结果。自下而上方法的缺点是重建的模型高度依赖于当前已知系统的知识，尚未被识别的系统成分的影响往往在开始时就完全被忽略。②自上而下（top-down）的方法。自上而下的方法依赖于不同的组学分析。在这种分析中，数据是从一个暴露在不同条件下或受到不同干涉的系统中收集的，收集到的数据经过集群和更高级的分析，就可以获得重构结构所需的信息。自上而下的方法不需要结构的先验知识，但存在假阳性的可能性，鉴定获得的结构需要进行实验验证。如构建基因调控网络的自上而下的方法是应用 DNA 芯片及其他新测量技术获取高通量数据，使用聚类技术进行分析，尝试推断联系紧密的基因组合，使用遗传算法自动重构通路、拟合实验参数，确保计算结果与实际实验结果一致。

（三）行为分析

行为分析是指通过改变参数和结构，系统地调整被研究对象的内部组成成分或外部生长条件，观测系统所发生的相应变化，通过整合全部信息，分析系统的动态特性，从而获得系统层次的理解。行为分析一般需要通过建模和仿真来实现，即根据结构鉴定结果，构建系统模型，把通过实验得到的数据与根据模型预测的情况进行比较，对初始模型进行修订。根据修正后的模型，设定新的改变系统状态的实验，重复不断地通过实验数据对模型进行修订和精练。通过建立的精确模型与参数优化工具、假设生成器，以及分析工具结合构成仿真系统，探讨系统的动态特性，现有仿真系统包括仿真单个和多个细胞的基因表达、新陈代谢、信号转导等。建模与仿真的内容是国际基因工程机器大赛中建模任务所要完成的工作。

（四）设计

系统生物学一方面要了解生物系统的结构组成，另一方面要揭示系统的行为方式，相比之下后一个任务更为重要。因此，系统生物学研究的并非一种静态结构，而是要在人为控制的状态下揭示特定的生命系统在不同的条件下和不同的时间内具有的动力学特征。这就需要在人为地设计某种或某些条件作用于被实验的对象，从而达到实验的目的。这种对实验对象的人为影响称为干涉（perturbation）。传统生物学采用非干涉方法（如形态观察或分类）研究生物体。分子生物学等实验生物学是在实验室内利用各种手段（如诱导基因突变或修饰蛋白质）干涉研究对象，由此研究其性质和功能。而系统生物学的干涉则是系统性的，如人为诱导基因突变，过去大多是随机的，而在进行系统生物学研究时，采用的多是定向的突变技术。另外，系统生物学需要高通量的干涉能力，如高通量的遗传变异。现有技术已经能做到在短时间内把酵母的全部基因逐一进行突变。对于较为复杂的多细胞生物，可以通过 RNA 干涉新技术来实现大规模的基因定向突变。随着研究技术的发展，一定还会有许多新的干涉技术应用于系统生物学。

需要注意的是，以测定基因组全序列或全部蛋白质组成的基因组研究或蛋白质组研究等"规模型大科学"并不属于经典的实验科学。这类工作中并不需要干涉，其目标只是把系统的全部元素测定清楚，以便得到一个含有所有信息的数据库。这种类型的研究称为"发现的科学"（discovery science），而把依赖于干涉的实验科学称为"假设驱动的科学"（hypothesis-driven science），因为选择干涉就是在做出假设。系统生物学不同于一般的实验生物学，就在于它既需要"发现的科学"，也需要"假设驱动的科学"。首先要选择一种条件（干涉），然后利用"发现的科学"的方法，对系统在该条件下的所有元素进行测定和分析。在此基础上做出新的假设，然后再利用"发现的科学"研究手段进行新的研究。基于两种不同研究策略和方法的互动和整合是系统生物学成功的保证（许树成，2004）。

（五）控　制

生物控制论不仅可定性地确定生理和病理机制，而且偏重系统、定量、动态地研究生物系统。为此需要建立描述各种生物系统的控制和信息处理过程的数学模型，并进一步加以分析或进行系统仿真。这是生物控制论的主要方法，也是系统生物学研究的重要工作内容。

生物控制包括：①前馈控制。前馈控制中预定义了一系列受特定刺激触发的动作。例如，条件反射活动就是一种前馈控制系统活动。动物见到食物就引致唾液分泌，这种分泌比食物进入口中后引致唾液分泌来得快，而且富有预见性，更具有适应性意义；进食导致迷走神经兴奋，促使胰岛细胞分泌胰岛素来调节血糖水平，这样可及早准备以防止食物消化吸收后造成血糖水平出现过分波动，这也是前馈控制的例子。但前馈控制引致的反应有可能失误，如动物见到食物后并没有吃到食物，则唾液分泌就是一种失误。②反馈控制，指将系统的输出返回到输入端并以某种方式改变输入，进而影响系统功能的过程，如 DNA 复制的自我调控、哺乳动物的平衡控制系统和体温调节系统、免疫控制系统等。许多病理现象与正、负反馈失调有关。

系统生物学的发展对生物控制理论提出了新的机遇和挑战，包括：①如何把控制理论与信号处理技术应用于高精度的生物测量及操控仪器的设计上；②如何把控制理论中已经发展得比较完善的理论，如敏感性分析、最优控制等应用于生物学家比较感兴趣的问题中；③生物系统可以看作复杂线路、通信及传感系统，生物进化导致生物系统具有高容错率、高度非线性、反馈丰富的特点，如何从生物系统研究中抽象提取新的控制及传感工程的新思想；④基于系统生物学研究形成新的控制理论与系统理论体系（王沛和吕金虎，2013）。

随着系统生物学与合成生物学技术的逐渐成熟，研究人员开始利用合成基因线路对细胞内基因表达及其他生命活动进行控制，构成人工生物系统，如抑制子振荡器与双稳态开关模型就是两个经典的人工合成控制线路。抑制子振荡器通过三个互相抑制的基因线路构成基因网络，当给予一定初始浓度的诱导物时，三个基因的表达会呈现出振荡特性。而双稳态开关模型则是通过两个互相抑制的基因线路，以及能够分别抑制两种基因表达产物的化学诱导剂来实现类似开关的双稳态特性。它们都是以互相抑制的基因线路构成负反馈来实现对基因表达特性的调控（详见第八章第四节）。

随着合成生物学的发展，人工生物系统能够感知的信号类型越来越丰富，人们对细胞的控制手段也越来越多样化。从传统生物学采用的温度、营养和化学试剂等控制手段，到当前合成生物学中采用的化学小分子信号、磁信号、电信号和光信号等，通过计算机对相关执行器的控制，并以细胞中导入的人工合成基因线路作为媒介，对细胞内的分子状态和基因表达状态进行控制，人们控制细胞的手段逐渐扩展并相互融合（颜钱明等，2021）。

第三节　合成生物学与电子工程学

一、电子工程学对合成生物学的影响

人们通常认为 DNA 遗传密码是指挥控制生命的软件（software），而细胞膜及细胞内所有的生物机器被认为是生命的硬件（hardware），在合成生物学中也常称为湿件（wetware）。这种对生命系统软件与硬件的认识借助于电子工程的研究方法、基本技术与工具，就像技术人员用标准化的现成的配件组装成计算机一样，合成生物学借用电子工程学中数字电路的设计理念，采用抽象化（abstraction）、标准化（standardization）等工程概念，通过理性设计，将元件组装成器件，器件集成成模块，模块构建成复杂的系统，最终封装在生物体中使其成为一个能执行预定功能的生物机器。

要实现这样的目标，核心工作在于创造像电子电路一样的细胞"线路"，这个细胞内的"线路"可以根据输入（input）的信号做出相应的处理（process）和输出（output）。细胞中的逻辑门对于细胞实现其核心工作极为关键，与电子工程学中的电路相似，细胞内的逻辑门也包括了与门（AND gate）、或门（OR gate）、非门（NOR gate）、与非门（NAND gate）等，它们是合成生物学中非常核心且基础的工具，几乎所有的合成生物学应用中都需要细胞内逻辑门的参与，所以建立基因逻辑门是非常重要的。

基因双稳态开关与基因振荡器是合成生物学在理论指导下合成的第一批生物元件，它们的实践表明了理性设计生物元器件的可行性。随后，研究者发掘出了越来越多的标准元件，利用这些标准化的生物元件实现基本逻辑门，构建了多种多样的基因线路，并进一步组装成众多具有全新功能的生物系统，如具有对种群数量敏感的大肠杆菌、能产生青蒿素的酵母细胞、能响应外界刺激的工程细胞等。合成生物学工作者预计，未来生物工程师可以像电子工程师组装计算机一样，将充分表征的生物元件组装成健壮的宿主生物体，并使其具有特定的生物功能。

二、合成生物学中的电子工程学要素

电子工程学（electronic engineering）是面向电子领域的工程学，主要研究领域为电路与系统、通信、电磁场与微波技术及数字信号处理等。其工作思路包括解耦（decoupling）、抽象化（abstraction）、标准化（standardization），其核心是各种逻辑之间的电路运算，即逻辑电路，它们是执行基本逻辑操作的电路，在计算机等电子设备中被大量运用。

在现代化的工业生产中，设备或装置往往存在多个控制回路对其进行控制。由于控制回路的增加，往往造成相互影响，即系统中每一个控制回路的输入信号对所有回路的输出都会有影响，而每一个回路的输出又会受到所有输入的影响。要想一个输入只去控制一个输出几乎不可能，这就构成了"耦合"系统。存在的这种耦合关系，往往使系统难以控制，导致性能变差。

解耦是解决此类问题的思路。通过将一个复杂的问题拆解成多个相对简单且能够独立处理的问题，并最终整合成具有特定功能的统一整体。数学上的解耦是指使含有多个变量的数学方程变成能够用单个变量表示的方程组，即变量不再同时共同直接影响一个方程的结果，从而简化分析计算。通过适当的控制量的选取、坐标变换等手段将一个多变量系统化为多个独立的单变量系统的数学模型，即解除各个变量之间的耦合。在解决工程耦合问题中，基本目标是设计一个控制装置，使构成的多变量控制系统的每个输出变量仅由一个输入变量完全控制，且不同的输出由不同的输入控制。在实现解耦以后，一个多输入多输出控制系统就解除了输入、输出变量间的交叉耦合，从而实现自治控制，即互不影响的控制。这种互不影响的控制方式，已经成功应用在发动机控制、超大规模集成电路制造等电子工程领域。

　　同样，针对复杂生物系统，合成生物学设计也采用类似的工程策略：①标准化，是确立基本生物元件的方法，实现对生物功能的定义和特征描述及对基因组序列进行分门别类定义生物功能；②解耦，把复杂的生物系统分解成具有独立功能的简单组分，把设计和装配分开，以便完成设计后，能有效装配成整体系统；③抽提，可以隐藏生物信息和管理的复杂性，形成简化的再设计的器件和模块，在生物工程领域建立具有可识别界面的元器件库；④模块化，模块化设计是保证系统鲁棒性的一个重要方面，它确保系统一部分的失效不会扩散到整个系统。在工程中，每一个底层模块都应该是充分独立和封装的，上层结构的变化不影响下层模块的内部动力学特性；⑤层次化，通过建立元件和模块的层阶，分开和限制各层阶之间的信息交流。其中组件是系统的基本单位，在电子工程学中，晶体管、电容、电阻都是组件。在生物系统中，基因、蛋白质等转录产物都是组件。器件则是最小功能装配单位，在电子工程学中，触发器、与非门都是器件。在生物系统中，转录复合物、复制复合物，以及一些信号转导线路都是器件的例子。模块则是具有特定功能的一组器件的集合。电子工程学中的 CPU、内存及放大器都是模块。在生物系统中，细胞器、某个基因调控回路都可认为是模块。系统则是模块的上层组合，从这个角度看，细胞或整个生物体都可以认为是一个系统。

第四节　合成生物学与基因工程

一、基因工程对合成生物学的影响

　　2000 年，国际上重新提出合成生物学概念，并将其定义为"基于系统生物学原理的基因工程"；合成生物学的著名赛事 iGEM，字面翻译是国际基因工程机器大赛（international genetic engineering machine competition），由此可见合成生物学和基因工程的密切关系。

　　基因工程（genetic engineering）是以分子遗传学为理论基础，以分子生物学和微生物的现代方法为手段，将不同来源的基因按预先设计的蓝图，在体外构建重组 DNA 分子，然后导入宿主细胞，以改变生物原来的遗传特性，获得新品种、生产新产品，即基因工程研究主要是获得基因表达产物，制备大量有用的蛋白质和多肽，或者进行动植物转基因或通过基因编辑获得具有新性状的个体。

而合成生物学的核心在于设计，无论是正向设计还是逆向设计，都旨在以标准化的工程手段来实现并不断优化预期目标，这种标准化的手段正是通过基因工程来实现的。合成生物学不等于基因工程，但要开展合成生物学的研究，离不开基因工程，基因工程是合成生物学最重要的工程化平台。

二、合成生物学中的基因工程要素

（一）工具酶

利用工具酶可以复制、切割与连接 DNA。

基因工程中使用的工具酶种类很多：限制性内切酶（restriction endonuclease）是能够识别双链 DNA（double strand DNA，dsDNA）分子内特殊核苷酸序列，并在特定位点上切开 DNA 的酶；DNA 连接酶（DNA ligase）催化 DNA 链的相邻 3′-羟基（3′-OH）和 5′-磷酸基团（5′-P）发生缩合反应，形成磷酸二酯键，填补（封闭）双链 DNA 上相邻核苷酸之间的单链缺口，把 DNA 片段连接起来；DNA 聚合酶Ⅰ（DNA polymerase Ⅰ）按 5′到 3′方向加入新的核苷酸，补平 DNA 双链中的缺口；反转录酶（reverse transcriptase）按照 RNA 的碱基序列，根据碱基互补原则合成 DNA 链；碱性磷酸酶（alkaline phosphatase）可除去 DNA 链 5′或 3′端的磷酸基团；末端转移酶（terminal transferase）可在双链核酸的 3′端加上多聚单核苷酸；多核苷酸激酶（polynucleotide kinase）可以使多核苷酸 5′端磷酸化；DNA 外切酶（DNA exonuclease）Ⅲ则从 DNA 链的 3′端逐个切除单核苷酸等。

（二）载体

外源基因片段不能独立复制，需要借助载体将其引入宿主细胞进行克隆、保存或表达。载体（vector）也称分子克隆载体，是将外源 DNA 带入宿主细胞进行扩增和表达的工具。根据宿主细胞不同，常用载体有细菌质粒、噬菌体载体、穿梭载体、动物细胞载体等。

1. 质粒

质粒（plasmid）是存在于细菌拟核外的共价闭合环状 DNA，一般携带特殊的遗传标记，编码 2～3 个中等大小的蛋白质，使得宿主生物可以产生附加性状，如获得抗药性。质粒具有可以在宿主细胞中自主复制的复制起点（replication origin，ori）。

由于质粒容易在宿主间转移和迁移，且分子量较小，容易导入受体细胞，因此是最常用的克隆表达载体。若一个载体同时具有两类不同生物来源的复制起点，则可在这两类生物中自主复制，这类载体称为穿梭载体。

质粒具有几十个核苷酸的 DNA 序列，存在多个限制性内切酶单一切点，这段很短的 DNA 序列称为多克隆位点（multiple cloning site，MCS），是供外源 DNA 分子插入的位点。质粒还具有标记基因，在一定选择压力下，可以容易地选择转化子（有外源 DNA 导入的细胞）与非转化子。常用的标记基因有：①抗药性基因，如氨苄青霉素抗性基因（*ampR*）、四环素抗性基因（*tetR*）、氯霉素抗性基因（*cmR*）和卡那霉素抗性基因（*kanR*）；②营养缺陷型基因，如编码微生物维持正常生长所需的酶基因；③生化标记基因，赋予微生物细胞某些生化表型，如将 MCS 置于编码 β-半乳糖苷酶基因（*lacZ*）内部。*lacZ* 产生的 β-半乳糖苷酶可以将无色底物 X-gal（5-溴-4-氯-3-吲哚-β-D-半乳糖苷）切割成半乳糖和深蓝色物质，而外源基因的插入将导致 *lacZ* 基因被破坏，无法分解底物，从而实现利用蓝白斑反应进行转化子的筛选。

质粒为基因线路提供了通用框架，它们通常在抗生素选择标记的压力下保留，但这存在将抗生素抗性基因水平转移至其他细菌的潜在风险。为了解决这个问题，可以使用互补型非抗生素抗性质粒，也称载体-宿主互补系统（vector-host combination）。例如，在宿主大肠杆菌中删除编码丙氨酸消旋酶的 *DADX* 和 *ALR* 基因，由于丙氨酸消旋酶在细胞壁合成中的特定作用，删除 *DADX* 和 *ALR* 的菌株在基本培养基上不能生长，只有补充相应的外源营养物质（D-丙氨酸）或转入含有相应基因的质粒，菌株才能生存（Hwang et al.，2017）。

（1）质粒命名

新发现或改造的质粒首字母一般为小写 p，表示 plasmid，后面 2 个或 3 个大写字母表示构建该质粒的研究人员的姓名或实验室名称，最后的数字表示构建的一系列质粒的编号。如 pUC18，p 代表质粒，UC 代表研究人员姓名的英文缩写，18 代表该质粒的编号。对于天然存在的质粒使用原有的命名，如 ColE1、F、SCP1等。质粒中的缺失和其他类型重排的命名与细菌基因组中的缺失和重排的命名相同，如缺失了基因 *cad* 与 *asa* 的质粒命名为 pI258Δ(*cad-asa*)。

（2）质粒图谱

质粒图谱为质粒 DNA 序列的物理图谱，提供了包括质粒大小、复制起点、筛选标记、多克隆位点、转录调控元件、翻译表达元件及蛋白质标签等信息，为我们选择质粒、了解质粒特点及应用提供了重要依据。图 2-1 显示 pGEX-6P 质粒图谱。

1）复制起点。图谱中用 ori 表示质粒的复制起点。质粒的复制起点决定了质粒的宿主及质粒的拷贝数，它是质粒中的一段特定序列，富含 AT 和重复序列。

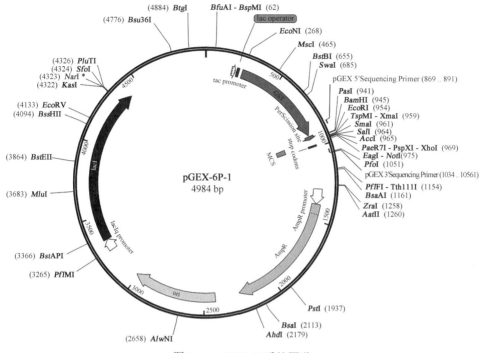

图 2-1 pGEX-6P 质粒图谱

图谱上只有一个 ori，表示质粒是克隆或表达质粒；图谱上有两个 ori，则表示该质粒是穿梭质粒，既可以在原核生物也可以在真核生物中复制。复制起点的不同可能导致质粒拷贝数的不同。通常，复制起点的控制可分为松弛型（relaxed）和严紧型（stringent）两种。严紧型质粒是指当细胞复制一次时，质粒也复制一次，每个细胞中只有 1～2 个质粒，质粒的复制与染色体的复制表现出受相同因素控制，染色体不复制时，质粒也不复制；松弛型质粒多为小分子量质粒，当染色体复制停止后仍然能继续复制，每个细胞中一般含有几十至上百个质粒。质粒复制的类型还与其存在的细胞相关，如有些在大肠杆菌中复制是严紧型，而在变形杆菌中则是松弛型。常见的复制起点有 ColE1、pMB1、pSC101、pBR322、R6K 和 15A 等。ColE1、pMB1派生质粒具有高拷贝的特点，适合大量增殖克隆基因；pSC101 派生质粒拷贝数小，适用于有些被克隆的基因的表达产物过多时会严重影响宿主的正常代谢活动，甚至导致宿主死亡的情况。常用质粒载体及其拷贝数见表 2-1。

表2-1 常用质粒载体及其拷贝数

载体	复制起点	拷贝数	类型
pSC101 及其衍生载体	pSC101	～5	很低拷贝
pBR322 及其衍生载体	pMB1	15～20	低拷贝
pUC	pMB1*	500～700	高拷贝

载体	复制起点	拷贝数	类型
pBluescript	ColE1	300~500	高拷贝
pGEM	pMB1*	300~400	高拷贝
pTZ	pMB1*	>1000	高拷贝
pACYC 及其衍生载体	P15A	10~15	低拷贝

*复制起点突变形式；一般质粒过大或者插入的外源基因片段越大，其拷贝数越少

一般认为两种质粒携带的 ori 相同或属于一种类型，它们会使用相同的细胞复制机制，对细胞内部有限的复制资源的竞争会导致质粒互不兼容，这一特性称为质粒相容性，即拥有相同 ori 的质粒是互不兼容的，而拥有不同 ori 的质粒有很大可能是兼容的，在大肠杆菌中现已发现 30 多个不相容群，如 ColE1 和 pMB1、pSC101 和 p15A。

2）筛选标记。图谱中的 AmpR、KanaR 等表示质粒载体中的筛选标签，多为抗生素抗性基因，方便后续通过抗生素筛选阳性克隆。特点是单词最后会以大写 R 或上标 r 结束。只在一种宿主中复制的质粒仅具有一种抗性筛选标记，能够在两种类型宿主中复制和表达的载体会具有两种筛选标记。

3）多克隆位点。图谱中的 MCS 或者许多内切酶列表的部分，是质粒的多克隆位点。多克隆位点为一系列限制性内切酶酶切位点，是外源 DNA 的插入位点，一般可通过酶切/连接的方式将外源 DNA 插入质粒。多克隆位点位于转录启动和转录终止信号之间，所包含的限制性内切酶位点数量和组成因载体不同会有所差异，其中的酶切位点在质粒中为单一的酶切位点，使用时需注意质粒载体与外源 DNA 酶切位点的兼容性问题，即插入的 DNA 序列应不含相应酶切位点。

4）其他元件。质粒载体中除复制起始位点、筛选标记、多克隆位点外，还具有其他一些表达或调控元件，如转录调控元件、翻译调控元件和融合蛋白表达标签等。其中蛋白纯化标签包括 His-Tag、GST-Tag 等；蛋白检测标签包括 Myc-Tag、Flag-Tag、HA-Tag 等；荧光蛋白表达标签包括 GFP、mCherry 等。如果质粒是表达载体，还应包括核糖体结合位点（RBS）、启动子、终止子等。

5）箭头符号。质粒是环状双链 DNA，启动子等可以在其中一条链上，而它的抗性基因在另一条链上，箭头方向表示的是转录方向。

（3）基于质粒图谱的基因线路图

目前的大多数基因线路都是在质粒上构建的，开发模块化的质粒载体，实现基因线路迅速地装配是合成生物学的重要内容之一。图 2-2 显示的是双稳态基因开关的质粒图谱，其中的基因元件都可以方便地被更换（Gardner et al.，2000）。

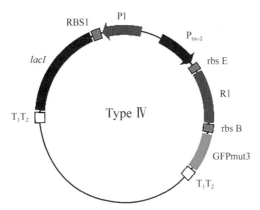

图 2-2　双稳态基因开关的质粒图谱（Gardner et al.，2000）

2. 噬菌体载体

噬菌体是一类细菌病毒，蛋白质外壳内包裹着 DNA，能高效率、高特异性地侵染宿主细胞，然后或自主复制繁殖，或整合入宿主基因组中，而且在一定条件下这两种状态还会互相转化。正是由于噬菌体具有这些特性，使其成为基因工程的有效载体，即利用其高效率的感染性实现外源基因的高效导入，并利用自主繁殖性使外源基因在受体细胞中高效扩增。

重组 DNA 技术常用的噬菌体载体主要有 λ 噬菌体和 M13 噬菌体。

1）λ 噬菌体：其 DNA 为双链线状 DNA，两端的 5′端是由 12 个碱基组成的单链互补黏性末端。当 λ 噬菌体加入宿主细胞后，黏性末端在连接酶作用下，碱基配对封闭成环状分子，这 12 个碱基的黏性末端称为 cos 位点。cos 位点是噬菌体包装蛋白的识别位点，转化效率比质粒高 1000 倍以上。λ 噬菌体特异性感染大肠杆菌（*Escherichia coli*），识别并吸附在宿主受体上，之后线性 λDNA 分子通过尾部通道注入大肠杆菌细胞内，两端的 cos 碱基配对，宿主 DNA 连接酶迅速封闭环状 λDNA 分子，λDNA 从其复制起点进行复制。

2）M13 噬菌体：为丝状噬菌体，具有环状单链 DNA，通过大肠杆菌性菌毛侵入细菌，进入细菌后，基因组复制为双链环状形式，在宿主细胞中形成双链的复制型 DNA（replication for DNA，RF DNA），可以像质粒 DNA 一样在体外进行纯化和操作。M13 噬菌体 DNA 包含 DNA 复制和噬菌体增殖所需的遗传信息，可分为两类：一是噬菌体基因间隔区（intragenic region，IG 区）。基因间隔区为一段不到 500 个碱基的 DNA 片段，介导噬菌体 DNA 的复制、包装和释放，产生子代噬菌体颗粒；二是蛋白编码区，包括复制蛋白（基因 Ⅱ、Ⅴ 和 Ⅹ）、形态发生蛋白（基因 Ⅰ、Ⅳ和Ⅺ）和结构蛋白（基因Ⅲ、Ⅵ、Ⅶ、Ⅷ和Ⅸ）。M13 DNA 的复制起始位点定位在基因间隔区内，但是基因间隔区的某些核苷酸序列即使发生突变、缺失或插入外源 DNA 片段，也不会影响 M13 DNA 的复制，这为 M13 DNA

构建克隆载体提供了条件。M13mp 系列载体是通过对野生型 M13 加以改造，在基因间隔区内插入了多克隆位点和大肠杆菌 *lacZ* 基因，从而可以利用菌落的蓝白斑筛选转化子。

3. 噬菌粒载体

噬菌粒（phagemid）是由质粒载体与单链噬菌体载体结合而成的新型载体系列。它具有质粒的复制起点、选择性标记、多克隆位点等，方便 DNA 操作，可在细胞内稳定存在，又具有单链噬菌体的复制起点。由于噬菌粒不含有编码噬菌体蛋白的基因，在大肠杆菌扩增时不产生子代噬菌体。但在辅助噬菌体的存在下，可进行噬菌体的繁殖，产生子代噬菌体。常用的噬菌粒载体有 pUC118/pUC119 和 pBluescript。

4. 酵母穿梭载体

酵母是一种单细胞真核生物，在酿酒酵母中发现的 2μ 质粒既能在酵母中进行复制也能在大肠杆菌中复制，是酵母-大肠杆菌穿梭载体。酵母穿梭载体以大肠杆菌质粒为骨架，具有来自酵母 2μ 质粒的复制起点和酵母基因组的自主复制序列，用酵母宿主的营养缺陷基因或显性选择基因作为选择标记，含有在酵母中发挥强启动子功能的启动子，以及在大肠杆菌中扩增所需的基因。

5. 动物细胞载体

动物细胞载体主要是在质粒的基础上插入一些病毒或其他一些物种（包括人）的基因表达调控序列。

（三）供体与受体

基因工程的目的是将一种或多种生物体的基因或基因组提取出来，按照人们的愿望进行严密的设计，经过体外加工重组，转移到另一种生物体的细胞内，使之能够遗传并获得新的遗传性状。其中，提供基因或基因组的称为供体。接受重组基因的称为受体，是指在转化和转染（感染）中接受外源基因的细胞，所以也称宿主细胞。

作为基因工程的受体细胞必须具备以下性能：①具有接受外源 DNA 的能力，便于重组 DNA 分子导入；②一般应为限制酶缺陷型（或限制与修饰系统均缺陷）；③一般应为 DNA 重组缺陷型；④不适于在人体内或在非培养条件下生存；⑤其DNA 不易转移；⑥遗传稳定性高，易于扩大培养与发酵；⑦密码子无明显偏好性；⑧具有较好的翻译后加工机制，便于目的基因的表达；⑨理论与实践上具有较高的应用价值；⑩安全性高，无致病性。

受体细胞有原核受体细胞、真核受体细胞和哺乳动物细胞。原核受体细胞中，最常用的是大肠杆菌，大肠杆菌虽然是条件致病菌，但是通过人工改造，可以使它成为一个很安全的宿主菌。真核受体细胞中，最常用的是酵母菌，动物细胞和昆虫细胞其实也属于真核受体细胞。

以微生物（主要有大肠杆菌、枯草芽孢杆菌和酵母菌）为受体细胞的基因工程在技术上最为成熟，在合成生物学研究与应用中也最为广泛。以免疫细胞为受体细胞，基于合成生物学技术构建的嵌合抗原受体（chimeric antigen receptor，CAR）T 细胞（CAR-T）疗法是目前临床上抗癌治疗的有效手段，具有广阔的发展前景。

（四）基因工程的操作流程

基因工程的操作流程一般包括核酸提取、构建基因文库、靶基因克隆、DNA重组、基因的诱导表达、表达蛋白的提取和纯化等。

1. 核酸提取

核酸包括基因组 DNA、RNA、质粒 DNA 等。从生物细胞中提取基因组 DNA一般可分为两步：①温和裂解细胞、溶解 DNA；②采用化学或酶学的方法，去除蛋白质、RNA 及其他大分子。

细菌质粒 DNA 的提取则是根据质粒 DNA 与基因组 DNA 的大小，以及构象的差异，采用变性与复性方法分离质粒与基因组 DNA。环状质粒 DNA 具有相对分子质量小、易复性的特点，在热和碱性条件下 DNA 分子双链解开，若此时将溶液置于复性条件下，由于变性的质粒分子能在较短时间内复性，而染色体 DNA不能复性，从而达到分离的目的。

2. 构建基因文库

基因文库（gene library）是指通过克隆方法保存在适当宿主中的一群混合的 DNA 分子，所有这些分子中插入片段的总和，可代表某种生物的全部基因组序列或 mRNA 序列。基因文库的构建是将生物体的全基因组或互补 DNA（complementary DNA，cDNA）分成若干 DNA 片段，分别与载体 DNA 在体外拼接成重组分子，然后导入受体细胞，形成一整套含有该生物体全基因组 DNA 或 cDNA 片段的克隆，并将各克隆中的 DNA 片段按照其在细胞内染色体上的天然序列进行排序和整理。通过基因文库的构建，可以存储和扩增特定生物基因组的全部或部分片段，在需要时可从文库中调出开展研究。

基因组文库和 cDNA 文库的主要差别是：①基因组文库克隆的是任何基因，包括未知功能的 DNA 序列；cDNA 文库克隆的是具有蛋白质产物的结构基因，包括调节基因。②基因组文库克隆的是全部遗传信息，不受时空的影响；cDNA 文库克隆的是不完的编码 DNA 序列，受发育和调控因子的影响。③基因组文库中的编码基因是真实基因，含内含子和外显子，而 cDNA 文库克隆的是不含内含子的基因。

从特定组织中提取的基因组 DNA，或由 mRNA 反转录得到的 cDNA 分离纯化后，采用机械方法或限制性内切酶的酶切法，使其产生不同大小的片段，然后与适当的载体进行连接，就可构成基因组文库。

3. 靶基因克隆

靶基因（target gene）也称目的基因，是指希望分离或克隆的基因。基因克隆的方法有 PCR 扩增法、探针筛选法等。其中 PCR 扩增法是在已知某一基因的碱基序列时，根据这一基因两端的序列设计引物，通过 PCR 方法，以生物基因组 DNA 为模板合成靶基因，包括常规 PCR、反转录 PCR、重叠 PCR 等。探针筛选法是利用和靶基因特定序列匹配的探针，通过分子杂交从基因文库中分离特定靶基因。探针是指经放射性物质等标记的特定 DNA 或 RNA 片段，探针的长度及与靶基因之间的序列是杂交的关键。

4. DNA 重组

DNA 重组（DNA recombination）是指 DNA 分子内或分子间发生的遗传信息的重新组合过程，包括使用人工手段将不同来源的 DNA 片段进行重组，和天然存在的同源重组、特异位点重组和转座重组等，是改变生物基因型和获得特定基因产物的技术。

获得目的基因，选择或构建适当的基因载体后，采用 DNA 酶切与连接等方法将靶基因与载体连接，形成重组 DNA。DNA 重组后将导入特定的宿主细胞中进行扩增或表达。

将以质粒为载体构建的重组 DNA 导入宿主细胞的过程称为转化（transformation），以噬菌体和真核病毒作为载体构建重组 DNA 并导入受体细胞的过程称为转染（transfection）。转化有化学转化法和电击法。转染是将重组 DNA 分子在体外包装成完整的病毒颗粒后感染宿主，转染又分为瞬时转染和稳定转染两类，其中瞬时转染是指外源基因并没有整合到宿主细胞的染色体上而是存在于游离的载体上，这样可以在短时间内获得目的基因的表达产物，但是随着细胞的不断分裂增殖，外源基因最终会丢失，无法继续进行重组基因的表达；而稳定转染则是将外源基因整合到宿主细胞染色体上，目的基因不会随着细胞传代而消失，能够长期稳定地表达目的基因。通过稳定转染（稳定细胞系构建）能够实现长期、稳定地生产重组基因产物。

5. 靶基因的诱导表达

基因表达体系按照基因表达的宿主分为原核表达系统和真核表达系统，前者主要包括大肠杆菌和枯草芽孢杆菌表达体系，后者主要包括酵母、丝状真菌、哺乳动物细胞、植物细胞及昆虫细胞表达体系。真核表达系统具有翻译后加工修饰的功能，且可进行分泌性表达，表达的蛋白质更接近天然状态。

外源基因的表达还可根据转录模式分为组成型表达和诱导调控型表达。①组成型表达：载体采用组成型启动子，一直不停地表达目标蛋白，通常表达量比较高、成本低，但不适合表达一些对宿主细菌生长有害的蛋白质。②诱导型表达：使用诱导型启动子，只有在诱导剂存在的条件下才表达目的产物，有助于避免生长前期高表达对宿主细胞生长造成的影响。

根据表达的异源蛋白在细胞中的定位则可分为两种形式。①可溶型表达：外源基因在宿主中表达后存在于细胞质中，菌体破碎后存在于上清液中。②分泌型表达：在起始密码子和目的基因之间加入一段原核或真核的信号肽序列，可引导在细胞质内合成的多肽穿过细胞膜分泌出来，避免表达产物在细胞内的过度累积而影响细胞生长或形成包涵体，还可以保护外源蛋白不被细胞内的蛋白酶降解，增加表达产物的稳定性，但通常表达量较低。

6. 表达蛋白的提取和纯化

表达蛋白在组织或细胞中一般以混合物形式存在。表达蛋白提取的步骤包括：对含有表达蛋白的发酵液进行加热、调整 pH、絮凝等预处理；采用过滤、离心方法分离细胞，使用匀浆、研磨、酶解等手段破碎细胞后采用离心等方法进行碎片分离，最后将纯化得到的蛋白质经过浓缩、干燥、无菌过滤、成型后完成成品加工。

蛋白质纯化包括两类方式：一是利用混合物中组分的分配率差异，用盐析、层析和结晶等方法分离；二是将单一物相中的混合物通过电泳、超速离心、超滤等物理方法使各组分分配于不同的区域达到分离的目的。

（五）基因合成

1. 基因合成的定义

基因合成（gene synthesis）是指利用生物化学的方法将人工合成的寡核苷酸拼接成基因的一种技术。基因合成与寡核苷酸合成有所不同：①寡核苷酸是单链的，所能合成的最长片段仅为 100nt 左右，而基因合成则为双链 DNA 分子，所能合成的长度为 50bp～12kb；②基因合成的原料是寡核苷酸，而寡核苷酸合成是通过固相亚磷酰胺法逐个添加核苷酸进行的。

基因合成是当前合成生物学的主要内容。通过基因合成可以获得自然界中不存在的基因，为人类改造生物开辟了一个全新的方向，在新能源、新材料、人工生命、核酸疫苗、生物医药等领域的作用已初步体现。但基因合成也存在潜在的被用于开发生物武器的可能，而这种可能性在几种病毒被人工合成之后变得更加突出。

2. 基因合成的优点

1）效率高，基因合成的周期短，可以保证序列的正确性。

2）人为地将真核基因克隆在原核生物中表达时，需将真核生物偏好的密码子改为原核生物偏好的密码子，才能实现高效表达。解决这一问题最好的办法是根据相应细胞的密码子偏好性对基因序列进行密码子优化后人工合成基因。

3）当只知某一蛋白质或多肽的氨基酸序列而不知其核苷酸序列时，最好的办法是通过人工合成基因进行克隆和表达。

4）可根据需要进行基因的定点突变以改造基因。

5）研究人员可以根据自己的意愿设计得到自然界中很难获得甚至不存在的基因。

3. 基因合成的主要途径

当前基因合成的主要途径是通过向基因合成公司定制，只需向公司提供基因序列或蛋白质氨基酸序列等信息，就可以收到含有目的片段的高纯度冻干质粒DNA、含有重组质粒的菌株，以及测序结果文件等资料。

提交给基因合成公司的信息包括基因序列或蛋白质氨基酸序列；如要用于基因克隆，还需提供 5′酶切位点、3′酶切位点信息；根据需求选择是否需要密码子优化及所需载体；是否需要添加在序列 5′端或者 3′端的侧翼序列等信息。

第五节　合成生物学与代谢工程

一、代谢工程对合成生物学的影响

代谢工程（metabolic engineering）亦称代谢途径工程（metabolic pathway engineering），是根据已知细胞代谢网络知识对细胞代谢途径进行合理设计，并利用分子生物学手段，如 DNA 重组技术等对细胞代谢途径，以及代谢途径调控进行改造，以生产积累目的产物的应用型学科。

代谢工程注重以酶学、化学计量学、分子反应动力学及现代数学的理论和技术为研究手段，在细胞水平上阐明代谢途径与代谢网络之间局部与整体的关系、胞内代谢过程与胞外物质传输之间的偶联，以及代谢流向与控制的机制，并在此基础上实现识别特定的基因操作和对环境条件的控制，从而增强生物技术过程的产率及生产能力，或对细胞性质进行总体改性，最终通过工程和工艺操作达到优化细胞性能的目的。

经过 20 余年的发展，随着多种微生物全基因组测序的完成，以及对微生物代谢网络的系统认识，代谢工程的改造范围已经发展到涉及跨种属、多基因的联合协同表达及其调控。通过组合不同来源的多种酶分子来构建新的代谢途径，既可以省略化学合成中间产物的纯化工作，同时又可以更简便更节能地实现生物燃料、天然复杂产物的中间产物及其衍生物的合成。

不同于传统的以生产蛋白质或工业酶为目标的蛋白多肽单基因表达，在代谢途径改造过程中，编码催化代谢途径中关键酶的基因并不需要高度表达，这是因为目的基因的过量表达会消耗细胞中可用于生成目的产物的代谢物。同时，外源代谢途径的中间产物还可能对宿主细胞造成毒害从而导致终产物产量的减少。因此，在代谢工程中必须将代谢途径中每个酶的表达量限制在一定范围内，实现多基因的联合协同表达。尽管目前已有很多成熟的控制基因表达的系统，如 lac 启动子系统等，但是能达到代谢工程要求的多基因、多水平的精确调控的系统还很少。另外，很多高附加值产品并没有天然的代谢途径，即缺少合成这些产品的天然酶分子，限制了利用微生物生产的可行性。

合成生物学旨在为人类克服社会和经济发展中的重大挑战提供新技术、新工具，在解决代谢工程中这些问题的同时，也极大地促进了合成生物学的快速发展。

合成生物学元件，如可调启动子、核糖开关、基因间区域等组成的基因线路，较传统的分子生物学工具调控基因表达水平的方式更加精确，并且可以模块化地在代谢途径构建的工作中使用。同时，由于合成生物学中生物元件标准化、详尽的物理及生物学特征描述，使用生物元件可以大大简化代谢工程的工作，使多酶系统的代谢调节更简便易行。

二、合成生物学中的代谢工程要素

（一）代谢途径的设计改造

1. 代谢途径中关键酶的改造

催化生化反应的酶分子是代谢途径的关键。代谢工程中，在宿主细胞中构建一条新的代谢途径，通常要表达来自异源的编码代谢途径关键酶的基因。由于密码子使用偏好的不同，在宿主菌中表达异源基因可能会遇到酶活力低的问题。利用 DNA 合成技术，经过密码子优化的基因可以提高酶分子的表达水平和生化反应的效率。

2. 代谢途径的构建

随着 DNA 重组技术的发展，代谢工程可以在宿主菌中表达异源基因来构建宿主细胞没有的新的代谢途径。例如，通过表达富养罗尔斯通氏菌的聚羟基脂肪酸酯（PHA）合成基因，大肠杆菌可以利用糖酵解途径产生的前体物乙酰辅酶 A

表达聚 β-羟基丁酸酯（poly-β-hydroxybutyrate，PHB），最终积累的 PHB 可达细胞干重的 85.8%，而大肠杆菌原来是不能合成 PHB 的。

3. 代谢途径中多基因的调控表达

一般情况下，协调多基因表达的方法是每个基因的表达采用不同强度的启动子来分别调控。目前代谢工程中常用的启动子有组成型启动子和诱导型启动子。组成型启动子是一类保证下游基因持续转录而不受调节的启动子。它不需要诱导剂的作用，可以启动下游基因持续表达。因此，在低价值化学品和药物生产中使用组成型启动子可以节约成本。诱导型启动子是基因表达调控最常用、最简单的方法，它可以根据需要定时定量表达。但在实际应用中，诱导型启动子只能对基因表达实现粗略地表达调控，即全部开启或关闭，而不能根据细胞内代谢情况对基因表达水平实现精细调控。因此，实现多基因差异水平的调控表达是代谢工程的重要工作之一，也是合成生物学基因线路设计的重要方向之一。

4. 宿主细胞的改造

宿主细胞是代谢途径和生物装置发挥生物学功能的基础。宿主细胞不仅能保存、复制生物装置的遗传信息，提供转录和翻译等机制，还能利用环境中的资源为生物装置提供能量、还原力和基础物质。稳定而良好的宿主细胞是实验室规模或大规模生产的必要条件。然而，细胞是一个非常复杂的系统，对于表达的外源基因产物或环境影响会做出相应的反应。大多数宿主细胞具有抑制外源基因表达以减小外源 DNA 遗传负担的能力。

为构建稳定维持外源基因的宿主细胞，需要对细胞进行合理改造。改造宿主细胞主要有两种策略：识别细胞的最小基因组和人工全基因组合成。最小基因组既能够为细胞的生长和繁殖提供必要的分子机制和能量，又减少了不必要的代谢途径、基因调控线路和非必需功能基因，减少宿主细胞的遗传背景，提高代谢效率。这些工作在合成生物学中都属于底盘工程的内容。随着 DNA 合成技术的成熟和目前基因组信息的极大丰富，人工合理设计和合成遗传信息，甚至人工合成基因组成为可能，将大大推动宿主细胞遗传改造的进程。

（二）无细胞表达系统

1. 无细胞表达系统的特点

随着代谢工程对代谢途径中关键酶的理解和掌握，一项新的工程技术——无细胞表达系统（cell-free expression system），也称无细胞蛋白质合成系统（cell-free protein synthesis system），或简称无细胞系统（cell-free system，CFS）被推动发展起来。该系统是以外源 DNA 或 mRNA 为模板，在体系中补充底物和能量物质，在细胞抽提物提供的多种酶的作用下合成蛋白质的体外表达系统。细胞抽提物可以来自不同种类的细胞，主要包括大肠杆菌、小麦胚芽细胞等。

与传统的细胞体内表达系统相比，无细胞表达系统具有众多优点：①因没有细胞膜的阻隔，外源性物质可以直接加入反应体系中，从而可以对反应条件进行针对性的调控，如促进蛋白质的折叠或进行翻译后修饰；②因不存在活细胞，该体系可用于表达在胞内系统中难以表达的蛋白质，如对细胞有毒害作用的抗菌肽和离子通道蛋白等，同时表达过程也不受细胞生长代谢的影响；③由于其开放性的特点，无细胞表达系统能够与其他的高通量手段或工具相偶联，开发新型的高通量复合研究手段；④无细胞形式允许进行筛选而不需要基因克隆步骤，从而实现快速的产品开发。

目前，无细胞蛋白质合成系统还处于发展初期，存在若干限制因素制约着其在蛋白质工程及生产技术领域的使用。这些因素包括反应持续时间短、蛋白质生产率低、模板不稳定及易降解等，以及昂贵的试剂成本、反应量小及复杂蛋白质的合成较为困难等。

2. 无细胞表达系统在基因线路开发中的应用

无细胞表达系统是开发和实现基因线路的理想平台。与使用活细胞相比，无细胞基因线路的优势在于：①利用生物学功能时不必考虑细胞存活，从而可以精确地定义基因线路的不同组成部分，如 DNA 序列和转录调节浓度，以确定引起基因线路响应所需的条件，从而达到优化基因线路的功能。相反，在活细胞中，这些参数只能粗略地通过调节两者之一来确定。②无细胞的表达过程通常仅需数小时，极大地缩短了基因线路设计的测试周期。③无细胞基因线路可以冷冻干燥，方便存储和运输。

无细胞表达系统目前已经在即时诊断（point-of-care，PoC diagnostics）、环境检测（environmental sensing）、按需制造基于蛋白质的治疗（on-demand manufacturing of protein-based therapeutics）及教育培训中得到了成功应用。这些工作中最令人兴奋的方面之一就是改善获得医疗保健的潜力，特别是无细胞表达技术与合成生物学的结合催生了基于基因线路的传感器，这种传感器具有提供去中心化和低成本分子诊断的潜力。例如，加拿大的研究人员（Amalfitano et al., 2021）使用了可以生成葡萄糖的酶，在目标分析物存在时，将葡萄糖前体转化为葡萄糖单体，从而提供了可以通过血糖仪测量的信号（图 2-3A），实现了对抗生素的检测（图 2-3B）。还利用 toehold 开关（toehold switch，一种成环结构 RNA，在没有目标 RNA 存在的情况下无法翻译，当目标 RNA 存在时，toehold 开关 RNA 的环打开，编码的蛋白质被表达）实现了对 RNA 的检测（图 2-3C），并制成便携式仪器用于 SARS-CoV-2 的 RNA 检测（图 2-3D）。

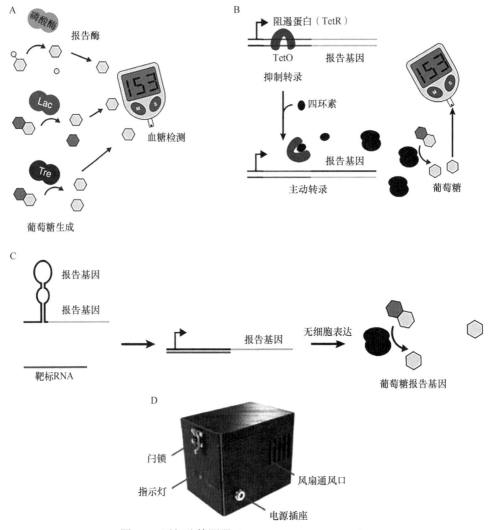

图 2-3　无细胞检测器（Amalfitano et al., 2021）

　　这项工作也体现了合成生物学领域的一个重要趋势，即分子技术与硬件的集成。在这种情况下，无细胞基因线路特别令人期待，因为它允许工程分子组件直接与电子设备相互作用，将其转变为可广泛使用的工具。而且，基于基因线路的传感器具有易于编程的特性，这意味着通用的微电子接口（如血糖仪）可以用作通用读取器，而无须量身定制的硬件基础结构。

参 考 文 献

北野宏明. 2007. 系统生物学基础. 刘笔锋, 周艳红, 等译. 北京: 化学工业出版社.

丁建平. 2014. 结构生物学专题序言. 生命的化学, 34(5): 591.

克雷布斯 J E, 戈尔茨坦 E S, 基尔帕特里克 S T. 2021. Lewin 基因 XII. 江松敏译. 北京: 科学出版社.

王沛, 吕金虎. 2013. 基因调控网络的控制: 机遇与挑战. 自动化学报, 39(12): 1969-1979.

沃森 J D, 贝克 T A, 贝尔 S P, 等. 2015. 基因的分子生物学. 7 版. 杨焕明译. 北京: 科学出版社.

许树成. 2004. 系统生物学. 生物学杂志, 21(3): 8-11.

颜钱明, 张鹏程, 乔榕, 等. 2021. 基于细胞-计算机交互的细胞控制方法. 自动化学报, 47(3): 489-500.

杨荣武. 2018. 生物化学原理. 3 版. 北京: 高等教育出版社.

朱旭芬, 吴敏, 向太和. 2014. 基因工程. 北京: 高等教育出版社.

Amalfitano E, Karlikow M, Norouzi M, et al. 2021. A glucose meter interface for point-of-care gene circuit-based diagnostics. Nat Commun, 12(1): 724.

Gardner T S, Cantor C R, Collins J J. 2000. Construction of a genetic toggle switch in *Escherichia coli*. Nature, 403(6767): 339-342.

Hwang I Y, Koh E, Wong A, et al. 2017. Engineered probiotic *Escherichia coli* can eliminate and prevent *Pseudomonas aeruginosa* gut infection in animal models. Nat Commun, 8: 15028.

第三章　合成生物系统的底盘

　　合成生物系统的底盘是指为了某些功能需要，对其基因组或代谢途径进行改造后的细胞，称为底盘细胞。底盘细胞是合成生物学设计与构建人工生物系统的基础，通过在底盘细胞中置入功能化基因线路模块，可使底盘细胞能够具备人类所需要的特殊功能。常用的底盘细胞包括动植物细胞和微生物细胞。目前，应用最广的主要底盘细胞为微生物细胞，这些底盘微生物细胞具有背景清晰、基因操作简便、生长速度快、容易进行大规模培养和工业发酵培养模式相对较为成熟等特点，但外源性基因线路和底盘细胞之间存在难以避免的耦合，可能导致底盘细胞生理状态的改变并影响基因线路功能。因此通过理性或半理性设计，获取性状优良的底盘细胞是合成生物学的重要研究内容之一。

第一节　底盘与底盘细胞

一、底盘的概念

　　用经典工程术语来说，底盘（chassis）是工程结构中支持其他物理组件的框架或基础，如汽车底盘。在合成生物学中，底盘是指一种生物，它是物理上容纳遗传成分并通过提供功能性资源（如转录和翻译机制）来支持它们的基础。

　　优质底盘细胞应具备以下特质：①遗传背景清楚，技术操作简单；②生长速度快，能量转化效率高；③培养条件简单，大规模发酵成本低；④对底物、中间代谢物和目标产品具有较高的耐受性，以及良好的环境适应能力。

　　在实际应用中，目标产物生物合成底盘的选择往往取决于微生物的生理特性，包括其对热和高产物浓度的耐受性、细胞内关键前体的丰度、异源途径酶的表达条件等。此外，还需考虑基因组序列和基因修饰工具的可用性。底盘选择后，可以对底盘菌株进行遗传优化，以实现途径酶的功能表达，提供足够的前体或辅助因子，平衡级联途径反应，增强产物运输等。合成生物学和各种使能技术的快速发展，如下一代测序、功能基因组学、基因组编辑和基因电路构建，为创建用于生产的工程底盘提供了新的方法（Liu et al.，2020）。

二、常用的底盘细胞

（一）大肠杆菌

　　大肠杆菌（*Escherichia coli*）作为最简单的模式生物，遗传背景清晰，分子操作技术成熟，工业应用潜力大，在基础生物研究及生物技术应用方面有着其他模式生物无可比拟的优越性，已经成为能源、化合物、材料及药物生产的重要平台。在合成生物学研究中，大肠杆菌更是功不可没，是最为合适的底盘生物。从某种意义上讲，合成生物学的每一次进展都离不开大肠杆菌，如基因振荡器（gene oscillator）、计数器（counter）、逻辑门（logic gate）等多种功能基因线路，都是在大肠杆菌中首先构建实现的。

作为合成生物学的底盘生物，大肠杆菌能够完成许多难以想象的工作。例如，大肠杆菌细胞含有上万种调节回路，在转录、翻译至翻译后的多个水平上都能够对环境信号进行感应和应对。这些响应环境的终端元件通常集中在启动子及它们相关的转录因子上，如大肠杆菌 lac、tet 及 ara 操纵子，通过感受环境中诸如乳糖、四环素、阿拉伯糖的存在来调控下游基因的转录。大肠杆菌的双组分系统亦被用于响应环境的基因线路设计。例如，2005 年研究人员基于大肠杆菌 EnvZ-OmpR 双组分系统成功构建了光控开关，并实现了细胞成像仪功能（Levskaya et al.，2005）。

通过精确设计基因线路、重构代谢途径还可为大肠杆菌提供新的代谢和生理功能，使其能够高产天然甚至非天然产物，包括生产青蒿素前体（Anthony et al.，2009）、紫杉醇前体（Ajikumar et al.，2010）、正丁醇（Shen et al.，2011）等。

（二）酿酒酵母

与大肠杆菌相比，酿酒酵母（Saccharomyces cerevisiae）作为合成生物学底盘细胞具有独特的优势：因具有内膜系统，兼顾了真核系统的功能性表达体系，可以表达复杂的真核蛋白，且具有大规模微生物发酵的固有优势。

正是由于酿酒酵母基因操作便捷、培养成本低、抗噬菌体感染、具有真核表达修饰系统等特点，被广泛用于生产各种小分子和大分子化合物，是许多生物过程的首选底盘细胞，在高价值萜类化合物的生物合成中显现出了巨大的潜力（李佳秀等，2020）。

（三）恶臭假单胞菌

恶臭假单胞菌是一种常见的革兰氏阴性土壤细菌，被认证为一般认为安全（generally recognized as safe，GRAS）级食品安全宿主菌，被视为下一代合成生物学底盘细胞的理想成员。该生物被证明是宿主载体生物安全性菌株，并已批准释放到环境中。除了对环境无害，恶臭假单胞菌还满足下一代合成生物学底盘的许多标准，因为它可以在苛刻的理化条件下自然生长，并且可以适应快速变化的条件，包括高温、极端 pH、毒素、溶剂、氧化应激和渗透压扰动等，并且具有较低的营养需求和高度灵活的新陈代谢，可以从多种来源中获取能量。

目前，恶臭假单胞菌主要用于生产新型材料聚羟基脂肪酸酯（polyhydroxyalkanoate，PHA），在合成塑料、燃料、高附加值医疗产品等方面有很高的工业应用价值。在开发用于调节合成线路表达的基因工具方面也取得了进展，如研究人员使用丝氨酸整合酶开发了基因组整合和报告系统，并从具有多种表达水平的文库中鉴定了合成的恶臭假单胞菌启动子。启动子开发中使用的技术亦可扩展到其他工具的开发，包括合成终止子的发现或合成途径的快速整合（Elmore，2016）。

（四）枯草芽孢杆菌

作为一种典型的革兰氏阳性细菌和模式工业微生物，枯草芽孢杆菌（*Bacillus subtilis*）也是一种 GRAS 级食品安全宿主菌，具有非致病性、强大的胞外分泌蛋白能力，以及无明显的密码子偏爱性等优点，是一种长期存在的模式有机体和工业主力，在工业酶和功能营养品的生产方面具有广泛应用。

近年来，随着枯草芽孢杆菌基因调控机制的不断揭示，一系列枯草芽孢杆菌标准化基因元件（Radeck et al.，2013）、用于调节枯草芽孢杆菌基因表达的部件工具箱（Liu et al.，2019；Guiziou et al.，2016）、CRISPR-Cas9 工具包（Westbrook et al.，2016）等逐渐被设计出来，为支持枯草芽孢杆菌的研究和工程应用提供了基础。

目前，利用枯草芽孢杆菌底盘细胞已生产出多种天然生物化学品和工业酶，包括七烯甲萘醌、核黄素、鲨肌醇、软骨素、*N*-乙酰氨基葡萄糖、L-天冬酰胺酶、β-环糊精糖基转移酶等（林璐等，2020）。

（五）需钠弧菌

海洋弧菌作为大肠杆菌的替代底盘生物，越来越受到关注（Hoff et al.，2020）。其中，需钠弧菌（*Vibrio natriegens*）是一种具有快速生长特性的革兰氏阴性海洋细菌，具有底物利用多样性、代谢速率快、对人体没有致病性危害、易于基因操作、易于表达外源蛋白等优点，是近几年发展起来的一种应用于生物技术和合成生物学领域的新型底盘细胞，用于需钠弧菌的多种基因部件和工具也得到了表征与验证，包括常用的抗性标记、启动子、核糖体结合位点、报告基因、终止子、降解标签、复制起点和质粒骨架等（Kormanová et al.，2020；Tschirhart et al.，2019）。

基于需钠弧菌优良的生物学特性，β-胡萝卜素、紫罗兰素等多种天然产物和蛋白质已经在需钠弧菌中实现了高效生物合成（Ellis et al.，2019）。

（六）蓝细菌

蓝细菌（cyanobacteria）作为一类能进行放氧光合作用的原核生物，在地球上已存在了 20 余亿年，亦称为蓝藻（blue algae）或蓝绿藻（blue-green algae），能利用太阳能和 CO_2 作为唯一的能源、碳源生长。因此，预计基于蓝细菌的生物合成工艺一旦大规模建立，将具有利用清洁太阳能、低成本 CO_2 碳源和有助于全球控制 CO_2 排放的优势。另外，蓝细菌的基因组相对较小，遗传背景简单；正是由于其光合能力、易控制的遗传学和快速生长性，蓝细菌成为最有吸引力的底盘之一。

伴随着对蓝细菌代谢途径理解的深入及几十种蓝细菌基因组测序的完成，人工改造蓝细菌并将之应用于各种工业产品的规模化生产成为可能。1999 年研究人员报道了利用蓝细菌底盘构建的第一条合成生物燃料生产途径（Deng and Coleman，1999）。目前，已经成功合成了超过 20 种化合物，这些研究证明了开发基于蓝细菌细胞光合作用的可持续生产系统的可行性（Gao et al.，2016）。CRISPR-Cas 系统等新兴基因组编辑技术的进一步发展将扩大蓝细菌工程化改造的空间，探索其作为底盘的更多可能性（Hein et al.，2013；Scholz et al.，2013），这些都将促进未来建立基于蓝细菌的工厂生产的经济方面的可行性。

（七）哺乳动物细胞

虽然微生物底盘细胞被广泛地应用，但是依旧存在不可避免的缺陷。例如，表达来源于哺乳动物的单克隆抗体或其他蛋白质时，可能导致目的产物活性丧失；微生物缺乏复杂的翻译后修饰系统，如糖基化等，可能导致蛋白质的错误折叠；合成的蛋白产物可能引起免疫排斥等。因此，以哺乳动物细胞为底盘的合成生物学研究与应用十分重要。

哺乳动物细胞除用于人源蛋白表达与简单基因线路，包括逻辑门与记忆系统等的构建外，也可用于治疗疾病的细胞疗法。目前最成功的应用是基于嵌合抗原受体（chimeric antigen receptor，CAR）的细胞免疫疗法的研发。2011 年，研究人员将靶向慢性淋巴细胞白血病（chronic lymphocytic leukemia）特异性抗原的单链抗体可变区与 T 细胞融合，从而利用自身免疫细胞直接靶向并消灭癌细胞，其应用前景巨大。

第二节　底盘工程技术

一、工程化天然微生物

以天然微生物作为底盘，利用微生物强大且多样的生化反应网络，通过对代谢路径的重塑和工程化，可以将微生物细胞改造为能够以低价值可再生资源为原料生产各类产品的微生物细胞工厂（microbial cell factory，MCF）。MCF 被广泛用于生产丰富多样的化学品、食品、药品和能源，是绿色生物制造的核心环节。迄今为止，已能够生产抗生素、氨基酸、重组蛋白、生物能源、生物塑料乃至"人造肉"，被广泛应用于制药、食品、能源和农业等领域。

微生物细胞工厂构建策略经历了不同的历史阶段。在 20 世纪 90 年代之前，主要通过天然微生物的筛选和非理性诱变育种技术获得目标产物高产菌株，然而作为一种以时间（人力）换水平的非理性策略，其创制效率极低（袁姚梦等，2020）。

随着分子生物学和合成生物学研究方法的不断发展，按照"设计-构建-测试-学习"（design-build-test-learning，DBTL）的框架，基于已有的生物学知识，利用基因、启动子、核糖体结合位点等分子元件自下而上地在微生物细胞中进行基因线路的设计和构建，利用重组 DNA 技术对生物体中已知的代谢途径进行有目的的改造，如删除或过表达某些基因，上调或下调表达水平等，则能更好地理解和利用细胞途径，并对细胞内的基因网络和调节过程进行调控和优化，从而实现微生物底盘的工程化构建。

二、基因组精简优化的微生物底盘

一旦将新的基因线路导入底盘细胞，这些线路将不可避免地与原生宿主系统竞争资源，包括能源和 DNA 复制、转录和翻译元件等。因此，基因组精简优化是构建合成生物学底盘细胞的重要策略，基因组的适度精简可以优化细胞代谢途径，改善底盘细胞对底物、能量的利用效率，大大提高底盘细胞生理性能的预测性和可控性（王建莉和王小元，2013）。

基因组精简策略是构建合成生物学底盘细胞的关键所在，基因组精简主要基于同源重组（homologous recombination）、双链断裂修复（double strains break repair，DSBR）重组、位点特异性重组（site specific recombination）、转座重组（transpositional recombination）及噬菌体转导技术等。

基因组精简优化的前提是掌握底盘生物的必需基因信息。必需基因是维持底盘生物生存所必需的基因，其突变通常具有致死性。确定必需基因的常用方法主要有基因组序列比对法、全局转座插入突变法、单基因敲除法和反义 RNA 干扰法等。

微生物基因组精简一般选用遗传背景明晰的工业生产菌，如大肠杆菌。自 2002 年以来，其基因精简幅度从 5.6% 提高至 38.9%。除大肠杆菌外，目前已报道的基因组精简优化的原核微生物还包括恶臭假单胞菌、枯草芽孢杆菌、谷氨酸棒杆菌和阿维链霉菌等，真核微生物主要是酿酒酵母和栗酒裂殖酵母等。

通过基因组精简优化，微生物细胞的生产潜力和可控性得到大幅度增强，已经有越来越多的原核底盘菌株经过基因组精简，获得了卓越的细胞适应性、重组蛋白产量和外源表达途径的稳定性（Kim et al.，2020）。改造后的小基因组微生物作为合成生物学底盘细胞具有优良特性，此类研究结果为微生物细胞工厂生产中功能模块的引入提供了有力的技术和理论支持（Liang et al.，2020），选择适配性较好的底盘细胞可使模块高效发挥作用，最终成为理想的"细胞工厂"。这些

"细胞工厂"在代谢产物生产、环境废弃物降解、细胞毒素检测和生物能源开发等领域具有广阔的应用前景。

多种微生物通过基因组精简优化后表现出优良特性,这表明基因组精简优化是构建合成生物学底盘细胞的有效手段。

由于哺乳动物细胞染色质结构的高度复杂性,如存在大量增强子(enhancer)、沉默子(silencer)与绝缘子(insulator)等,外源基因整合表达水平很难准确预测。构建遗传背景清晰的人工底盘染色体(artificial chassis chromosome)是解决方案之一。目前,基于基因组删减策略获得了一定程度简化的染色体,但未删减的部分依旧影响外源基因的表达,因此还需要进一步地精简与优化。

三、全合成底盘

在基因组序列读取和编辑的基础上,人们逐步具备对全基因组进行从头设计与合成的能力。基因组化学合成可在全基因组尺度上引入定制化遗传特征,构建具有生物功能、遗传稳定性和操作灵活性的底盘细胞。为保持合成型基因组的生物功能活性,特别是确保合成型底盘细胞与天然菌株具有相同或相近的表型和适应性,合成型基因组的基因顺序、调控元件和基因间区序列等基本未发生改变。在保证生物功能活性的基础上,移除了重复序列和不稳定元件,提高了合成型基因组的遗传稳定性。借助计算机的辅助设计能力,合成型基因组中添加了重组位点、水印标签等定制化基因元件或 DNA 序列,提高了合成型基因组的操作柔性,增强了细胞兼容性,为构建性能优良的底盘细胞和细胞工厂提供了全新的研究平台。基因组化学再造与诱导重排标志着人类可通过合成手段对生命本质和进化演化开展研究,为智能化、高性能细胞工厂的快速构建提供了全新的技术手段(谢泽雄等,2019)。

基因组化学再造从寡核苷酸链开始,主要使用固相亚磷酰胺化学合成法,通过去保护、偶联、加帽和氧化 4 个反应的循环往复进行寡核苷酸(oligonucleotide)的合成,每个循环添加一个碱基,然后通过各种 DNA 体外拼接组装技术,将较短的寡核苷酸拼接成较长的基因片段。

随着 DNA 合成成本的降低和体外组装技术的成熟,人们开始逐步尝试全基因组的合成,以期获得具有生物功能活性和遗传稳定性的长势正常的底盘细胞,并实现对基因组设计的完善和重新构建。从简单的病毒基因组到支原体和大肠杆菌等原核基因组,再到首个真核基因组(酿酒酵母基因组),人工合成的基因组越来越大,也越来越复杂。2002 年纽约大学病毒学家 Eckard Wimmer 的研究团队耗时 3 年合成了全长约 7.7kb 的脊髓灰质炎病毒基因组,在世界上首次证明人工化学再造的基因组可以产生有生命活力的病毒颗粒,开创了合成基因组学的时代(Cello et al.,2002)。2010 年,美国生物学家 Venter 团队通过化学的方法合成了蕈状支原体的基因组，然后将其植入与它亲缘关系很近的细菌山羊支原体的细胞中，获得了全新的蕈状支原体，植入的基因组能调控这一细胞，新移植的基因组取代原基因组发挥作用，把寄主细胞转变成蕈状支原体，证明这一新合成的生命能自我生长繁殖（Gibson et al.，2010）。2019 年，Jason W. Chin 课题组报道了全合成的只有 61 个密码子的大肠杆菌基因组，首次实现了有义密码子的压缩。研究者表示，未来有可能用其他序列取代此次去除的冗余部分来创造具有特殊功能的细菌，如制造自然界中没有的新型生物聚合物（Fredens et al.，2019）。

除了细菌基因组的人工合成，人造的合成酿酒酵母染色体也已经进行。整个项目称为 Sc2.0 项目，最初由 Jef Boeke 博士提出，现已发展成为全球研究机构之间的国际合作项目。具有合成染色体的新酵母作为代谢工程的新型底盘，现已用于生产桦木酸、β-胡萝卜素和紫罗兰素，并用于改善木糖吸收和细胞对碱的耐受性等。新酵母染色体的设计包含三个原则，包括用 TAA 替换所有 TAG 终止密码子、去除 tRNA 等不稳定元素和转座子，以及 PCR 标签和 loxP 位点的结合。加入 loxP 位点后，合成染色体可以很容易地用 Cre 重组酶介导的基因组重组进行修饰，并可用于鉴定与异源途径功能相关的基因位点。

具有合成型基因组的底盘细胞虽然尚未得到广泛使用，但可能具有一些特殊的优势，如营养物质的高效利用，外源途径酶或蛋白质产物的大量生产，以及细胞生长更快，使其可以作为合成生物学工程中有用的底盘，改善生物基因产品的生产，指导医疗健康领域相关技术的发展，并进一步产生全新应用。

目前，限制这类合成底盘的有限应用的因素在于设计的复杂性和底盘制造的高成本。例如，除了复杂的基因组序列设计，一条完全合成的酵母染色体可能要花费数十万美元。此外，对通路功能及细胞与引入的基因之间相互作用的理解仍处于起步阶段。另外，目前对基因组和其他细胞结构的重新设计是基于天然底盘的原始背景，因此在全合成底盘应用上取得重大进展仍具有极大的挑战性。这些挑战包括获得维持细胞存活的最小基因组、进行基因组尺度的重编码、利用非天然化学物质维持合成型基因组功能存活性，以及人工诱导基因组进化，提升底盘细胞与外源代谢路径的适配性等（Liu et al.，2020）。

第三节　基因线路导入底盘细胞的方法

基因线路以重组 DNA 分子等形式在体外构建完成后，需要导入特定的底盘细胞，才能使之发挥功能，这个过程有转化和转染之分。导入以质粒为载体构建的基因线路，使底盘细胞遗传性状发生改变的过程称为转化（transformation）；以噬菌体和真核病毒为载体构建基因线路并导入底盘细胞的过程称为转染（transfection）。

一、导入大肠杆菌

（一）化学转化法

化学转化法通常利用 $CaCl_2$ 处理大肠杆菌细胞，使其处于感受态，从而进行转化。感受态细胞（competent cell）是指利用理化的方法人工诱导，使之处于易于吸收和接纳外源 DNA 分子状态的细胞。

（二）电穿孔法

对感受态细胞施以短暂、高压的电流脉冲，在底盘细胞质膜上形成纳米大小的微孔，使外源 DNA 能直接通过微孔，或随着微孔闭合时伴随发生的膜组分重新分布而进入细胞质中。对于大肠杆菌来说，50~100μl 的细菌与 DNA 样品混合，置于装有电极的槽内，选用约 25μF、2.5kV 和 200Ω 的电场强度处理 4.6ms，即可获得理想的转化效率。

（三）转染

重组 DNA 分子需要完成体外包装，成为完整的病毒颗粒才具有感染底盘细胞的能力。体外包装是指在离体条件下，将重组 DNA 包裹到噬菌体的蛋白质外壳中，组装成噬菌体颗粒，然后通过正常的噬菌体感染过程，将它们导入底盘细胞，实现在底盘细胞内扩增和表达外源基因。

二、导入动物细胞

（一）转化法

转化法包括磷酸钙共沉淀法、电击法、显微注射、脂质体介导法等。其中磷酸钙共沉淀法是使 DNA 和磷酸钙形成共沉淀物，黏附到培养的哺乳动物单层细胞表面，通过细胞脂相收缩时裂开的空隙进入，或在钙、磷的诱导下被细胞捕获，通过内吞作用进入底盘细胞；电击法是在高压电脉冲作用下，使底盘细胞的细胞膜上出现微小的孔洞，外源 DNA 可穿孔而入；显微注射是利用微量注射器毛细管吸取外源 DNA，在显微镜下准确插入底盘细胞的细胞核中，直接将 DNA 注射进去；脂质体介导法是将 DNA 包裹在人工制备的磷脂双分子层的膜状结构内，通过脂质体与底盘细胞细胞膜的融合将 DNA 导入底盘细胞内或通过内吞进入细胞质，随后DNA 复合物被释放进入细胞核内。

（二）病毒转染法

病毒转染法是指通过病毒感染的方法将基因导入动物细胞。常用的病毒有腺病毒、牛痘病毒、反转录病毒等。在利用病毒载体转染时，首先要对病毒基因组进行改造，将外源基因插入病毒基因组致病区，然后反转录病毒通过侵染动物细胞将外源基因插到真核细胞染色体中，实现稳定转染。

三、导入酵母细胞

　　酵母具有结构复杂的细胞壁，常用的是原生质体法，即用溶菌酶等处理消化部分细胞壁，制备原生质体，再通过促融剂使细胞膜形成小孔，细胞外 DNA 通过小孔进入细胞内，但这种方法不易控制，操作周期长（再生需要 4~6 天），且转化效率受到原生质再生率的严重制约。也可使用乙酸锂法或电穿孔法将重组 DNA 导入酵母细胞，或者整合到染色体 DNA 中。

参 考 文 献

李佳秀, 蔡倩茹, 吴杰群. 2020. 萜类化合物在酿酒酵母中的合成生物学研究进展. 生物技术通报, 36(12): 199-207.

林璐, 吕雪芹, 刘延峰, 等. 2020. 枯草芽孢杆菌底盘细胞的设计、构建与应用. 合成生物学, 1(2): 247-265.

王建莉, 王小元. 2013. 微生物基因组精简优化的研究进展. 生物工程学报, 29(8): 1044-1063.

谢泽雄, 陈祥荣, 肖文海, 等. 2019. 基因组再造与重排构建细胞工厂. 化工学报, 70(10): 3712-3721.

袁姚梦, 邢新会, 张翀. 2020. 微生物细胞工厂的设计构建：从诱变育种到全基因组定制化创制. 合成生物学, 1(6): 656-673.

朱旭芬, 吴敏, 向太和. 2014. 基因工程. 北京: 高等教育出版社.

Ajikumar P K, Xiao W H, Tyo K E, et al. 2010. Isoprenoid pathway optimization for Taxol precursor overproduction in *Escherichia coli*. Science, 330(6000): 70-74.

Anthony J R, Anthony L C, Nowroozi F, et al. 2009. Optimization of the mevalonate-based isoprenoid biosynthetic pathway in *Escherichia coli* for production of the anti-malarial drug precursor amorpha-4,11-diene. Metab Eng, 11(1): 13-19.

Cello J, Paul A V, Wimmer E. 2002. Chemical synthesis of poliovirus cDNA: generation of infectious virus in the absence of natural template. Science, 297(5583): 1016-1018.

Deng M D, Coleman J R. 1999. Ethanol synthesis by genetic engineering in cyanobacteria. Appl Environ Microbiol, 65(2): 523-528.

Ellis G A, Tschirhart T, Spangler J, et al. 2019. Exploiting the feedstock flexibility of the emergent synthetic biology chassis *Vibrio natriegens* for engineered natural product production. Mar Drugs, 17(12): 679.

Elmore J. 2016. Improved genetic tools for rapid engineering of *Pseudomonas putida*. 2016 SIMB Annual Meeting and Exhibition, New Orleans, LA.

Fredens J, Wang K, de la Torre D, et al. 2019. Total synthesis of *Escherichia coli* with a recoded genome. Nature, 569(7757): 514-518.

Gao X Y, Sun T, Pei G S, et al. 2016. Cyanobacterial chassis engineering for enhancing production of biofuels and chemicals. Appl Microbiol Biotechnol, 100(8): 3401-3413.

Gibson D G, Glass J I, Lartigue C, et al. 2010. Creation of a bacterial cell controlled by a chemically synthesized genome. Science, 329(5987): 52-56.

Guiziou S, Sauveplane V, Chang H J, et al. 2016. A part toolbox to tune genetic expression in *Bacillus subtilis*. Nucleic Acids Res, 44(15): 7495-7508.

Hein S, Scholz I, Voß B, et al. 2013. Adaptation and modification of three CRISPR loci in two closely related cyanobacteria. RNA Biol, 10(5): 852-864.

Hoff J, Daniel B, Stukenberg D, et al. 2020. *Vibrio natriegens*: an ultrafast-growing marine bacterium as emerging synthetic biology chassis. Environ Microbiol, 22(10): 4394-4408.

Kim K, Choe D, Lee D H, et al. 2020. Engineering biology to construct microbial chassis for the production of difficult-to-express proteins. Int J Mol Sci, 21(3): 990.

Kormanová Ľ, Rybecká S, Levarski Z, et al. 2020. Comparison of simple expression procedures in novel expression host *Vibrio natriegens* and established *Escherichia coli* system. J Biotechnol, 321: 57-67.

Levskaya A, Chevalier A A, Tabor J J, et al. 2005. Synthetic biology: engineering *Escherichia coli* to see light. Nature, 438(7067): 441-442.

Liang P X, Zhang Y T, Xu B, et al. 2020. Deletion of genomic islands in the *Pseudomonas putida* KT2440 genome can create an optimal chassis for synthetic biology applications. Microb Cell Fact, 19(1): 70.

Liu J Y, Wu X, Yao M D, et al. 2020. Chassis engineering for microbial production of chemicals: from natural microbes to synthetic organisms. Curr Opin Biotechnol, 66: 105-112.

Liu Y F, Liu L, Li J H, et al. 2019. Synthetic biology toolbox and chassis development in *Bacillus subtilis*. Trends Biotechnol, 37(5): 548-562.

Radeck J, Kraft K, Bartels J, et al. 2013. The *Bacillus* BioBrick Box: generation and evaluation of essential genetic building blocks for standardized work with *Bacillus subtilis*. J Biol Eng, 7(1): 29.

Scholz I, Lange S J, Hein S, et al. 2013. CRISPR-Cas systems in the cyanobacterium *Synechocystis* sp. PCC6803 exhibit distinct processing pathways involving at least two Cas6 and a Cmr2 protein. PLoS One, 8(2): e56470.

Shen C R, Lan E I, Dekishima Y, et al. 2011. Driving forces enable high-titer anaerobic 1-butanol synthesis in *Escherichia coli*. Appl Environ Microbiol, 77(9): 2905-2915.

Tschirhart T, Shukla V, Kelly E E, et al. 2019. Synthetic biology tools for the fast-growing marine bacterium *Vibrio natriegens*. ACS Synth Biol, 8(9): 2069-2079.

Westbrook A W, Moo-Young M, Chou C P. 2016. Development of a CRISPR-Cas9 tool kit for comprehensive engineering of *Bacillus subtilis*. Appl Environ Microbiol, 82(16): 4876-4895.

第四章 合成生物系统的基因表达调控

基因表达过程是存储着遗传信息的基因经过一系列步骤表现出生物功能的整个过程，包括将 DNA 转录成 RNA 序列，蛋白质编码基因的 mRNA 翻译成多肽链，以及装配加工成最终的蛋白质产物等。基因表达可以在转录、加工和翻译等多个阶段的多个时间受到调控，使细胞中的基因表达在时间及空间上处于有序状态，并且对环境条件的变化有所反应。基因表达调控的基本原则是基因表达由调节因子控制。调节因子可以是蛋白质或 RNA，调节因子能在基因产物合成之前的某些阶段与特定的 DNA 或 RNA 中的序列或结构发生相互作用，关闭/开启或阻遏/激活靶标。基于合成生物学的思维和手段，科学家构建了多种多样的用于基因表达调控的元器件，并将其广泛地用于疾病诊断与治疗、环境监测与控制，以及细胞工厂的构建与优化。

第一节 基因表达调控的基本概念

（一）组成型基因和诱导型基因

任何一种生物的基因表达都受到严格的调控。所有生物体内的基因根据表达的状态可分为两组：一组是组成型基因（constitutive gene）或管家基因（house-keeping gene），这一组基因是维持细胞的基本活动所必需的，它们在所有的细胞内都自始至终处于表达状态；另一组是诱导型基因（inducible gene）或奢侈基因（luxury gene），它们仅仅在特定的细胞内、特定的生长和发育阶段或特殊条件下才会表达。

不论是组成型基因还是诱导型基因，它们的表达都受到调控，只是调控的机制和幅度有所差别。

（二）结构基因、操纵基因和调节基因

为了区分调控途径中的调节因子和被调控的基因，使用结构基因（structural gene）表示编码蛋白质或 RNA 产物的基因，它编码各类具有不同结构和功能的蛋白质或 RNA，包括结构蛋白、具有催化活性的酶和调节物。

操纵基因（operator gene）是操纵子中的控制基因，在操纵子上一般与启动子相邻，通常处于开放状态，使 RNA 聚合酶通过与启动子结合，启动基因的转录。但当它与调节基因所编码的阻遏蛋白结合时，就从开放状态转变为关闭状态，使

转录过程不能发生。

调节基因（regulatory gene）可被转录翻译，产生调节蛋白或 RNA 等调节因子。调节因子与操纵子中的操纵基因相互作用，实现对操纵子活性的控制。

（三）顺式作用元件和反式作用因子

顺式作用（cis-acting）元件是指存在于靶基因旁侧序列中能够影响靶基因表达的 DNA 序列，本身不编码任何蛋白质，主要是提供一个调控作用位点，包括操纵子、启动子、增强子、调控序列和可诱导元件等。顺式作用的概念适用于只以 DNA 形式起作用的 DNA 序列，只影响与其直接相连的 DNA 序列。

反式作用（trans-acting）因子是指能够直接或间接地识别或结合在各类顺式作用元件的核心序列上，参与调控靶基因转录效率的蛋白质等调节因子。任何基因产物自由扩散至其作用靶位的过程称为反式作用。

（四）诱导和阻遏

能对环境信号应答并被激活，增加基因表达的过程称为诱导（induction），被诱导才表达的基因称为可诱导基因（inducible gene）；反之有些基因在对环境信号应答时被抑制，基因表达产物水平被降低，这种基因表达方式称为阻遏（repression），这类基因称为可阻遏基因。

例如，编码酶的基因可能会受到其底物或产物（或者它们的化学衍生物）浓度的调节。根据特定底物的出现而合成酶的现象称为诱导，这些基因被称为可诱导基因。诱导的对立面是阻遏，而可阻遏基因则由酶所制备产物的量控制。例如，大肠杆菌通过色氨酸合成酶和其他 4 种酶组成的酶复合体的作用合成色氨酸，然而如果色氨酸由此细菌生长的培养基提供，那么酶的生成马上就被停止。这使得细菌避免将其资源用于非必要的物质合成。

（五）正调控与负调控

基因表达的正调控是通过某种方式促进基因的表达，负调控则是通过某种方式抑制或阻止基因的表达。如果是在转录水平上进行，这两种调控模式一般都涉及特定的调节蛋白（regulatory protein）与 DNA 特定序列之间的相互作用。与调节蛋白结合的特定 DNA 序列通常被称为顺式作用元件，对于原核生物来说，这样的顺式作用元件实际上就是操纵基因或操纵子（operator）。

如果是负调控，则在没有调节蛋白或者调节蛋白失活的情况下，基因正常表达。一旦存在调节蛋白或者调节蛋白被激活，基因则不能表达，即基因的表达受到阻遏。因此，负调控中的调节蛋白称为阻遏子（repressor）。

如果是正调控，则在没有调节蛋白或者调节蛋白失活的情况下，基因不表达或者表达水平低。一旦有调节蛋白或者调节蛋白被激活，基因才能表达或者大量表达。因此，正调控中的调节蛋白称为激活子（activator）。

许多调节蛋白需要与细胞内的别构效应物（allosteric effector）结合，来改变构象，进而改变与操纵基因结合的活性，从而影响基因转录的活性。

尽管细菌、古菌和真核生物都使用正调控和负调控这两种方式，但细菌和古菌更偏向于使用负调控，真核生物更偏向于使用正调控。这与各自 DNA 在细胞内所处的状态有关：细菌 DNA 不形成核小体结构，其基因几乎是"裸露"的，催化基因转录的 RNA 聚合酶很容易发现启动子，并启动基因的转录，因此可认为其基因表达的默认状态是开放，而调节基因表达的主要方式是改变原来的默认状态，这通过阻遏蛋白很容易实现。相反，真核生物的 DNA 在与组蛋白形成核小体结构的基础上形成染色质。核小体和染色质的结构使得 RNA 聚合酶和转录因子难以发现启动子序列，因此可认为真核生物细胞核基因表达的默认状态是关闭的。解除一个基因关闭状态的最好手段是通过激活蛋白作用于该基因所在位置的染色质，促进染色质结构的重塑，使 RNA 聚合酶和转录因子能够接近启动子序列，进而启动基因的表达。

第二节　基因表达调控过程

一、DNA 复制与调控

（一）DNA 复制

复制是以亲代 DNA 为模板合成子代 DNA 分子的过程。DNA 复制时，双股螺旋在解旋酶的作用下被拆开，然后 DNA 聚合酶以亲代 DNA 链为模板，复制出子代 DNA 链。DNA 中发生一次复制的功能单元称为复制子（replicon）。复制子含有复制所需的控制元件，在复制启动位点具有起始点（origin），在复制的终止位点具有终止点（terminus）。与一个起始点相连且没有被终止点隔断的任何序列，都会作为复制子的一部分被复制。

细菌还会以质粒（plasmid）的形式包含额外的遗传信息。质粒是一个自主环状 DNA 基因组，构成一个个独立的复制子。

（二）DNA 复制的调控

DNA 复制的调控主要集中在起始阶段。以大肠杆菌为例，其 DNA 复制起始于对 oriC 的识别。oriC 的长度约 245bp，包括 4 个 9bp 直接或反向重复序列 TTATCCACA 和 3 个 13bp 直接重复序列，以及 11 个拷贝的甲基化位点序列——GATC 和引发酶识别的 CTG 序列。oriC 的左侧是编码 DNA 复制起始蛋白 DnaA 的 dnaA 基因。9bp 的重复序列是 DnaA 蛋白识别并结合的区域，也称 A 盒（A box）。13bp 的重复序列是复制起始区最先发生解链的区域，因此也称为 DNA 解链元件

（DNA unwinding element，DUE）。

　　在复制起始之前，DNA 腺嘌呤甲基转移酶（DNA adenine methyltransferase，Dam）被激活，在该酶的催化下，亲代 DNA 分子的两条链均被甲基化，甲基化位点是 oriC 内的 11 个重复的 5'-GATC-3'序列中腺嘌呤的 6 号位 N 原子。此反应可彻底解除 SeqA 蛋白对复制起始区的屏蔽，同时激活 DnaA 蛋白的基因表达。DnaA 蛋白具有 ATP 酶活性，可以水解结合的 ATP，以此驱动 13bp 重复序列内富含 AT 碱基对的序列解链，形成起始复合物，启动复制。

　　然而，新合成的 DNA 链还没有被甲基化，由于 DNA 的半保留复制，这意味着刚形成的两个子代 DNA 分子中只有一条链是甲基化的。在这种情况下，SeqA 抑制蛋白与 oriC 结合，使得 DnaA 蛋白不能识别和结合 oriC。当 Dam 将子代 DNA 分子上的 GATC 序列甲基化以后，SeqA 立刻与 oriC 解离，DnaA 蛋白与 oriC 结合，启动新一轮 DNA 的复制。

二、转录与转录调控

（一）转录

　　转录（transcription）产生一条 RNA 链，它和 DNA 的编码链在序列上完全一致。转录由 RNA 聚合酶（RNA polymerase）催化。当 RNA 聚合酶结合到基因起始处，即称为启动子（promoter）的特殊序列上时，转录就开始进行。启动子序列包括转录起始点及围绕在其周围的序列。转录起始点对应的是 RNA 的第 1 个碱基对，RNA 聚合酶沿着模板链不断合成 RNA，直到遇见终止子。位于转录起始点前面的序列称为上游（upstream）序列，在转录序列中位于起始点之后的序列称为下游（downstream）序列。碱基序列从转录起始点开始向两个方向编号，转录起始点的碱基编号为+1，其他碱基的编号按照从上游到下游递增的规律给出。在起始点前面的一个碱基编号为–1，并且越往上游，负值越大（没有编号为 0 的碱基）。

　　基因转录的直接产物称为初级转录物（primary transcript）。初级转录物一般是无功能的，它们在细胞内必须经历一些结构和化学的变化，即转录后加工（post-transcriptional processing）以后，才会有功能。转录后加工可能是 RNA 功能所必需的，也可能是基因表达调控的一种手段。

　　细菌的 mRNA 很少经历转录后加工。绝大多数的细菌 mRNA 一旦被转录，就有核糖体结合到 5'端对其进行翻译。但在极少数细菌和某些噬菌体中，有的 mRNA 也有内含子，需要经过剪接反应才能成熟。另外，有不少细菌的 mRNA 和一些非编码 RNA 在 3'端可被加上多聚腺苷酸尾。然而，细菌 mRNA 的多聚腺苷酸尾一般较短，长度仅为 15～60nt，而且通常是 mRNA 降解的信号。

　　而真核生物的核 mRNA 在细胞核内必须经历多种形式的转录后加工反应以后，才会成为有功能的分子，并被运输出细胞核，再在细胞质基质中作为翻译的模板。这些后加工包括：5′端加帽、3′端加多聚腺苷酸尾部、剪接和编辑等。

（二）原核细胞在转录水平上的基因表达调控

绝大多数细菌的 mRNA 半衰期很短，细菌 mRNA 的平均半衰期约为 1.5min。因此，细菌大多数蛋白质的翻译速率直接与基因的转录活性相关，一旦基因转录关闭，mRNA 就会被迅速地降解。

细菌的基因表达调控主要发生在转录水平。转录水平的调控既可以在转录的起始阶段，也可以在终止阶段进行。

1. 转录起始阶段的调控

（1）不同 σ 因子的选择性使用

细菌识别启动子的是 σ 因子。但一种细菌可以有不同的 σ 因子，而不同 σ 因子又识别不同的启动子序列。大肠杆菌主要使用 σ^{70}，在特殊条件下，其他类型的 σ 因子可被表达或激活。这些新的 σ 因子识别其他类型的启动子，其共有序列（一致序列）不同于 σ^{70} 所识别的启动子，从而指导 RNA 聚合酶启动一些新基因的表达。在某些条件下，细菌使用这种调控系统对多个功能相关的基因表达进行统一调控。以大肠杆菌的热休克反应（hot shock response）或热激反应为例，它是生物体对高温和其他一些胁迫条件做出的保护性反应。其中涉及一项最重要的生化反应就是启动或者提高细胞内热休克蛋白（heat shock protein，HSP）的表达。大肠杆菌启动热休克反应调控表达的机制是：①热休克条件使 σ^{70} 失活，同时增强 *rpoH* 基因的表达；②*rpoH* 基因的产物为 σ^{32}，它与 RNA 聚合酶核心酶组装成全酶以后，与热休克基因的启动子结合，启动 HSP 表达。据估计，大肠杆菌有 30 个以上的热休克基因的表达受 σ^{32} 的控制。在 30℃ 条件下，σ^{32} 在细胞内的水平非常低，而温度一旦升高其含量瞬间提高。σ^{32} 的热诱导主要在转录后水平。在相对低的温度下，*rpoH* mRNA 的一个特殊二级结构掩盖了核糖体结合位点（ribosome binding site，RBS），导致翻译难以进行。温度升高导致上述二级结构发生热变形，从而使翻译得以启动。

（2）操纵子模型

法国著名细菌遗传学家、分子生物学家雅各布和莫诺于 1961 年首次提出解释原核生物基因表达调节的操纵子模型，并与利沃夫分享 1965 年诺贝尔生理学或医学奖。操纵子模型认为一些功能相关的结构基因成簇存在，构成多顺反子。它们的表达作为一个整体受到同一个控制元件的调节，控制元件由启动子、操纵基因和调节基因组成，这一结构称为操纵子。原核生物大多数基因表达调控是通过操纵子机制实现的。调节基因编码调节蛋白，与操纵基因结合而控制结构基因的表达。如果调节蛋白是阻遏蛋白，则与操纵基因的结合阻遏基因的表达，为负调控；如果调节蛋白是激活蛋白，则与操纵基因的结合激活蛋白的表达，为正调控。

常见的操纵子包括大肠杆菌的乳糖操纵子、阿拉伯糖操纵子、色氨酸操纵子等。

2. 转录终止阶段的调控

（1）弱化子

弱化是一种更为精细的基因表达调控模式，是建立在细菌的转录与翻译偶联的基础上，因此真核生物是不可能有的。弱化子一般存在于参与生物合成的操纵子中，与操纵基因一起共同调节参与生物合成的酶的基因的表达。弱化子的存在是对操纵子的阻遏效应的有效补充，如大肠杆菌的色氨酸弱化子序列位于其操纵子 *trpL* 中。*trpL* 位于操纵基因和 *trpE* 之间，其内部含有小的可读框（open reading frame，ORF），编码一个由 14 个氨基酸残基组成的前导肽，这个 ORF 含有 2 个连续的色氨酸密码子。由于细菌的转录和翻译是偶联的，因此 *trpL* 一旦开始转录就会有核糖体结合上来，并翻译其中的 ORF。如果细胞内有充足的色氨酸，翻译就会一直持续下去，直到遇到终止密码子。前导肽的顺利翻译会形成终止子结构，导致基因的转录提前结束。相反，如果细胞内的色氨酸供应不足，核糖体就会暂停在 ORF 内两个连续的色氨酸密码子的位置处，前导肽的翻译不畅使得终止子难以形成，基因便可继续转录下去。

与色氨酸操纵子一样，与其他氨基酸生物合成有关的操纵子在 5′端都有类似的小 ORF，编码前导肽，而在每一个小 ORF 的内部，总会有几个连续的编码相应氨基酸的密码子。对于某些氨基酸的操纵子来说，因为无阻遏蛋白，弱化子便成为其控制结构基因表达的唯一手段。例如，组氨酸操纵子没有阻遏蛋白，其前导序列中共有 7 个连续的 His 密码子，从而大大提高了弱化控制的效率。

（2）核开关

核开关也称核糖开关（riboswitch），是指 mRNA 非翻译区的某段序列折叠成不同的构象，从而通过这些构象的改变达到调节 mRNA 转录的目的。其主要用来响应细胞内一些重要小分子代谢物的水平，并根据细胞的生理需要打开或关闭相应的基因表达。

目前，已发现位于 mRNA 非编码区的核开关广泛存在于细菌中。以在枯草芽孢杆菌内参与硫胺素合成和运输的蛋白质为例，其 mRNA 在 5′非翻译区（5′-untranslated region，5′-UTR）含有一段高度保守的 Thi 盒（Thi box）元件，该元件是硫胺素焦磷酸（thiamine pyrophosphate，TPP）的结合位点。如果细胞内的 TPP 水平较高，TPP 就与 Thi 盒结合，诱使 mRNA 提前形成终止子结构，从而迫使转录提前结束；反之如果细胞内的 TPP 不足，就没有 TPP 与 Thi 盒结合，这时 mRNA 形成的是抗终止子结构，转录会继续进行。

（三）真核细胞在转录水平上的基因表达调控

真核生物基因的转录除启动子、RNA 聚合酶 II 和基础转录因子外，还需要其他顺式作用元件和反式作用因子的参与。参与基因表达调控的主要顺式作用元件有：增强子、沉默子、绝缘子和各种应答元件。参与基因表达调控的反式作用因子有：介导蛋白、激活蛋白、辅助激活蛋白、阻遏蛋白和辅助阻遏蛋白等。激活蛋白与增强子结合可激活基因的表达，但可能需要辅助激活蛋白才能起作用；介导蛋白则是激活蛋白和辅助激活蛋白作用于转录起始复合物的中间物；阻遏蛋白与沉默子结合可抑制基因的表达，但可能需要辅助阻遏蛋白才能起作用。辅助激活/辅助阻遏蛋白缺乏 DNA 结合位点，但它们能通过蛋白质与蛋白质的相互作用发挥作用。

转录因子泛指除 RNA 聚合酶以外的一系列参与 DNA 转录和转录调节的蛋白质因子。目前，已在不同的真核生物中发现 2800 多种转录因子。大多数转录因子包含以下几种不同结构域：①DNA 结合结构域（DNA binding domain，DBD 或 BD），直接与顺式作用元件结合的转录因子都有此结构域；②效应器结构域（effector domain，ED），这是转录因子调节转录效率（激活或阻遏）、产生效应的结构域；③多聚化结构域（multimerization domain），此结构域的存在使得转录因子之间能够组装成二聚体或多聚体（同源或异源）。

激活蛋白的效应器结构域即激活基因转录的激活结构域（activation domain，AD），也称为反式激活结构域（*trans*-activating domain，TAD）。转录因子上的 BD 只能让转录因子与特定的顺式作用元件结合，以锁定被调节的目标基因，激活基因表达的功能则由转录因子上专门的 AD 承担。与激活蛋白相似，许多阻遏蛋白也有两个结构域：一个为 DNA 结合结构域，另一个则是阻遏结构域（repression domain）。

由于 DNA 结合结构域和效应器结构域在结构与功能上是相对独立的，因此可以利用重组 DNA 技术对不同转录因子的这两个结构域进行互换，得到嵌合体。嵌合体是激活还是阻遏基因表达，取决于效应器结构域的性质。例如，GAL4 本是酵母转录激活蛋白，但如果将 GAL4 的 DNA 结合结构域和 KRAB 阻遏结构域融合起来，产生 GAL4-KRAB 嵌合蛋白，结果发现 GAL4-KRAB 嵌合蛋白能够与含有 GAL4 结合位点的 DNA 结合，并像原来的 KRAB 一样能阻遏下游报告基因的表达。

三、翻译及翻译调控

（一）翻译

翻译是根据遗传密码的中心法则，将由 DNA 转录生成的成熟信使 RNA 分子中"碱基的排列顺序"（核苷酸序列）解码，并生成对应的特定氨基酸序列的过程。

在 mRNA 上存在一系列密码子，它们能与 tRNA 上的反密码子相互作用，从而把一系列相应的氨基酸装配到肽链。核糖体（ribosome）提供了控制 mRNA 和 tRNA 之间相互作用的环境，它沿着模板移动，进行快速的肽键合成循环。翻译的过程与转录类似，也分为起始、延伸和终止三个步骤。

（二）翻译调控

1. 翻译起始调控

翻译起始发生在 mRNA 的一段特殊序列上，即核糖体结合位点（ribosome binding site，RBS），它是位于编码区前的一段短序列。翻译起始也同样需要寻找翻译起点（起始密码子），结合核糖体小亚基、起始 tRNA（tRNAi）和核糖体大亚基，组装成起始复合物后才能进入延伸阶段。

起始密码子是 AUG，所以起始氨基酸是甲硫氨酸。真核生物的起始 tRNA 及其携带的是正常甲硫氨酸，而原核生物的起始氨基酸是甲酰甲硫氨酸（fMet），其 tRNA 称为 tRNAf。

原核生物基因表达采用操纵子模式，一般为多顺反子 mRNA（polycistronic mRNA），有多个起始密码，所以原核生物用一段保守序列作为起始密码的标志，称为 SD 序列（Shine-Dalgarno sequence），以其发现者 John Shine 和 Lynn Dalgarno 命名。它位于起始 AUG 上游约 7 个碱基处，富含嘌呤，长 4～7 个核苷酸。在核糖体小亚基中有一段序列与之互补，称为反 SD 序列（anti-SD sequence，ASD）。SD 序列的突变会降低翻译起始效率。真核生物则多为单顺反子（monocistron），即一条 mRNA 只编码一条肽链，往往只有一个起始密码子，所以是从 5′帽子（cap）向下游扫描来寻找起始密码子，不需要 SD 序列做标志。

翻译起始过程中也需要多种蛋白因子参与，称为起始因子（initiation factor，IF）。原核生物中以 IF 命名，真核生物中以 eIF（eucaryotic initiation factor）命名。哺乳动物 eIF 至少有 12 种，由 29 种不同的蛋白质组成。最大的 eIF 复合物是 eIF3 复合物，包含 13 个亚基，总质量超过 800kDa。

真核生物翻译起始的典型模式始于三元复合物的形成，三元复合物由 eIF2、携带甲硫氨酸的 tRNA 和 GTP 组成。这种翻译起始模式也称为帽扫描或帽依赖（cap-dependent）模式。帽识别蛋白 eIF4E 结合 5′帽，并与 eIF4A、eIF4G 和 eIF4B 一起将起始前复合体（preinitiation complex，PIC）募集到 5′ mRNA 末端。eIF4G 支架蛋白和 poly(A)结合蛋白（PABP）相互作用，使复合物向 3′方向扫描，直到抵达起始密码子为止。

2. 翻译阻遏

翻译水平上调控基因表达的另一个机制是翻译阻遏，即有调节因子结合于 mRNA 的靶位点从而阻止核糖体识别起始区域。例如，一些蛋白质可以结合 eIF4E，成为翻译阻遏物。研究最深入的翻译阻遏物是哺乳动物 eIF4E 结合蛋白（4EBP）。如果 4EBP 被高度磷酸化，就不能与 eIF4E 结合，从而失去翻译阻遏功能。在哺乳动物细胞中，mTORC1 复合物负责 4EBP 的磷酸化，在增殖和细胞生长中起关键作用。一旦 mTORC1 失活，就会发生 4EBP 的快速去磷酸化，恢复 eIF4E 结合能力，从而抑制了帽依赖翻译起始。

mRNA 的 5′-UTR 序列本身也可对翻译效率水平产生控制效果。对原核生物来说，SD 序列和起始密码子必须处于非折叠区，翻译才有可能启动。如果这两处存在较稳定的发夹结构，翻译的起始效率会急剧下降。与之相反，在 SD 序列和起始密码子之间如果存在发夹结构，这种发夹结构往往会异常稳定，并将 SD 序列和起始密码子拉近到最适距离，使与 SD 序列结合着的核糖体小亚基能很快识别起始密码子，从而提高起始效率。此外，5′-UTR 的发夹结构还可以隐藏那些不作为起始信号的 AUG，阻止核糖体 30S 小亚基与之结合，从而协助识别正确的起始密码子。

对于真核生物而言，如果 mRNA 的 5′帽处存在稳定的发夹结构，起始因子 eIF4F 就不能有效地与帽子结构结合，从而影响起始效率，尤其是那些非常稳定的发夹的存在会完全抑制翻译起始。实验也表明，当 5′-UTR 存在富含 G-C 配对的茎环（stem-loop）结构时，翻译起始复合体很难组装成功。

另外，mRNA 二级结构的改变也可导致其翻译能力的改变，如 RNA 噬菌体的翻译过程中，其基因表达都是按照一定顺序进行的，一个基因的翻译需要前一个基因的翻译所引起的二级结构改变来调控。这种情况下，mRNA 二级结构一开始只有一个起始区段允许核糖体结合；第二个起始区段与 RNA 的其他区段存在碱基配对，不能被核糖体识别。当第一个基因的翻译破坏了这个二级结构，第二个基因的起始位点暴露，核糖体可以与之结合。这样 mRNA 的二级结构控制着其可翻译性。

3. 翻译后修饰

翻译后修饰（post-translational modification，PTM）是对蛋白质的共价修饰。像 RNA 剪接一样，它们有助于使蛋白质组更加丰富多样。这些修饰通常由酶催化。此外，诸如氨基酸侧链残基的共价添加这样的修饰过程通常可以被其他酶逆转。但蛋白水解酶对蛋白质骨架的水解切割是不可逆转的。

翻译后修饰在细胞中发挥着许多重要作用。例如，磷酸化主要涉及激活和失活蛋白质，以及信号转导途径。

翻译后修饰也参与转录调控，因为乙酰化和甲基化的一个重要功能是组蛋白尾部修饰，它会改变 DNA 的可转录性。

第三节　基因表达调控对象

一、启动子

（一）启动子概念

启动子（promoter）是在转录起始点上游存在的一些特殊的具有高度保守性的碱基序列，这些保守的碱基序列作为一种标记，RNA 聚合酶能够直接或间接地识别这种标记，从而启动从特定的位点开始的基因转录。启动子有的位于基因的上游，有的全部或者部分序列位于基因的内部。不管是哪一类，它们与转录起始点的距离和方向都有严格的要求。

启动子的"高效"或"低效"会对转录产生调控效果，一些启动子不能被 RNA 聚合酶识别，或者只能弱识别，除非存在特异的激活子（正调节物）才能识别。

启动子的强弱是调控管家基因表达的主要方式。管家基因每时每刻都需要表达，但不同的管家基因表达的效率有高有低，主要原因就在于不同管家基因的启动子序列不完全相同。

真核生物的很多基因不只有一个启动子，在转录的时刻可选用不同的启动子。启动子的选择性使用一般具有不同发育阶段的特异性或组织特异性，即在不同的发育阶段或者在不同类型的组织细胞中使用不同的启动子，从而导致一个基因可以编码出不同的 mRNA。

（二）启动子结构

1. 细菌的启动子结构

细菌启动子的序列位于转录起始位点的 5′端，覆盖 40bp 左右的区域。David Pribnow 对大肠杆菌和噬菌体多个启动子加以比较后，发现了一个共有区域，其中心位于转录起始位点上游约 10bp 处，长度为 6～7bp，称为–10 序列或–10 框；后来 Mark Ptashne 及其同事还发现一个短序列，其中心位于转录起点位置上游 35bp。

通过对多种基因的启动子序列的统计，获得了使用频率最高的碱基，将其合在一起的序列称为启动子的一致序列：

$$\text{TTGACa} \qquad\qquad \text{TAtAaT}$$
$$\text{AACTGt} \qquad\qquad \text{ATaTtA}$$

大写字母表示这个碱基在该位置出现的频率比较高，这种概率性使得很难有与共同序列完全一样的–10 序列和–35 序列。一个基因的启动子序列与共同序列越接近，则该启动子的效率就越高，即属于强启动子；相反，一个基因的启动子序列与共有序列相差越大，则该启动子的效率就越低，即属于弱启动子。有两种形式的突变可改变启动子的效率：一种是破坏与一致序列的一致性，从而导致启动子效率的降低；另外一种是提高与一致序列的一致性，从而导致启动子效率的增强。

除此之外，启动子元件之间的距离也十分重要，–10 序列与–35 序列之间一般为 17±1bp，原因是这样的距离可以保证这两段启动子序列处于 DNA 双螺旋的同一侧，从而有利于 RNA 聚合酶的识别和结合，远离或者靠近都会使得它们处于 DNA 双螺旋的异侧，不利于 RNA 聚合酶的识别和结合，导致转录活性下降。

2. 真核细胞的启动子结构

（1）RNA 聚合酶 I 的启动子

RNA 聚合酶 I 主要在核仁催化 28S rRNA、18S rRNA 和 5.8S rRNA 的转录。这 3 种 rRNA 的合成受同一个启动子控制。该启动子由两部分组成：一个是核心启动子（core promoter，CP），位于−31bp 到+6bp 之间，与基因的基础转录有关，是必需的；另一个是上游控制元件（upstream control element，UCE），位于−187bp 到−107bp 之间，是基因的有效转录所必需的。这类启动子具有物种特异性，即某一物种的启动子只对本物种的基因转录有效，对其他物种无效。

在哺乳动物细胞内，RNA 聚合酶 I 至少需要 2 种转录因子：一种是 UCE 结合因子，它为单一的多肽，在识别 UCE 和核心启动子上富含 GC 的序列后，与启动子结合；另一种是选择因子 1（selectivity factor 1，SL1）或转录起始因子 TIF-I B。

在酵母细胞中，RNA 聚合酶 I 至少需要 3 种转录因子：第一种是上游激活子（upstream activation factor，UAF）；第二种是 SL1/TIF-I B 的同源物；第三种是 RNA 聚合酶 I 相关因子。

（2）RNA 聚合酶 II 的启动子

RNA 聚合酶 II 所催化的基因的表达最复杂，除需要多种顺式作用元件外，还需要多种不同的反式作用因子。

与 mRNA 基因转录有关的顺式作用元件包括核心启动子、调控元件、增强子和沉默子。其中核心启动子又名基础启动子，其功能与细菌的启动子相当，负责招募和定位 RNA 聚合酶 II 到转录起始点，以正确地启动基因的转录，也可通过促进转录复合体的装配或稳定转录因子的结合而提高转录效率。属于核心启动子的元件有：TATA 盒（TATA box/hogness box，TATA 框）、起始子（initiator，Inr）、TFII B 识别元件（TFII B recognition element，BRE）、模体 10 元件（motif ten element，MTE）和下游启动子元件（downstream promoter element，DPE）。

TATA 盒是一段富含 AT 碱基对的核苷酸序列，其一致顺序为 TATAATAAT。它在多数真核生物基因转录起始点上游约−30bp（−25～−32bp）处，基本上由 AT 碱基对组成，是决定基因转录开始的选择，为 RNA 聚合酶的结合处之一。RNA 聚合酶与 TATA 框牢固结合之后才能开始转录。在 mRNA 前体转录的起始过程中，需先由转录因子 TF2 和 TATA 框结合，形成稳定的复合物，然后由其他转录因子和 RNA 聚合酶按一定时空顺序与 DNA 结合形成转录起始复合物开始转录；Inr 覆盖转录的起始点，通常−1 碱基为 C，+1 碱基为 A，和 TATA 一起决定转录的起点；BRE 位于−32～−37bp 区域，是转录因子 TFII B 的识别序列；DPE 位于 Inr 下游，位于+28～+32bp 区域，MTE 位于+18～+27bp 区域，这两者的作用都依赖于 Inr 的存在；另外，在起始位点上游−70～−78bp 处还有另一段共同序列 CCAAT，这是与原核生物中−35bp 区相对应的序列，称为 CAAT 盒（CAAT box）。

但是，并非所有蛋白质的基因都有上述核心启动子元件，有些基因可能含有其中的某些元件，有些基因也可能都缺乏，大约有 2/3 的蛋白质基因没有 TATA 盒，1/2 的基因没有 Inr。那些既没有 TATA 盒，又没有 Inr 的基因的转录效率很低，转录起点的位置也不固定。

RNA 聚合酶Ⅱ的调控元件的作用是调节基因的转录效率，包括上游邻近元件（upstream proximal element，UPE）和上游诱导元件（upstream inducible element，UIE），两者的作用都需要结合特殊的反式作用因子。

UPE 一般为一些短的核苷酸序列，长度为 6～20nt，它的存在能影响转录起始的效率，但不影响转录起点的特异性。属于 UPE 的有：富含 GC 碱基对的 GC 盒、CAAT 盒等。其中 GC 盒通常位于大多数蛋白质基因的上游，而且往往有多个拷贝。

UIE 位于核心启动子的上游。含有 UIE 的基因只有在细胞内外环境中各种特殊的信号诱导下才表达，或者表达增强。常见的 UIE 有：激素应答元件（hormone response element，HRE）、热激应答元件（heat shock response element，HSE）、cAMP 应答元件（cAMP response element，CRE）、金属应答元件（metal response element，MRE）等。

增强子是一种能够大幅度增强基因转录效率的顺式作用元件，而沉默子则是一种阻止基因表达的顺式作用元件。它们的作用都需要特定反式作用因子的结合，其中与增强子结合的反式作用因子称为激活蛋白，与沉默子结合的称为阻遏蛋白。

（3）RNA 聚合酶Ⅲ的启动子

RNA 聚合酶Ⅲ负责转录的是结构上比较稳定的小 RNA，其启动子分为两种类型：一类与 RNA 聚合酶Ⅱ类似，主要位于基因的上游，属于外部启动子，含有 TATA 盒、近端序列元件和远端序列元件；另一类位于基因内部，属于内部启动子，如 5S rRNA 的内部启动子由 A 盒、C 盒和中间元件组成。

RNA 聚合酶Ⅲ所需要的基础转录因子有 3 种，即 TFⅢA、TFⅢB、TFⅢC。

（三）启动子的类型

1. 组成型启动子

组成型启动子（constitutive promoter）是指在该类启动子控制下，结构基因的表达大体恒定在一定水平上，在不同组织、部位表达水平没有明显差异，且保持持续的活性。例如，编码 lac 阻遏物的 *lacI* 基因是一个不受调节的基因，它会一直转录，不过其启动子的效率却很差。

2. 组织特异性启动子

组织特异性启动子（tissue-specific promoter）又称器官特异性启动子。在这类启动子调控下，基因往往只在某些特定的器官或组织部位表达，并表现出发育调节的特性。例如，hUPⅡ是在人尿路上皮中发现的膀胱组织特异性启动子；

hTERT 是端粒酶反转录酶启动子（telomerase reverse transcriptase gene promotor），85%的人类肿瘤具有端粒酶活性，而在正常细胞中则无法检测到。

3. 诱导型启动子

诱导型启动子（inducible promoter）是指在某些特定的物理或化学信号的刺激下才会被激活的启动子。

诱导型启动子往往可以大幅度地提高基因的转录水平。从类型上分为：①天然诱导型启动子，包括光、温度、激素应答启动子等；②人工构建的诱导型启动子。从机制上分为：①激活型启动子系统，只有当诱导物存在时才能启动基因表达。一旦去除诱导物后，基因表达很快被关闭，从而实现精确、快速控制基因的表达；②阻遏型启动子系统，该系统建立在阻遏蛋白或激活蛋白在不同空间构型间相互转化的基础之上。当诱导物不存在时，激活蛋白处于激活构型，或阻遏蛋白处于失活构型，基因正常转录；添加诱导物后，诱导物与激活蛋白结合使之失活，或与阻遏蛋白结合，使其与启动子上的某些顺式作用元件结合抑制基因转录。

（四）常用启动子

表 4-1 和表 4-2 列出了合成生物学科研中常用的启动子。

表4-1　原核表达中常用的启动子

启动子	来源	类型	特点
lac	乳糖操纵子来源的启动子	诱导型	可以被异丙基硫代-β-D-半乳糖苷（IPTG）或者乳糖诱导，受 CAP 正调控和 lacI 负调控
lacUV5	乳糖操纵子突变	诱导型	可以被 IPTG 或者乳糖诱导，仅受 lacI 负调控
trp	色氨酸操纵子来源的启动子	诱导型	当细胞内的色氨酸浓度很高时会被抑制
λP_L	λ 噬菌体来源的启动子	诱导型	通常和温度敏感的 cI 阻遏蛋白搭配使用：30℃条件下阻遏启动子转录，42℃解除抑制开始转录
P_{BAD}	阿拉伯糖代谢操纵子的启动子	诱导型	AraC 蛋白的两种异构体对 P_{BAD} 发挥正、负调节因子的功能，其中 Pr 构型起阻遏作用，阿拉伯糖可诱导 Pr 构型的 AraC 蛋白变为 Pi 构型，从而解除阻遏
T3	T3 噬菌体来源的启动子	组成型	受控于 T3 RNA 聚合酶
T7	T7 噬菌体来源的启动子	组成型	受控于 T7 RNA 聚合酶
T7lac	T7 噬菌体来源的启动子加上 lac 操纵子	诱导型	几乎没有本底表达，需要 T7 RNA 聚合酶，受到 lac 操纵子的控制，可以被 IPTG 诱导
Sp6	Sp6 噬菌体来源的启动子	组成型	受控于 SP6 RNA 聚合酶
P_{tet}	四环素耐药操纵子来源的启动子	诱导型	四环素与 TetR 阻遏蛋白结合，解除阻遏
P_{sal}	萘代谢操纵子来源的启动子	诱导型	水杨酸盐存在时调控基因编码的 NahR 蛋白结合启动子，诱导表达
P_{RHAB}	鼠李糖（rha）操纵子来源的启动子	诱导型	调控因子 Rhas 只有先与 L-鼠李糖结合才能转化成有活性的效应物进而促进 P_{RHAB} 启动转录
P_{HrpL}	丁香假单胞菌 hrp 基因簇来源	诱导型	P_{HrpL} 启动子只有在 HrpR 和 HrpS 两个蛋白同时存在时才能被激活

续表

启动子	来源	类型	特点
tac	trp 启动子和 lacUV5 的拼接杂合启动子	诱导型	由 trp 启动子–35 区和 lacUV5 启动子–10 区融合而成的杂合启动子，受 lac 阻抑物调控
trc	trp 启动子和 lacUV5 的拼接杂合启动子	诱导型	与 tac 启动子的调节方式类似，trc 和 tac 启动子的唯一区别是–35 区和–10 区之间的间隔序列不同，前者为 17bp，而后者为 16bp
P_{CON}		组成型	持续活性

P$_{CON}$ 组成型 持续活性

表4-2　真核表达中常用的启动子

诱导型	来源	类型	特点
CMV	人巨细胞病毒来源	组成型	可能包含一个增强子，在某些细胞中会沉默
EF1a	人延长因子 1α 来源的哺乳动物表达强启动子	组成型	表达水平十分稳定，与细胞类型无关
SV40	猿猴空泡病毒 40 来源的哺乳动物表达启动子	组成型	可能包含一个增强子
PGK	磷酸甘油酯激酶基因来源的哺乳动物启动子	组成型	广泛表达，但可能因细胞类型而异，由于甲基化或脱乙酰作用，倾向于抵抗启动子下调
UBC	人类泛素 C 基因来源的哺乳动物启动子	组成型	该启动子广泛存在
B-ACTIN	β-肌动蛋白基因来源的哺乳动物启动子	组成型	该启动子广泛存在
CAG	杂交哺乳动物强启动子	组成型	包含 CMV 的增强子、鸡的 β-肌动蛋白启动子和兔的 β-珠蛋白剪接受体
TRE	四环素响应元件启动子	诱导型	通常有本底表达，被四环素或者类似物诱导
U6	来源于 U6 RNA 基因启动子	组成型	RNA 聚合酶Ⅲ依赖的启动子
H1	来源于 H1 RNA 基因启动子	组成型	RNA 聚合酶Ⅲ依赖的启动子
UAS	含 Gal4 结合位点的果蝇启动子	特异型	需要 Gal4 基因来激活启动子
Ac5	果蝇 Actin 5c 基因来源的昆虫强启动子	组成型	果蝇表达系统的常用启动子
Polyhedrin 多角体蛋白	杆状病毒来源的昆虫强启动子	组成型	昆虫表达系统的常用启动子
CaMKⅡa	Ca^{2+}-钙调蛋白依赖蛋白激酶Ⅱ启动子	特异型	用于中枢神经系统/神经元表达，受到钙调蛋白依赖性蛋白激酶Ⅱ调节
GAL	酵母双向启动子	诱导型	可以单独使用或一起使用，受 GAL4 和 GAL80 调节，被半乳糖诱导，被葡萄糖抑制
TEF1	酵母转录延伸因子启动子	组成型	与哺乳动物的 EF1a 启动子类似
GDS	甘油醛-3-磷酸脱氢酶来源的强的酵母表达启动子	组成型	很强，也称为甘油醛-3-磷酸脱氢酶（glyceraldehyde 3-phosphate dehydrogenase，简称 TDH3 或 GAPDH）
ADH1	乙醇脱氢酶Ⅰ的酵母启动子	诱导型	全长版本很强，促进高表达，截短启动子是组成型的，表达较低，被乙醇抑制
CaMV35S	花椰菜花叶病毒的强植物启动子	组成型	在双子叶植物中激活，在单子叶植物中稍微弱一些，在一些动物细胞中有活性

1. 组成型启动子

原核生物组成型启动子主要介绍以下几种。

1）T7 噬菌体启动子。来自 T7 噬菌体的启动子，具有高度特异性，只有 T7 RNA 聚合酶才能使其启动。T7 RNA 聚合酶的效率比大肠杆菌 RNA 聚合酶高 5 倍左右，它能使质粒沿模板连续转录几周，许多外源终止子都不能有效地终止它的序列，因此它可转录某些不能被大肠杆菌 RNA 聚合酶有效转录的序列。应用 T7 噬菌体构建基因线路需要满足两个条件：①具有 T7 噬菌体 RNA 聚合酶；②在待表达的目的基因上游带有 T7 噬菌体启动子。

2）T3 噬菌体启动子。T3 噬菌体来源的启动子，应用 T3 噬菌体构建基因线路的条件和 T7 噬菌体启动子类似：①具有 T3 噬菌体 RNA 聚合酶；②在待表达的目的基因上游带有 T3 噬菌体启动子。

3）Sp6 噬菌体启动子。Sp6 噬菌体来源的启动子，也是需要在有 Sp6 噬菌体 RNA 聚合酶的情况下才启动。

真核细胞组成型启动子主要介绍以下几种。

1）SV40 启动子。猿猴空泡病毒 40 来源的哺乳动物表达启动子。

2）CMV 启动子。从人巨细胞病毒（cytomegalovirus，CMV）中发现的强启动子，只要 CMV 能够感染的细胞，该启动子都能起始转录过程，但在某些细胞（如 HESC、HiPS 等）中会被沉默，导致没有蛋白质表达。

3）CAG 启动子。人工启动子，包含 CMV 启动子的增强子序列、鸡 β-肌动蛋白的启动子及兔 β-珠蛋白的剪接受体。转录能力与 CMV 启动子不相上下，鸡 β-肌动蛋白启动子则为它提供了更加广泛的表达谱，因此 CAG 启动子可以用于大多数基因编辑策略。

2. 诱导型启动子

原核细胞诱导型启动子主要介绍以下几种。

1）lac 启动子。来自大肠杆菌的乳糖操纵子，lac 启动子受分解代谢系统的正调控和阻遏物的负调控。正调控通过分解物基因活化蛋白（catabolite gene activation protein，CAP）因子和 cAMP 来激活启动子，促使转录进行。负调控则是由调节基因产生 LacI 阻遏蛋白，该阻遏蛋白能与操纵基因 O 结合，阻止转录。乳糖及某些类似物如异丙基硫代-β-D-半乳糖苷（sopropylthio-β-D-galactoside，IPTG）可与阻遏蛋白形成复合物，使其构型改变，不能与操纵基因 O 结合，从而解除这种阻遏，诱导转录发生。

2）trp 启动子。来自大肠杆菌的色氨酸操纵子，其阻遏蛋白必须与色氨酸结合才有活性。当缺乏色氨酸时，阻遏蛋白无活性，启动子开始转录。当色氨酸较丰富时，则停止转录。β-吲哚丙烯酸可竞争性抑制色氨酸与阻遏蛋白的结合，解除阻遏蛋白的活性，促使 trp 启动子转录。

3）tac 启动子。乳糖和色氨酸的杂合启动子，受 Lac 阻遏蛋白的负调节，它的启动能力比 lac 和 trp 都强。其中 tac 1 是由 trp 启动子的–35 区加上一个合成的 46bp DNA 片段（包括 Pribnow 盒）和 *lac* 操纵基因构成；tac 2 是由 trp 启动子的–35 区和 lac 启动子的–10 区，加上 *lac* 操纵子中的操纵基因部分和 SD 序列融合而成。tac 启动子受 IPTG 的诱导。

4）λP_L 启动子。来自 λ 噬菌体左向转录启动子，是一种活性比 trp 启动子高 11 倍左右的强启动子。λ 噬菌体有两个早期转录单位（图 4-1）：在"左向"单位中，"上方"的链表示向左转录；在"右向"单位中，"下方"的链表示向右转录。转录单位的启动子 P_L 和 P_R 位于 *cI* 基因的任意一侧，与每一个启动子相连的是操纵基因（O_L 和 O_R），每个操作基因的序列与其所控制的启动子序列重叠，所以它们常被称为 P_L/O_L 和 P_R/O_R 控制区。

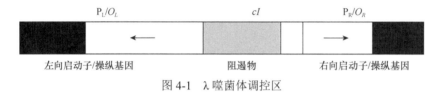

图 4-1 λ 噬菌体调控区

λ 噬菌体阻遏物由 *cI* 基因编码，与细菌操纵子阻遏物作用一样，能独立结合于两个操纵基因 O_L 和 O_R 上，与操纵基因结合的阻遏物可阻止 RNA 聚合酶起始转录。λP_L 启动子受控于温度敏感的阻遏物 cIts857。在低温（约 30℃）时，cIts857 阻遏蛋白可阻遏 P_L 启动子转录。在高温（~45℃）时，cIts857 蛋白失活，阻遏解除，促使 P_L 启动子转录。系统由于受 cIts857 作用，尤其适合于表达对大肠杆菌有毒的基因产物，缺点是温度转换不仅可诱导 P_L 启动子，也会诱导热休克基因，其中有一些热休克基因编码蛋白酶。

5）tet 启动子（P_{tet}）。四环素操纵子来源的启动子，Tet 阻遏蛋白（tet repressor protein，TetR）与 *tet* 操纵子（tet operator，TetO）能够特异性结合。当有四环素存在时，TetR 构象发生改变，导致 TetR 与 TetO 分离，使下游基因得以表达。

常用的真核细胞诱导型启动子主要介绍以下几种。

1）GAL1 启动子：半乳糖激酶启动子，是酵母表达系统最常用的启动子，葡萄糖是 GAL1 启动子的强烈抑制剂，在微量葡萄糖存在的情况下，GAL1 启动子驱动的基因均不会表达。

2）PGK1 启动子：磷酸甘油酸激酶基因（*PGK1*）来源的启动子。

3）AOX1 启动子：醇氧化酶 1（alcohol oxidase 1）基因启动子，是毕赤酵母表达系统常用的启动子，非常高效，受葡萄糖、甘油、乙醇等碳源的严格抑制，受甲醇的强烈诱导。

二、操纵子

（一）操纵子概念

操纵子（operon）是指一组核苷酸序列，包括了一个操纵基因，一个普通的启动子，以及一个或多个被用作生产信使 RNA（mRNA）的结构基因。它是细菌中转录调控的经典模型。该模型将 DNA 序列分为两类，即编码反式作用产物的序列和顺式作用的 DNA 序列。基因的转录活性主要通过反式作用产物和顺式作用序列之间的特异相互作用来调节。调节基因编码的蛋白质结合在操纵子的操纵基因位点以调控其转录是最简单的表达调控。如果激活基因表达，称为正调控方式；如果关闭基因表达，称为负调控方式。

诱导物（inducer）是能诱导操纵子开启的效应物。无论在正调控系统还是在负调控系统中，操纵子的开启与关闭均受到环境因子的诱导，这种因子能与调控蛋白结合，改变调控蛋白的空间构象，从而改变其对基因转录的影响，因此也称这种因子为效应物。

（二）常用操纵子

1. 乳糖操纵子

乳糖操纵子（lactose operon）是负调控的，是通过阻遏物来抑制基因表达的。

乳糖操纵子是 DNA 分子上一段有方向的核苷酸序列，长约 6kb。它由三个基因 *lacZ*、*lacY* 和 *lacA* 组成。图 4-2 显示了乳糖操纵子结构基因、相关的顺式作用调控元件和反式作用调节基因的组织形式。乳糖操纵子最重要的特点是所含基因簇可以由单一启动子转录出一个多顺反子 mRNA（polycistronic mRNA），并且只有在这个启动子处可以进行转录起始的调控。

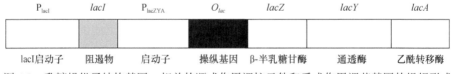

图 4-2　乳糖操纵子结构基因、相关的顺式作用调控元件和反式作用调节基因的组织形式

lacZYA 基因转录受 *lacI* 基因指导合成的调节物的控制。*lacI* 基因与结构基因 *lacZYA* 相邻，却是一个独立的转录单位，具有自己的启动子和终止子。*lacI* 基因编码可扩散产物，理论上它不必位于结构基因附近，即使它移到其他位置或由分开的分子携带，也能很好地发挥作用。

lacI 基因的表达产物称为乳糖操纵子阻遏物（lac repressor），因为它的功能是阻止 *lacZYA* 结构基因的表达。这个阻遏物是由 4 个相同亚基所组成的四聚体。阻遏物基因是不受控制的，即它是一个非调节性基因。它转录出单顺反子 mRNA 的速率

只受其（效率较低的）启动子与 RNA 聚合酶的亲和力大小的控制，而且 *lacI* 基因转录出的是一种效率较低的 mRNA，这是限制所制备蛋白质数量常用的一种方法。

当阻遏物与操纵基因结合时，它就可以阻止 RNA 聚合酶从启动子开始转录。乳糖操纵子含有三个操纵基因 *O1*、*O2* 和 *O3*，其中 *O1* 与启动子部分重叠；*O2* 位于 *lacZ* 内部；*O3* 位于 *lacI* 内部；每一个阻遏子/蛋白四聚体与两个独立的 *O* 结合，即一个二聚体与一个 *O* 结合。当 3 个位点都结合时，阻遏幅度可以达到近 1000 倍，如果缺少 *O2* 或 *O3* 的结合，阻遏幅度为 500 倍，如果同时缺少 *O2* 和 *O3*，则阻遏幅度仅有 20 倍。

lac 操纵子也是可诱导的。所谓诱导（induction）是指当环境中特定底物的出现会导致基因表达的现象。当环境中存在诱导物（如别乳糖或 IPTG）时，阻遏物与诱导物的结合会导致构象改变，转变为与操纵基因结合的低亲和力型，离开操纵基因。此时，转录从启动子开始，并通过结构基因，直到位于 *lacA* 下游的终止子处才停止。

lac 操纵子的转录调控对于诱导物的应答十分迅速。当诱导物不存在时，操纵子以极低的基础水平转录。诱导物的加入立刻会刺激转录。就如细菌中的大部分 mRNA 一样，lac mRNA 极不稳定，其半衰期仅约为 3min，因此诱导物一旦除去，转录立刻停止，随后所有的 lac mRNA 很快分解，酶合成也就此停止。

此控制回路最重要的特征是阻遏物的二重性，它既能阻止转录，又能识别小分子诱导物，这是因为阻遏物存在两个结合位点，一个是操纵基因结合位点，另一个是诱导物结合位点。当诱导物结合后，改变了阻遏物的构象，从而影响了操纵基因结合位点的结合活性。蛋白质中一个位点具有控制另一个位点的能力称为别构调控（allosteric control）。

由此可见，大肠杆菌 *lac* 操纵子的诱导是负诱导的，即乳糖的存在可以除去 lac 阻遏物，这样转录就开启了。然而，这一操纵子也受到第二层控制，即环境中如果存在足够的葡萄糖供给，那么乳糖也不能开启这一系统。这是因为葡萄糖是一种比乳糖更好的能量来源，如果可以获得葡萄糖，那么就没有必要开启 *lac* 操纵子。

有些启动子如果没有辅助蛋白的参与，即使 RNA 聚合酶与其结合也不能有效起始转录。这些蛋白质是正调节物，因为它们的存在对启动转录单位是必需的。一般来说，激活子会克服启动子的缺陷。其中使用最广泛的激活子是代谢物阻遏蛋白（catabolite repressor protein，CRP），也称为代谢物激活蛋白（catabolite activator protein，CAP），CRP 的存在是依赖性启动子上的转录起始所必需的。

CRP 只有在环腺苷酸（cyclic AMP，cAMP）的存在下才有活性。cAMP 由腺苷酸环化酶合成，反应以 ATP 为底物，通过磷酸二酯键产生内部 3′→5′连接。高水平葡萄糖可以阻碍腺苷酸环化酶活性，因此 cAMP 水平与葡萄糖水平呈现相反关系。所以，由 CRP 介导的转录激活只发生在细胞中葡萄糖水平很低时。

CRP 激活转录可能存在两种方式：①直接与 RNA 聚合酶相互作用而激活转

录；②作用于 DNA 而改变 DNA 的结构，如弯曲等。DNA 结构的改变可在某种程度上帮助 RNA 聚合酶结合到 DNA 上。

2. 四环素操纵子

四环素操纵子（tetracycline operon）由启动子、操纵基因和四环素耐药蛋白基因组成（图 4-3）。当环境中无四环素（tetracycline，Tc）或其衍生物存在时，四环素阻遏蛋白（tetracycline repressor protein，TetR）与操纵基因 *tetO* 序列结合，四环素耐药蛋白的表达受到抑制；当诱导药物存在时，TetR 与诱导药物结合，导致 TetR 构象发生改变，从 *tetO* 序列上解离下来，引起四环素耐药蛋白表达。

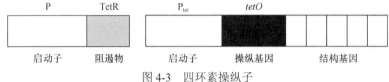

图 4-3　四环素操纵子

3. 阿拉伯糖操纵子

阿拉伯糖操纵子由 *araB*、*araA* 和 *araD* 三个结构基因组成（图 4-4），P_C 启动子和 $AraO_1$ 重叠。AraC 蛋白是双功能的，单纯的 AraC 蛋白（Crep）结合于操纵基因 $araO_1$（$-100bp \sim -144bp$）上，起到阻遏的作用；当 AraC 蛋白和诱导物阿拉伯糖结合形成复合体 Cind，即诱导型的 C 蛋白，Cind 结合于 *araI* 区（$-40bp \sim -78bp$），使 RNA 聚合酶结合于 P_{BAD} 位点，启动转录。

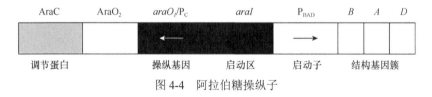

图 4-4　阿拉伯糖操纵子

当葡萄糖（Glu）和阿拉伯糖（Ara）都存在时，*araC* 本底转录，产生少量的 AraC 蛋白，结合于 $araO_1$，使 RNA 聚合酶不能结合 P_C，*araC* 的转录受到阻遏。

当有 Ara 存在而没有 Glu 时，Ara 可作为糖源。此时 Ara 和少量的 AraC 蛋白结合形成了诱导型 C 蛋白（Cind），它作为正调控因子结合于 *araI*，促进了 P_{BAD} 的转录，产生了 B、A、D 三种酶，促使 Ara 分解；当 Ara 分解完毕，过量的 AraC 蛋白可以结合在 $araO_1$ 上，阻碍 RNA 聚合酶在此区域结合，从而关闭了操纵子。或者结合到 *araI* 和 $araO_2$ 上，彼此相互作用形成了环，从而阻遏 P_{BAD} 和 P_C 的启动。

三、增强子

在真核生物中，正控制则更为常见，因为 RNA 聚合酶需要转录因子的协助才能起始转录。在正调节物缺少的情况下，真核生物的基因是没有活性的，即 RNA 聚合酶不能单独从启动子处开始转录。

增强子（enhancer）是 DNA 上一段可与转录因子结合的区域，与转录因子结合之后，基因的转录作用将会加强，这些基因的表达被称为增强子驱动基因表达（enhancer-driven gene expression，EDGE）。增强子可能位于基因上游，也可能位于下游，且不一定接近所要作用的基因，这是因为染色质的缠绕结构，使序列上相隔很远的位置也有机会相互接触。

图 4-5 左图显示了一个天然启动子，包含一个核心启动子（core promoter）区域、一个近端区域（proximal region）和一个远端区域（distal region），其范围通常在 500～2000bp。核心启动子包含核心启动子元件，其近端和远端由各种顺式调控元件组成（M1、M2、M3、M4），多个转录因子（TF1、TF2、TF3、TF4）与这些基序的结合决定了这些启动子的复杂表达谱，这些顺式调控元件就是增强子。图 4-5 右图显示了合成启动子及相关增强子，只有特定的转录因子才能结合增强子序列并激活基因表达。与天然启动子相比，合成启动子具有更高或更低的表达水平、特异性高、基础表达水平低、长度短、与宿主基因组序列同源性低等特性（Liu et al.，2016）。

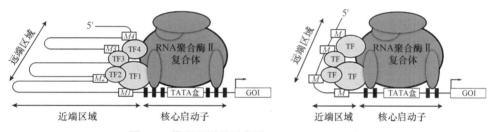

图 4-5　增强子原理示意图（Liu et al.，2016）

GOI：gene of interest，目标基因；TF：transcription factor，转录因子

图 4-6 是研究人员设计的基于增强子的与门基因线路（Nissim and Bar-Ziv，2010）。其中线路输入是两个转录因子 TF1 和 TF2，这两个转录因子分别和 P1* 和 P2* 启动子上游的增强子序列结合，促进启动子效率，分别表达 X-AD 和 Y-BD ［AD 表示病毒 VP16 的转录激活域（activation domain）；BD 表示 GAL4 的 DNA 结合域（binding domain）］，X-AD 和 Y-BD 二聚结合后形成酵母 P_{GAL4} 的启动子反式作用因子 GAL4P，进而启动目的基因表达。

四、沉默子

沉默子（silencer）是一段能够结合阻遏物的 DNA 序列。与增强子对 DNA 转录的加强作用相反，当沉默子存在时，阻遏物结合到沉默子 DNA 序列上，会阻碍 RNA 聚合酶转录 DNA 序列。因此，沉默子可以阻碍基因的表达。

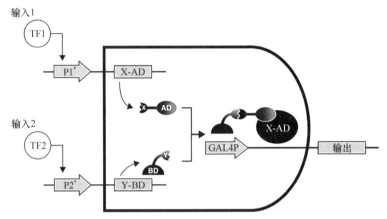

图 4-6　基于增强子的与门基因线路设计（Nissim and Bar-Ziv，2010）

五、弱化子

弱化子（attenuator）也称衰减子，是指原核生物操纵子中能显著减弱甚至终止转录作用的一段核苷酸序列，该区域能形成不同的二级结构，利用原核微生物转录与翻译的偶联机制对转录进行调节。

弱化子是在研究大肠杆菌的色氨酸操纵子表达弱化现象中发现的。

色氨酸合成途径较漫长，消耗大量能量和前体物，如丝氨酸、磷酸核糖基焦磷酸（PRPP）、谷氨酰胺等，是细胞内最昂贵的代谢途径之一，因此受到严格调控，其中色氨酸操纵子（tryptophan operon，简称 *trp* 操纵子）发挥着关键作用。

图 4-7 显示了色氨酸操纵子的结构基因、相关的顺式作用调控元件和反式作用调节基因的组织形式。结构基因簇 *trpEDCBA* 用于表达色氨酸合成酶，其中 *trpE* 编码邻氨基苯甲酸合酶，*trpD* 编码邻氨基苯甲酸磷核糖转移酶，*trpC* 编码吲哚甘油磷酸合酶，*trpB* 和 *trpA* 分别编码色氨酸合酶的 β 和 α 亚基，5 个结构基因全长约 6800bp。*trpE* 的上游为调控区，由启动子、操纵基因 *trpO* 及 162bp 的前导区和弱化子组成，用于对色氨酸合成酶合成的协同控制。

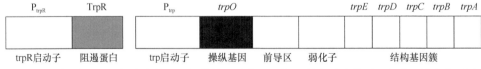

图 4-7　色氨酸操纵子的结构基因、相关的顺式作用调控元件和反式作用调节基因的组织形式

调控作用主要有三种方式：阻遏作用、弱化作用，以及终产物 Trp 对合成酶的反馈抑制作用。

其中阻遏作用发生在 *trp* 操纵子转录起始，是通过 *trpR* 基因编码的阻遏蛋白 TrpR 实现的。在有高浓度色氨酸存在时，两分子的色氨酸可结合于二聚体 Trp 阻遏物，使其构象转变成 DNA 结合的活性构象，从而与色氨酸操纵基因紧密结合，排除了 RAN 聚合酶结合于启动子上，因此可以阻止转录；当色氨酸水平低时，阻遏蛋白以一种非活性形式存在，不能结合 DNA。在这样的条件下，trp 操纵子被 RNA 聚合酶转录，色氨酸生物合成途径被激活。这表明 trp 操纵子是通过负反馈阻遏完成控制，即 Trp 调节基因（trpR）的产物——Trp 阻遏物是以失活负调节物的形式制备出来，trp 操纵子产物色氨酸是 Trp 阻遏物的负调节物。

trp 操纵子转录终止的调控是通过弱化子的弱化作用实现的。弱化子控制 RNA 聚合酶是否移动到结构基因上。RNA 聚合酶在启动子处起始，然后移动到第 90 位碱基，在此处，也就是在进入第 140 位碱基的弱化子之前，RNA 聚合酶暂停。当环境中缺少色氨酸时，RNA 聚合酶会继续移动到结构基因；而当色氨酸存在时，约 90% 的可能会在此发生终止，并释放一段由前导区编码的前导 DNA，可产生含 14 个氨基酸残基的前导肽（图 4-8）。

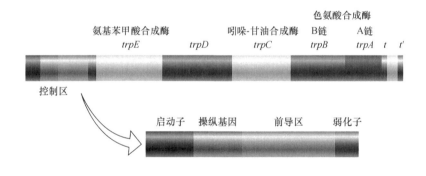

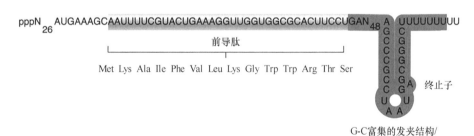

图 4-8　色氨酸弱化子（Krebs et al.，2018）

前导肽中包含一个核糖体结合位点，在这个结合位点后紧随一个短的编码区，其中包含两个连续的色氨酸密码子。前导肽存在两种碱基配对结构（图 4-9），分别以 1、2、3 和 4 表示的片段，能以两种不同的方式进行碱基配对，1—2 和 3—4

配对，或 2—3 配对。3—4 配对区正好位于终止密码子的识别区。

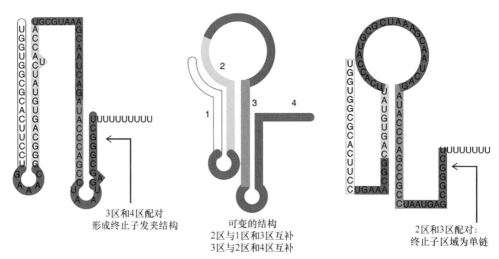

图 4-9　色氨酸前导肽存在两种碱基配对构象（Krebs et al.，2018）

当培养基中色氨酸浓度很低时，负载有色氨酸的 Trp-tRNA 相应也少，此时通过两个相邻色氨酸密码子的速度就会很慢，当 4 区被转录完成时，核糖体仍停滞在 1 区的色氨酸密码子处，这样 1 区就被核糖体所隔绝，而不能与 2 区配对，2 区和 3 区配对，4 区保持单链状态，不形成 3—4 配对的终止结构。由于无法形成终止子发夹结构，RNA 聚合酶就越过弱化子，继续转录（图 4-10A）。

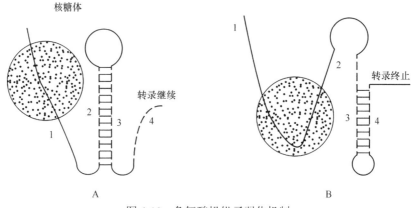

图 4-10　色氨酸操纵子弱化机制

反之，当 Trp-tRNA 非常丰富时，核糖体可顺利通过两个相邻的色氨酸密码子，在 4 区被转录之前，核糖体已快速通过 1 区，到达 2 区，阻止了 2 区和 3 区进行碱基配对，结果 3 区和 4 区配对产生终止子发夹结构。在这种情况下，RNA 聚合酶就会在弱化子处终止（图 4-10B）。

由此可见，阻遏作用和弱化作用以同样的方式应答两种色氨酸库的水平。当存在游离色氨酸时，操纵子被阻遏；当色氨酸被移除后，RNA 聚合酶可与启动子自由接触，开始转录操纵子。当 Trp-tRNA 存在时，操纵子被弱化而转录终止；当结合于 tRNA 的色氨酸库被移除后，RNA 聚合酶可继续转录操纵子。如果游离色氨酸库的水平较低，那么可允许转录启动；而如果 Trp-tRNA 全部携带上色氨酸，那么转录就会终止。

六、绝缘子

绝缘子（insulator）长约几百个核苷酸对，通常是位于启动子与正调控元件（增强子）或负调控因子之间的一种调控序列。它本身对基因的表达既没有正效应，也没有负效应，其作用只是不让其他调控元件对基因的活化效应或失活效应发生作用，绝缘子的作用是有方向性的。

基因序列之间的某些已知结构相互作用会影响启动子的活性和核糖体结合位点（RBS）的强度。因此，在设计基因线路时，通过插入绝缘子将基因部件彼此物理隔离，可以减轻这些结构性干扰。例如，在启动子的上游和下游插入绝缘子，可确保在不同遗传背景下具有相似的启动子活性；利用绝缘子将 5′-UTR 序列与核糖体结合位点物理分开，可以避免启动子发挥功能时与核糖体结合位点之间产生不可预测的干扰；将绝缘子放置在增强子和启动子之间并与特定因子结合时，可以阻止启动子和增强子之间的相互作用，从而降低启动子的活性等。

第四节　基因表达调控策略

一、基于启动子和终止子的调控

一段基因从转录开始，最终形成蛋白质执行功能，离不开一个高效、匹配的启动子。启动子的一般结构包括核心启动子元件和上游调控元件。核心启动子元件又包括转录起始点和 TATA 框，主要作为 RNA 聚合酶结合并起始转录的位点，上游调控元件能够通过与对应的反式作用因子相结合来改变转录的效率。启动子由于元件和位置不同，转录的能力也不同。

基因线路的理性设计离不开启动子，启动子的强度是调控基因线路表达水平的第一要素，如 L-阿拉伯糖诱导的 BAD 启动子调控表达能力是 P_E 启动子的 3～6 倍。在原核表达宿主大肠杆菌中，不同强度启动子被用于特定场景：T7、Tac 和 P_L 是三种高强度启动子，适用于目的基因的高表达；强度稍弱的诱导型启动子，如 lac、BAD 等，可有效缓解强启动子对底盘细胞代谢造成的负担，有利于实现基因表达调控及产物积累。这些诱导型启动子通过诱导物浓度来调控基因表达起始效率。

酵母细胞是常用的真核表达底盘细胞。研究人员通过对真核启动子功能域与上游激活序列的研究改造了酵母细胞启动子。改造后的这些非同源小型启动子实现了目标产物的高水平诱导型和组成型表达，其碱基数较普通真核启动子减少了80%。通过简化真核启动子，可大幅减少非编码区长度，减轻了载体负荷及底盘细胞代谢负担，对基因线路的精简组装意义重大。

天然的哺乳动物启动子可能长达数千碱基对，许多病毒载体难以承载。因此，研究者选择从头合成启动子，通过将启动子改造成最小启动子，然后在启动子上游序列增加特殊序列以增强启动子的靶向性或可控性。如图4-11所示，将可以结合癌细胞中过表达的转录因子（TF）的多重结合基序（multiple binding motif）串联在腺病毒最小启动子（lateADEp）的上游，从而合成了在恶性肿瘤细胞中具有特异性的启动子S(TF)p（Nissim et al.，2017）。

TF-BS   TF-BS   TF-BS   TF-BS   lateADEp

图4-11　癌症特异性的合成启动子S(TF)p（Nissim et al.，2017）

TF-BS：TF binding site，转录因子结合位点

终止子是3′非编码区给予RNA聚合酶转录终止信号的DNA序列，其终止强度对翻译起始产生关键影响。

原核终止子根据转录终止形式分为两种类型：不依赖ρ因子（Rho，[əʊ]）和依赖ρ因子。第一类终止子特征是包含GC碱基富集二重对称序列。接近转录终止点处的GC碱基富集二重对称序列和AT区域使转录产物形成poly(U)及发夹形的二级结构，引起RNA聚合酶变构及移动停止，导致DNA转录终止。这类终止子通常为强终止子，且与大肠杆菌中80%转录终止事件有关；第二类终止子发挥转录终止作用依赖于ρ因子的存在。与第一类终止子相比，其结构上并无poly(U)序列与GC碱基富集序列，多数为弱终止子，与大肠杆菌中20%转录终止事件有关。

真核终止子则根据其对应的RNA聚合酶进行分类。第一类为酶Ⅰ催化的12～20bp的终止子序列，被转录终止因子（transcription termination factor，TTF）识别；第二类为酶Ⅱ和酶Ⅲ催化的终止子序列。它们普遍由几个共有序列元件组成，包括效能元件、转录终止定位元件（AAUAAA）、poly(A)位点，以及围绕poly(A)位点的T碱基富集区域。该类终止子和原核生物中不依赖ρ的转录终止子包含GC碱基富集的二重对称序列和U富集序列。

改造后的终止子已被广泛应用于基因线路设计中，高强度终止子不仅提高目的基因的表达效率，还可有效增强其表达水平。例如，连接两种已知的终止子（rrnBT1与T7）得到的新型终止子转录终止效率能达到99%。将其转入质粒并在大肠杆菌中表达可显著减少质粒拷贝数，并明显增加目的蛋白产量。另外，弱强度终止子更加适用于多个目的基因的串联表达。通过弱终止子隔离相邻的目的基因，并为后面的基因插入诱导型启动子，可有效避免上游目的基因表达对下游目的基因的干扰。

二、基于 DNA 结合蛋白的调控

真核生物转录时，不仅需要 RNA 聚合酶结合于启动子上，同时转录因子（transcription factor）也要结合于增强子上。凡是转录起始过程必需的蛋白质，只要它不是 RNA 聚合酶的组分，就可将其定义为转录因子。许多转录因子是通过识别 DNA 上的顺式作用位点而发挥其功能的。结合转录因子会刺激转录起始的区域称为增强子（enhancer），结合负调节物以控制转录的位点称为沉默子（silencer）。

通过工程化合成启动子，将增强子或沉默子组装在启动子上/下游，就可以利用转录因子作为基因线路调节剂（regulator），将合成启动子的活性设计成"开"或"关"状态。这样，就可以通过添加或去除转录因子，控制包含相应转录因子结合序列的合成启动子，实现目的基因转录调控。

最简单的策略就是将转录因子设计成可阻碍 RNA 聚合酶结合或前进的阻遏子（repressor）。此类阻遏子的来源包括锌指蛋白（zinc finger protein，ZFP）、转录激活子样效应物（transcription activator-like effector，TALE）、TetR 同源物、噬菌体阻遏物和乳糖阻遏蛋白 LacI 同源物等。通过在启动子上/下游添加可以结合阻碍子的序列，如在启动子邻近区域内设计阻遏蛋白 LacI 或 TetR 的结合序列，这样就设计了一个默认为"关"状态的基因线路，可以分别通过添加 IPTG 和四环素，解除 LacI 和 TetR 的阻碍作用，使基因线路切换到"开"状态。

DNA 结合蛋白还可以充当激活因子（activator），将宿主 RNA 聚合酶（RNAP）募集到启动子，从而增加 RNAP 在 DNA 上的通量，其设计思路与阻碍物设计类似。

利用 DNA 结合蛋白招募或者阻遏 RNAP 的特性可以设计出很多基因门控线路。如图 4-12 所示的或非门线路中使用可诱导的启动子表达阻遏子，阻遏子与 DNA 的结合可以关闭线路的输出，还可利用 DNA 结合蛋白质的分子伴侣（chaperone）设计出与门线路，只有当 DNA 结合蛋白和其分子伴侣共同表达的情况下，才会有目的基因的表达（Brophy and Voigt，2014）。

三、基于 RNA 的调控

（一）小 RNA

RNA 是基因表达过程中的一个中心纽带。最初，RNA 是作为蛋白质合成的中间体被发现和鉴定的。但人们发现越来越多的 RNA 在基因表达的不同阶段发挥着结构性或功能性作用。通过 RNA 的调控通常以二级结构碱基配对的改变作为指导原则。RNA 有能力在不同构象之间转变，从而产生不同的调节后果，这种结构改变可来自分子内或分子间的相互作用。分子内改变的最常见作用是 RNA 分子利用不同的碱基配对策略而呈现出可变的二级结构，mRNA 二级结构的改变可导致其翻译能力的改变；在分子间相互作用中，RNA 调节因子通常是小 RNA

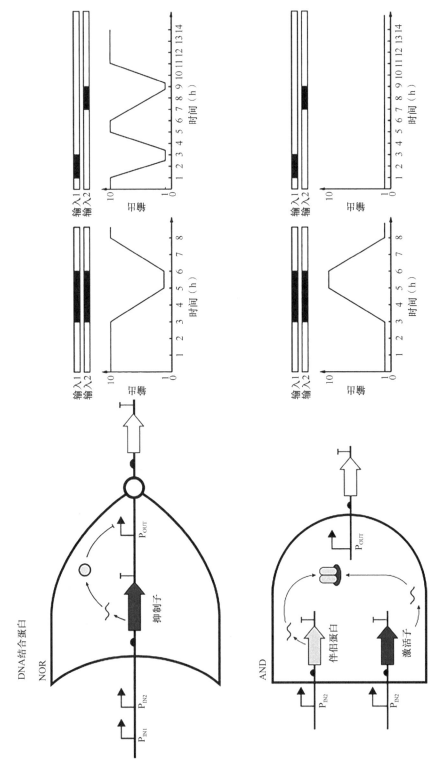

图 4-12　利用 DNA 结合蛋白设计的基因门控线路（Brophy and Voigt，2014）

分子，它通过碱基配对原则识别其靶标，与靶标形成双链体区域。双链体区域会隔离靶标序列中一段可能会参与其他可变二级结构的区域，也可以阻止某些只结合靶序列单链的蛋白质的结合，还可形成能与降解 RNA 的核酸酶结合的序列。

　　细菌中包含数百个不同的可编码调节性 RNA 的基因。这些调节性 RNA 分子长度短，只有 21 个核苷酸到约 30 个核苷酸，统称为小 RNA（small RNA，sRNA）。这些 sRNA 序列可与靶 mRNA 互补，形成 RNA-RNA 双链体分子，发挥转录或翻译控制，包括与靶 mRNA 结合后，引起 mRNA 结构变化，进而增强或减弱基因转录；或通过与靶 mRNA 的碱基配对，隔离核糖体结合位点，直接阻止核糖体的翻译，也可能在距离 RBS 一定距离处结合，影响靶 mRNA 的稳定性等（图 4-13）。图 4-13A 中 sRNA 结合到目标 mRNA 上，在碱基配对时引起结构重组，最终通过聚合酶增强或减弱转录；图 4-13B（i）中 sRNA 与 mRNA 的结合隔离了核糖体结合位点（RBS），直接阻止核糖体的翻译启动；图 4-13B（ii）中 sRNA 在远离 RBS 的地方与靶 mRNA 结合，导致了靶 mRNA 发生结构变化，间接影响核糖体的结合。另外与靶标结合的 sRNA 也可以通过改变与外切酶和/或内切酶的相互作用来增强或抑制 mRNA 的降解（Vazquez-Anderson and Contreras，2013）。

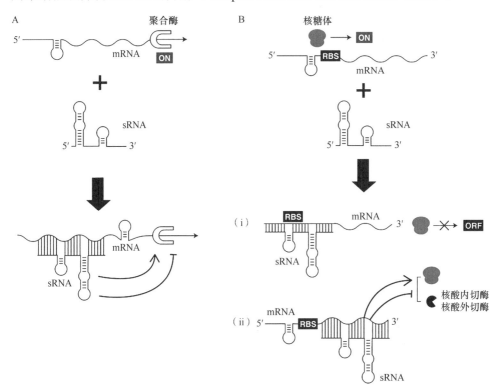

图 4-13　细菌中的 sRNA 基因调控机制（Vazquez-Anderson and Contreras，2013）

另外，在大肠杆菌中还发现一些 sRNA，它们与目标 mRNA 互补配对以后，可将一种宿主因子 q 蛋白（host factor q protein，Hfq）招募过来，促进互补序列的杂交配对及与核糖核酸酶 E 的作用。核糖核酸酶 E 随后可将目标 mRNA 降解。Hfq 是一类高度保守、数量较多的蛋白质，与真核细胞和古细菌细胞体内的剪切体和 mRNA 降解复合体中的核心蛋白 Sm 及 Sm 样蛋白同源。Hfq 具有 RNA 分子伴侣活性，参与许多由 RNA 介导的功能调控。研究表明，Hfq 与 Sm 和 Sm 样蛋白一样，通过形成六聚体环与 sRNA 中富含 A、U 碱基的序列结合，通过提高 sRNA 与靶 mRNA 的配对调控蛋白质的表达（Sobrero and Valverde，2012）。

图 4-14 是研究人员在蓝藻球菌中构建的基于脱水四环素的诱导系统（Zess et al.，2016），在该系统中使用了 sRNA 作为调控开关。组成型启动子表达 TetR 和 GFP 蛋白，TetR 结合 *tet* 操纵子序列（灰色双线），阻断输出 RNA（OUT）序列表达。加入 aTc 会解除 TetR 对 *tet* 操纵子的阻遏，从而将 OUT 序列转录成 RNA 表达。RNA OUT 与 *gfp* RNA 上游 5′-UTR 区的序列（IN 序列）相互作用，阻断 GFP 的翻译。

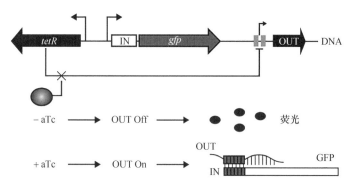

图 4-14　使用 sRNA 作为调控开关的基于脱水四环素诱导的基因线路（Zess et al.，2016）

–aTc 表示 aTc 缺失不存在

（二）微小 RNA

在大多数真核生物中，存在微小 RNA（microRNA，miRNA），长度大约为 22 个核苷酸。据估计，人类基因组含有 1000 种编码 miRNA 的基因，其中一半来自编码基因的内含子，另一半来自大的非编码 RNA。miRNA 可作为基因表达调节因子参与基因的转录后调控，实现对靶基因的表达调节。每种 miRNA 可拥有数百种靶 mRNA。它们与细菌中的对应物——小 RNA 具有类似性，但微小 RNA 常更小，作用机制也不同。

1. 经典的 miRNA 成熟途径

miRNA 的生成涉及多个步骤，包括初级 miRNA（pri-miRNA）的转录、核 Drosha 介导的加工、细胞质 Dicer（一种具有 RNAaseⅢ活性的核酸酶）介导的加工，以及加载到 Argonaute（Ago）蛋白上形成 RNA 诱导的沉默复合体（RNA-induced silencing complex，RISC）等（图 4-15）。

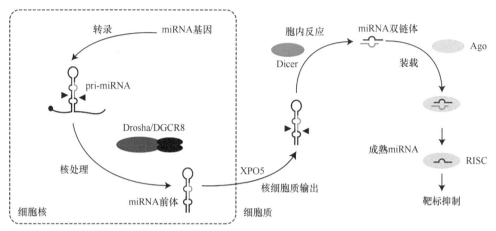

图 4-15　miRNA 的生成（Matsuyama and Suzuki，2019）

在细胞核内 RNA 聚合酶Ⅱ或Ⅲ转录 miRNA 相关基因到初级 miRNA（pri-miRNA），pri-miRNA 长度为几千个碱基，然后 Drosha/DGCR8 复合物将 pri-miRNA 裂解成 70～90 个碱基大小的前体 miRNA（pre-miRNA），并形成发夹结构。接着，pre-miRNA 被转运出细胞核，与双链 RNA 结合蛋白结合的 RNase Dicer 酶将 pre-miRNA 分解成成熟长度，此时 miRNA 还处于双链状态。最后双链 miRNA 被转载进 Ago 蛋白，形成 RNA 诱导的沉默复合体。miRNA 双链中的一条链保存在 RISC 复合体中，另一条链则排出复合物并迅速降解。

2. miRNA 的作用机制

（1）翻译抑制

miRNA 与靶 mRNA 通过 6～7 个碱基互补结合，可导致 miRNA 在蛋白质翻译水平上抑制靶基因表达。

（2）降解 mRNA

miRNA 如果与靶位点完全或几乎完全互补，那么 miRNA 的结合往往会引起靶 mRNA 的降解。通过这种机制作用的 miRNA 的结合位点通常在 mRNA 的编码区或可读框中。每个 miRNA 可以有多个靶基因，而几个 miRNA 也可以调节同一个基因。

（3）转录调控

miRNA 影响基因启动子的 CpG 岛甲基化作用，在转录水平对靶基因进行调控。

3. miRNA 在基因线路设计中的应用

（1）细胞类型检测基因线路

基于 miRNA 的翻译抑制特性，研究人员设计了可以用来检测细胞类型的基因线路（Miki et al.，2015），线路表达由特定 miRNA 结合位点序列和荧光蛋白组成的合成 mRNA。如果细胞中存在相应的 miRNA，则无法顺利表达荧光蛋白；如果细胞中不存在该 miRNA，则会表达荧光蛋白（图 4-16）。

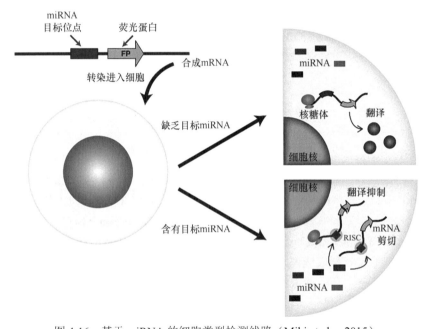

图 4-16　基于 miRNA 的细胞类型检测线路（Miki et al.，2015）

（2）门控线路

图 4-17 是研究人员利用 miRNA 设计出的基因与门线路，受相互正交的启动子 P1、P2 控制。在这个基因线路中 miRNA 除作为二元开关外，还充当了变阻器，将蛋白质输出抑制到最佳水平（Nissim et al.，2017）。

P1 启动子调控一组特定组合的 RNA 的转录，该 RNA 编码蛋白 mKate2 的两个外显子（mK-Ex1、mK-Ex2），两个外显子序列之间插入编码 miRNA 的内含子 miR1 序列，在 3′非翻译区包含 BS(Pe)（perfect match miR1 binding site）。BS(Pe) 是 miR1 匹配结合位点。转录生成的 mRNA 经剪接后，两部分外显子被组装成一个成熟的 mRNA，而内含子则生成微小 RNA——miR1。

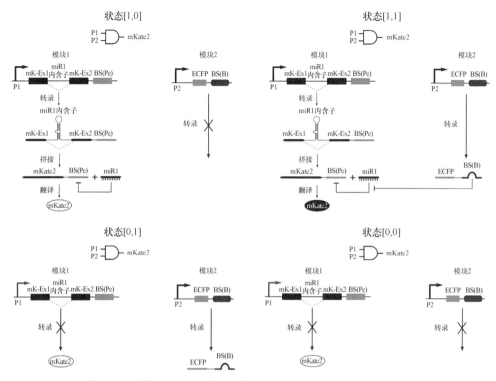

图4-17　利用miRNA设计出的基因与门线路（Nissim et al.，2017）

当只有 P1 存在的状态，即门状态为[1,0]时，由于 *mKate* 基因的两个外显子（mK-Ex1 和 mK-Ex2）经剪接为 *mKate2* 基因，mKate2 转录本可以表达，但是 miR1 通过靶向 3′非翻译区（3′-untranslated region，3′-UTR）中的 BS(Pe)位点抑制 mKate2 表达，从而使得 mKate2 被限制在最低的表达水平。

当 P1、P2 都存在，即门状态为[1,1]时，P2 启动子中 BS(B)序列表达了一个针对 miR1 的 miRNA 海绵（miRNA sponge），miRNA 海绵可以长效抑制相应 miRNA 的活性，从而解除了 miR1 对 mKate2 的抑制，使 mKate2 得以高水平表达。

其中，miRNA 海绵技术是将串联重复的 miRNA 结合域克隆至由启动子调控的载体上转染宿主后，miRNA 海绵以 mRNA 的形式转录至细胞质中，竞争结合细胞质中游离的具有相应结合域的 miRNA，起到一种类似海绵的吸收 miRNA 的作用，达到对此类 miRNA 的长期抑制效果（Ebert et al.，2007）（图4-18）。其中图 4-18A 是将串联排列的 miRNA 结合位点插入由 CMV 启动子驱动的编码不稳定绿色荧光蛋白（green fluorescent protein，GFP）的报告基因的 3′-UTR 中，构建的 Pol II 海绵。它和特定的 miRNA 在两端区域是完全互补的，在碱基 9～12 位置有一个凸起，以防止 RNA 干扰型的切割和海绵 RNA

的降解（图 4-18B）。

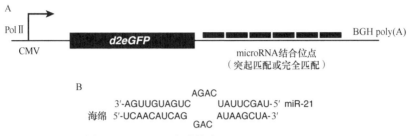

图 4-18　miRNA 海绵技术（Ebert et al.，2007）

图 4-19 显示的是基于该门控线路实现的靶向癌细胞的免疫治疗线路。该线路中使用了两个癌症特异性合成启动子 P1 和 P2，这两个启动子分别由 MYC 和 E2F1 的结合位点组成。其中 P1 激活后编码合成转录因子 GAD（酵母 GAL4 DNA 结合域和病毒 VP16 转录激活域的融合蛋白）mRNA 的转录，以及抑制 GAD 转录的 miRNA 内含子；P2 启动子则驱动相应 miRNA 海绵的表达。当 P1、P2 两个启动子的活性都很高时，合成转录因子 GAD 高效表达，进而表达多种治疗输出。

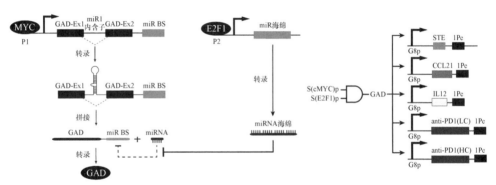

图 4-19　基于 miRNA 实现的靶向癌细胞的免疫治疗线路（Nissim et al.，2017）.

（三）反义 RNA

1. 反义 RNA 的概念

反义RNA（antisense RNA，asRNA）是指与特定目标RNA分子（通常是mRNA）因存在互补序列而发生配对，从而调节目标 RNA 功能的 RNA 分子。

反义 RNA 最早是在大肠杆菌的产肠杆菌素的 ColE1 质粒中发现的，许多实验证明在真核生物中也存在反义 RNA。反义 RNA 还可以作为一种人工合成的 RNA 调节因子，沿启动子相反的方向将基因的转录方向颠倒后构建出来的与 mRNA 互补的 RNA 分子，也包括与其他 RNA 互补的 RNA 分子。由于核糖体不能翻译双链的 RNA，因此反义 RNA 与 mRNA 特异性互补结合，与靶标 mRNA 形成 RNA-RNA 双链体，抑制了靶标 mRNA 的翻译。所以无论是在原核生物细胞还是在真核生物细胞中，合成的反义 RNA 都用来抑制靶标 mRNA 的表达。

2. 反义 RNA 在基因线路设计中的应用

近年来，通过人工合成反义 RNA 的基因，将其导入细胞内转录成反义 RNA，能够抑制某特定基因的表达，它提供了一种高效的按意愿关闭基因线路的设计的可能性。如果使反义 RNA 处于可控启动子的控制之下，就可以通过控制启动子的活性调控反义 RNA 的产物量，进而控制靶基因的开和关。还可以设计出反义 RNA 的反义 RNA（反向互补序列），这样就可以拮抗原始反义 RNA 对靶 mRNA 的抑制作用，从而达到激活或加强某个靶基因表达的目的。

图4-20是研究人员利用反义RNA构建的级联基因线路（Hoynes-O'Connor and Moon，2016）。在这个例子中，asRNA 抑制参与基因调控的蛋白质的翻译，而不是直接抑制报告基因。阿拉伯糖诱导表达的 ExsA 激活 P_{ExsD} 启动子转录 GFP，但 ExsA 蛋白的激活功能被 ExsD 蛋白拮抗。当加入 aTc 时，转录的反义 RNA（asExsD）抑制 ExsD 蛋白的翻译，针对 ExsA 蛋白的抑制随之被解除，激活 P_{ExsD} 启动子表达 GFP。

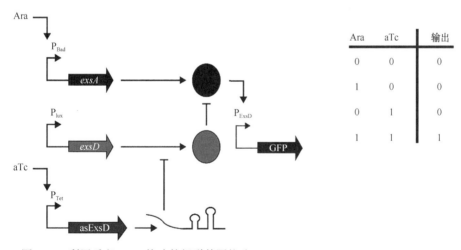

Ara	aTc	输出
0	0	0
1	0	0
0	1	0
1	1	1

图 4-20 利用反义 RNA 构建的级联基因线路（Hoynes-O'Connor and Moon，2016）

可见 GFP 只有在阿拉伯糖和 aTc 都同时存在的情况下才能表达，由此构建出与门线路。

（四）RNA 干扰

1. RNA 干扰的机制

RNA 干扰（RNA interference，RNAi）是指由双链 RNA（double-stranded RNA，dsRNA）诱发的致使同源 mRNA 高效特异性降解的现象，发生于除原核生物以外的所有真核生物细胞内。其作用机制可简单描述为：经过 Dicer（一种具有 RNAaseⅢ活性的核酸酶）的加工，细胞中较长的双链 RNA（30nt 以上）首先被降解形成 21～25nt 的小干扰 RNA（small/short interfering RNA，siRNA），并有效地定位目标 mRNA。因此，siRNA 是导致基因沉默和序列特异性 RNA 降解的重要中间媒介。较短的双链 RNA 不能被有效地加工为 siRNA，因而不能介导 RNAi 由 siRNA 中的反义链指导合成一种被称为 RNA 诱导的沉默复合体（RISC）的核蛋白体，再由 RISC 介导切割目的 mRNA 分子中与 siRNA 反义链互补的区域，从而实现干扰靶基因表达的功能。siRNA 还可在 RNA 聚合酶的作用下，以目的 mRNA 为模板合成 dsRNA，后者又可被降解为新的 siRNA，重新进入上述循环。因此，即使外源 siRNA 的注入量较低，该信号也可能迅速被放大，导致全面的基因沉默。

RNA 干扰是转录后水平的基因沉默机制，具有很高的特异性，只降解与之序列相应的单个内源基因的 mRNA，且抑制基因表达的效率很高，还可以穿过细胞界限，具有在不同细胞间长距离传递和维持信号，甚至可以传播至整个有机体及可遗传等特点。RNA 干扰技术正在成为失活真核生物基因的一种方法选择。这项技术可通过化学合成的 siRNA 或导入外源性的 dsRNA 序列（其中一条链与靶 mRNA 序列互补）诱导靶标的降解而发挥作用。其中短发夹 RNA（short hairpin RNA，shRNA）是导入 siRNA 的一种办法，即将 siRNA 序列作为"短发夹"克隆进质粒载体，当该发夹序列被表达出来后会形成一个"双链 RNA"（dsRNA），并被 RNAi 通道处理。

2. RNA 干扰在基因线路设计中的应用

图 4-21 是研究人员利用 RNAi 及阻遏蛋白建立的通用基因调节线路（Saito and Inoue，2009）。该线路由 4 个模块组成：①CMV-*lacO*-TetR；②CMV-LacI；③TetO-shRNA；④RSV-*lacO*-eGFP-shRNA 靶标。默认状态下，模块②中的 LacI 阻遏蛋白被表达，并与模块④中的 lac 操纵位点（*lacO*）结合，导致 eGFP（增强型绿色荧光蛋白）的转录被抑制。同时，LacI 阻遏蛋白也与线路①lac 操纵子位点（*lacO*）结合，导致 TetR 的转录抑制。随着 TetR 的抑制，模块③的启动子 TetO 被激活，转录 shRNA，转录出的 shRNA 与模块④3′-UTR 上的 shRNA 靶标的靶序列结合，导致编码 eGFP 的 mRNA 被沉默，整个基因线路处于关闭状态。

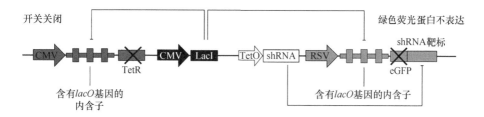

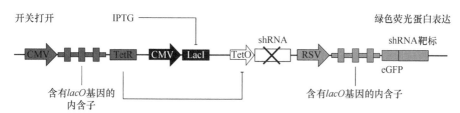

图 4-21　利用 RNAi 及阻遏蛋白建立的通用基因调节线路（Saito and Inoue，2009）

当加入 IPTG 时，IPTG 与 LacI 蛋白结合，导致 LacI 蛋白不再与 *lac* 操纵子位点结合，从而允许模块④转录 eGFP，模块①转录 TetR。TetR 表达产生的 Tet 阻遏蛋白与模块③的 TetO 操纵位点结合，抑制 shRNA 的转录。整个线路最终产生的效果是 eGFP 的稳健表达，即处于"开"的状态。

（五）核糖开关

1. 核糖开关的概念

2002 年，耶鲁大学分子生物学家 Ronald Breaher 及其同事（Winkler et al.，2002）发现在 mRNA 的 5′-UTR 序列中存在一种特殊类型的元件，能运用不同的机制控制 mRNA 的表达，称为核糖开关（riboswitch），也称 RNA 分子开关（RNA switch）。它是一种 RNA 结构域，能够直接感受胞内外信号并引起自身二级结构的变化，在转录或后转录（翻译和 mRNA 稳定性）水平实现对下游相关基因的表达调控。

以枯草芽孢杆菌胞内参与硫胺素（thiamine）合成的蛋白质表达调控为例，其mRNA 在 5′-UTR 的核糖开关含有一段高度保守的 Thi 盒（Thi box）序列，该序列是硫胺素焦磷酸（thiamine pyrophosphate，TPP）的结合位点。如果胞内 TPP 不足，没有 TPP 与 Thi 盒结合时，核糖开关 P8 茎上第 107~110 处的 anti-SD 序列（CUUC）会和第 83~86 处的 anti-anti-SD（GAAG）序列之间形成 P8*配对，这种构象下，SD 序列可以与核糖体相互作用进行翻译。反之，如果胞内 TPP 水平较高，TPP 就与 Thi 盒结合，P1 茎的形成会破坏 P8*的配对，P8 茎上第 107~110 处的 anti-SD 序列（CUUC）会和 SD 序列（GGAG）结合，形成的 P8 茎会阻止核糖体与 SD 序列的结合，从而抑制翻译（图 4-22）。

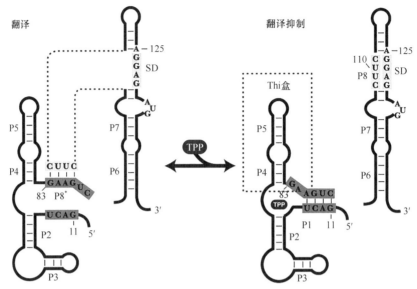

图 4-22　TPP 依赖的核糖开关（Winkler et al.，2002）

图中 83、110、125 等数字为碱基的位置

与蛋白调控系统相比，核糖开关表现出诸多优点：①该过程不依赖于包括蛋白质在内的其他任何因子的作用，免疫原性小；②元件大小在数百碱基之内，构成非常简单；③响应配体时间一般在数分钟之内，反应迅速；④核糖开关位于mRNA 之上，发挥顺式调节作用，可实现紧密调节。正是由于这些特点，核糖开关自发现之日起就引起了广泛关注。

2. 核糖开关的调控

（1）小分子代谢物调控

小分子代谢物敏感的核糖开关能够直接感受细胞内特定小分子物质的浓度，进而调控相关基因的表达，而且被调控的基因通常直接参与合成或运输相应小分子物质。通过这种调控方式，细胞可以实时快速感受胞内相应小分子物质的浓度变化，并在第一时间通过调控相关代谢酶和转运蛋白的表达来维持浓度的稳定。这种快速应答机制对于细菌代谢平衡和避免能量浪费具有重要意义。

已发现的能被相应核糖开关特异识别的胞内小分子代谢物包括：硫胺素焦磷酸（TPP）、黄素单核苷酸（flavin mononucleotide，FMN）、维生素 B_{12}、腺嘌呤、鸟嘌呤、环 di-GMP、喹啉前体（preQ）、赖氨酸、甘氨酸、S-腺苷甲硫氨酸（S-adenosylmethionine，SAM）、S-腺苷基高半胱氨酸（S-adenosylhomocysteine，SAH）、钴酰胺、葡萄糖胺、葡萄糖胺-6-磷酸（glucosamine-6-phosphate，GlcN6P）等。同一种小分子代谢物可能被多种核糖开关所识别，这也是核糖开关多样性的又一体现。

（2）金属离子调控

某些核糖开关能够感受二价阳离子。研究得最多最透彻的是能够感受胞内 Mg^{2+} 浓度，被称为 M-box 的核糖开关（Ramesh et al.，2011）。它能够直接特异感受细胞内 Mg^{2+} 浓度，通过改变 5′-UTR 的茎环结构，将一段下游基因转录所必需的序列紧紧地包埋在该茎环结构中，进而调控下游编码 Mg^{2+} 转运蛋白的 *mgtE*、*mgtA* 或 *corA* 的表达。该调控过程是在转录水平上实现的。M-box 证明了核糖开关对基因表达的调控可以仅通过依赖于金属离子结合状态的 mRNA 的 5′-UTR 茎环结构改变来实现，而不需要任何蛋白因子的参与。

（3）温度调控

由于不需要与实体分子的识别结合，温度调控的核糖开关没有适体结构域。温度的降低使得核糖体结合位点区形成茎环结构而被封闭，温度的升高则会影响其稳定性，从而使茎环结构解链，RBS 区可以与起始复合体结合，从而激活基因的表达。这种核糖开关调控的下游基因通常与细胞应对温度急剧变化有关，如热休克基因等。在单核细胞增生李斯特菌（*Listeria monocytogenes*）中发现温度调控的核糖开关还与致病性有关：该菌的一些毒性基因受转录激活因子 PrfA 控制，而 *prfA* 基因 5′-UTR 区存在一段受温度调控的核糖开关，使得该菌的毒性基因在 37℃ 时表达量最高，而在 30℃ 时几乎不表达（Johansson et al.，2002）。

（4）pH 调控

另一种环境因素敏感的核糖开关是能够感受环境 pH 变化的核糖开关。研究人员推测在正常生理条件下，RNA 聚合酶正常运行，转录产生的 mRNA 通过碱基互补形成一特定的茎环结构而隐藏相应的核糖体结合位点，导致翻译不能正常进行；当进入极端碱性条件时，新合成的 mRNA 受 RNA 聚合酶运行终止的影响产生空间位阻效应，会在 2 个位点形成正常 pH 条件下所不能形成的茎环结构，导致核糖体结合位点重新暴露出来，从而开始下游基因的表达（Nechooshtan et al.，2009）。

（5）tRNA 调控

tRNA 调控的核糖开关通常被称为 T-box，空载的 tRNA 是 T-box 的信号分子。在细菌中，T-box 所调控的下游基因通常都是参与 tRNA 氨酰化、氨基酸运输及生物合成等过程的基因。此外，T-box 也参与调控一些转录因子和群体感应相关酶类基因的表达。mRNA 的 5′-UTR 区的 T-box 结构的碱基序列和结构特征均相对保守，它能通过感应 tRNA 的浓度实现在转录终止子和抗终止子两种茎环结构之间的转变。该过程依赖于空载 tRNA 上的反密码子或 3′-CCA 与 mRNA T-box 适体结构域特异序列的结合。一旦 T-box 与空载 tRNA 结合，抗终止子结构就会稳定地形成，下游基因就能够继续转录。此外，T-box 也可在翻译水平实现调控，空载 tRNA 的结合引发 mRNA 前导序列结构的变化，促进核糖体与 RBS 区的结合（Gutiérrez-Preciado et al.，2009）。

T-box 调控机制与严紧控制的作用相反，氨基酸饥饿导致的细胞内空载 tRNA 水平升高是一种严紧控制，发挥的作用是抑制大多数细胞基因的表达。这样一来，在氨基酸饥饿的情况下，一方面，细菌会通过严紧控制终止大多数基因的表达，降低物质与能量的消耗；另一方面，细菌会通过 T-box 结构促进氨基酸运输及生物合成，以及 tRNA 氨酰化相关基因的表达，提高胞内氨酰 tRNA 水平，共同保证细菌能够存活下来。

3. 核糖开关的结构与作用机制

核糖开关通常由两部分组成，分别是感受外界配体的适体结构域（aptamer domain，AD）和调控基因表达的结构域——表达平台（expression platform，EP）。适体结构域是指核糖开关上特异性的配体结合结构；表达平台位于适体结构域的下游，调节下游基因的表达。用于连接适体结构域和表达平台的序列称为转换序列（switching sequence），其作用是进行调节信号的传递。两部分的作用机制可简单叙述为：配体同适体结构域特异性地结合，引起适体结构域构象的变化，从而影响到表达平台构象的变化，进而调控基因的表达（图 4-23）（Breaker，2018）。

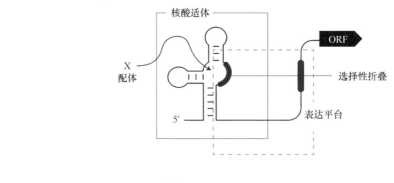

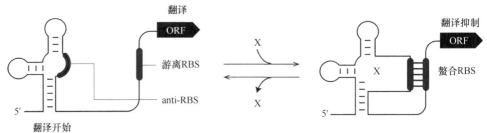

图 4-23　核糖开关的结构（Breaker，2018）

因此，构建核糖开关时，一般是首先获得高度特异和高亲和力结合配体小分子的适体区域，然后根据需要选择合适的表达平台域，最后通过连接元件组装成完整的核糖开关。

　　从核糖开关自身结构来说，各种核糖开关的适体结构域的茎环结构各不相同，有相对简单的单个茎环结构，也有极为复杂的多个茎环结构。从调控水平来说，已发现的核糖开关既有可能在转录水平发挥作用，也有可能在翻译水平及 mRNA 稳定性控制等方面发挥作用。当适体结构域与特定配体结合后，核糖开关的构象随之发生改变，从而影响 mRNA 的转录、翻译起始或前体剪接过程。具体包括：①调控翻译起始。在不存在配体的情况下，核糖开关折叠成 ON 状态（开启状态），在该状态下会形成抗 P1 茎，并且可接近核糖体结合位点（RBS）以启动翻译（ON 状态）；当配体与适体结合时，核糖开关折叠成 OFF 状态（关闭状态），在该状态下形成 P1 茎并隔离 RBS，从而阻止翻译起始（图 4-24）。②调节转录终止。在不存在配体的情况下，核糖开关折叠成 ON 状态，形成抗终止子茎使 RNA 聚合酶（RNAP）进行转录延伸。在配体存在的情况下，核糖开关折叠成 OFF 状态，形成终止子茎，从而促进转录的提前终止（图 4-25）。③控制 Rho 因子依赖型转录终止。Rho 因子是大肠杆菌的一种基本蛋白质，能引起转录终止，也称 ρ 因子。大肠杆菌中依赖 Rho 因子的终止反应约占所有终止子的一半。Rho 因子结合于转录物内的终止位点上游，这段序列成为 Rho 因子利用位点（Rho utilization site，rut 位点）；接着，Rho 因子沿着 RNA 链不断前进，直到追赶上在发夹结构处暂停的 RNA 聚合酶，并使 RNA 聚合酶释放 RNA，转录终止。图 4-26 显示了核糖开关 Rho 因子依赖型转录终止的机制。在 ON 状态，位于核糖开关域内的 rut 位点被隔离，允许有效的转录延伸。而在 OFF 状态下，rut 位点暴露，诱导转录终止（Bédard et al.，2020）。

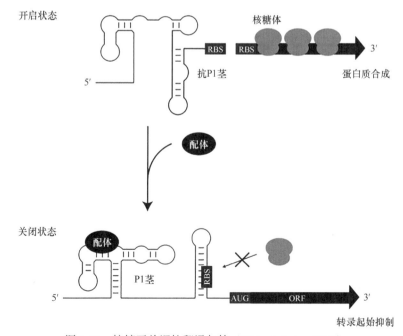

图 4-24　核糖开关调控翻译起始（Bédard et al.，2020）

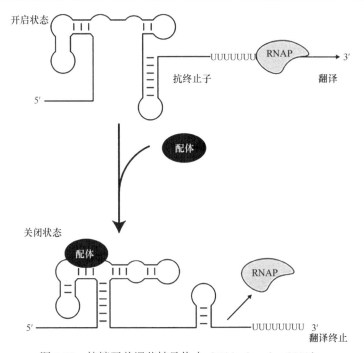

图 4-25　核糖开关调节转录终止（Bédard et al.，2020）

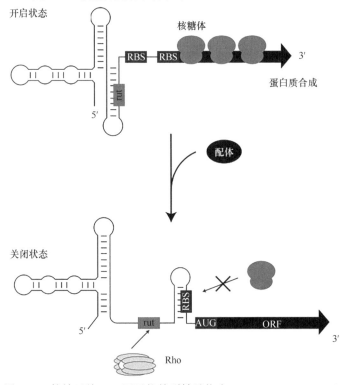

图 4-26　核糖开关 Rho 因子依赖型转录终止（Bédard et al.，2020）

除此之外，原核细胞中的核糖开关还有以下几种作用机制：①配体结合在掩盖 RBS 的螺旋结构中引起配对碱基螺旋滑移（helix slipping），也可以控制核糖体结合位点的可达性（图 4-27A）；②折叠成终止子和抗终止子在转录层面调控基因表达（图 4-27B）；③在配体诱导下切割 mRNA 释放 RBS 位点（图 4-27C）；④与配体结合后在起始密码子下游形成阻止核糖体翻译的茎环结构（图 4-27D）（Etzel and Mörl，2017）。

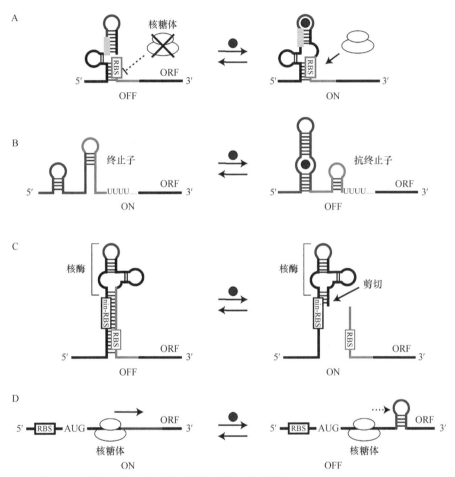

图 4-27 原核细胞中合成核糖开关的更多作用机制（Etzel and Mörl，2017）

在真核细胞中，还可以将核糖开关置于内含子区域，配体的结合可以控制 5′剪接位点的可及性，3′端的剪接位点可及性也可用同样的方法进行控制（图 4-28）（Etzel and Mörl，2017）。

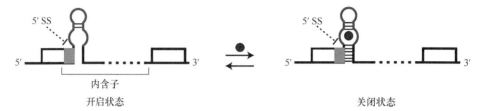

图 4-28　真核细胞中的核糖开关用于控制内含子剪接位点（Etzel and Mörl，2017）

SS：splicing site，剪接位点

4. 人工合成核糖开关

（1）正控制核糖开关

多数核糖开关在代谢途径中发挥的是负控制的作用，即其在结合代谢分子的时候往往是下调基因表达，研究人员通过对天然开关的工程化改造，合成了作用相反的正控制核糖开关（图 4-29）。

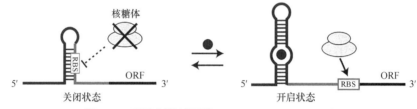

图 4-29　正控制核糖开关（Etzel and Mörl，2017）

例如，在依赖 TPP 的正控制核糖开关中，当没有 TPP 时，核糖开关中的反 SD（anti-SD）序列与 SD 区及其上游碱基结合，导致翻译被抑制。当有 TPP 时，TPP 与核糖开关的相互作用使 SD 序列被释放，使其可以结合核糖体（图 4-30）（Nomura and Yokobayashi，2007）。

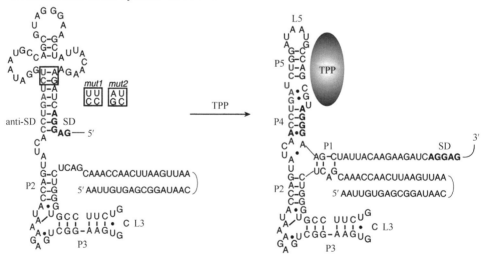

图 4-30　依赖 TPP 的正控制核糖开关（Nomura and Yokobayashi，2007）

（2）逻辑门控核糖开关

进一步地，研究人员设计出了逻辑门控核糖开关，证明了核糖开关机制可以被利用来产生更复杂的基因表达调控逻辑。在图 4-31 所示的线路中在 lac 启动子和 SD 序列之间融合了茶碱适体结构域和 TPP 适体结构域序列，其中茶碱核糖开关是在转录层面发挥正控制作用的核糖开关，TPP 核糖开关主要在翻译层面发挥作用。当使用依赖 TPP 的正控制核糖开关时，线路表现出与门特性，即只有茶碱（theophylline）和 TPP 都存在时，*tetA* 才会表达（Sharma et al.，2008）。

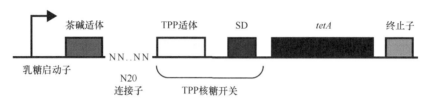

图 4-31　逻辑门控核糖开关（Sharma et al.，2008）

NN..NN 代表最多可由 20 个任意核苷酸组成的连接子，N 代表任意核苷酸

（六）核糖核酸调节子

核糖核酸调节子（riboregulator）是一种具有特殊结构的 RNA，它通过碱基配对对信号核酸分子做出反应。它包含两个典型域：一个传感器域和一个效应器域。类似结构域也存在于核糖开关上，但与核糖开关不同的是，传感器结构域只结合互补的 RNA 或 DNA 链，而不结合小分子。由于结合是以碱基配对为基础的，核糖核酸调节子可以被调整来区分和响应单个基因序列及其组合。

1. 顺式抑制 RNA

在控制基因表达的核糖核酸调节子中，翻译抑制依赖于核糖体结合位点（RBS）的隔离。当 RBS 被隔离在目标基因上游的发夹型的 mRNA 中，这段发夹型的 mRNA 就是顺式抑制 RNA（*cis*-inhibitory RNA，crRNA 或 cr）。

2. 反式抑制 RNA

在降低目标基因表达的核糖核酸调节子中，当反式抑制 RNA（*trans*-inhibitory RNA，trRNA）不存在时，目标基因的起始密码子和 RBS 都被暴露出来。当反式抑制 RNA 存在时，会结合 RBS 和起始密码子，形成双链结构，抑制下游基因翻译。

3. 反式激活 RNA

反式激活 RNA（*trans*-activating RNA，taRNA）可结合至 crRNA，使 crRNA 构象发生变化，从而暴露出 RBS，进而翻译下游基因。

图 4-32 显示的是控制蓝细菌（cyanobacteria）蛋白表达的基于核糖核酸调节子设计的合成基因线路（Abe et al.，2014）。

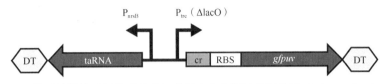

图 4-32　基于核糖核酸调节子的蓝细菌蛋白表达调控基因线路（Abe et al.，2014）

线路中的 P_{trc}（ΔlacO）是缺少 lacO 序列的 P_{trc} 启动子，可由 IPTG 诱导，报告基因 *gfpuv* 的 RBS 位点上游顺式插入了顺式抑制 RNA（crRNA 或 cr）；P_{nrsB} 是一种镍离子诱导型启动子，表达反式激活 RNA（taRNA）。cr 形成的茎环结构隔离了 RBS，抑制了报告基因的表达。taRNA 的序列可与 cr 茎环区内部序列互补，暴露 RBS 位点，从而表达报告基因。线路中的 DT 表示双终止子（double terminator）。

（七）核酶

1. 核酶的结构与原理

核酶（ribozyme），又称核糖酶，是具有催化特定生物化学反应的功能性 RNA 分子，类似于蛋白质中的酶。核酶与蛋白酶相比，具有独特的特性和优势：①它们是功能性 RNA 转录物，即它们基本上不需要任何特定的转录后修饰；②由于没有翻译步骤，功能性 RNA 转录物的表达水平比蛋白质的表达水平更可控和可预测；③消耗更少的能量和资源；④与多肽相比，核酶功能的操作相对容易；⑤核酶的活性和稳定性可以通过简单的修改来调整。

核酶按其作用方式分为剪切型（把 RNA 前体的多余部分切除）和剪接型（把 RNA 前体的内含子部分切除并把不连续的外显子部分连接起来）。根据作用的底物不同，又可分成异体催化和自体催化两类。异体催化剪切型核酶为核糖核酸酶 P（RNase P），是由一条长链非编码 RNA 和十个蛋白质亚基组成的核糖核蛋白复合物，能剪切 tRNA 前体的 5′端多余序列；自身催化剪切型核酶包括锤头（hammerhead）型、发夹（hairpin）型和 Varkud 卫星（Varkud satellite）核酶等。其中发夹核酶、锤头核酶（hammerhead ribozyme，HHR）都属于植物病原性 RNA，发夹核酶存在于烟草环斑病毒（tobacco ringspot virus，TRSV）的卫星 RNA（satellite RNA）负链上，长 50 个核苷酸。在体内，发夹核酶所催化的裂解反应是把以环状正链 RNA 为模板所复制出的负链多聚串联体（multimeric concatemer）裂解成负链 RNA 单体，而发夹核酶所催化的连接反应则是将线性的负链 RNA 单体环化以作为正链 RNA 复制的模板；锤头核酶也是位于烟草环斑病毒等植物病毒的卫星 RNA 上，不同的是锤头核酶是位于 sTRSV 正链（positive strand）上的一个仅有 30 个核苷酸的基序（motif）。它是最小的天然核酶，在滚环复制中，锤头核酶将正链多拷贝串联体裂解成正链 RNA 单体，包含 3 个螺旋结构的茎Ⅰ、Ⅱ、Ⅲ，3 条茎末端交联形成催化中心。理论上说，只要维持锤头核酶的保守序列及结构就可以保证其催化功能。锤头核酶在各种生物体中均表现出自我裂解的能力，并且由于其体积小，设计相对容易和动力学快速而在生物医学和生物技术应用中显示出了潜力。剪接核酶包括Ⅰ类自剪接内含子（self-splicing intron）和Ⅱ类自剪接内含子。其中Ⅰ类内含子是可从初级转录物上进行两次转酯反应被切除的内含子，这一剪接反应是在没有任何蛋白质存在的情况下进行，仅需要两种金属离子和一个辅助因子鸟苷酸。第一步转酯反应中，鸟苷酸作为辅助因子提供一个游离的 3′-羟基，它可作用于内含子的 5′端，这个反应使 G 与内含子相连，并在 5′外显子的末端产生一个 3′-羟基基团；第二步转酯反应类似于一个化学反应，即外显子 1 末端的 3′-羟基作用于第二个外显子。自剪接反应的每个阶段都是一步转酯反应，即一个磷酸酯直接被转移到另外一个基团上，没有中间的水解过程。

2. 核酶在基因线路设计中的应用

由于核酶是 RNA 分子，它们的序列可以很容易地插入到任何基因中，并且可以产生包括核酶在内的 RNA 转录本，这使研究人员能够以多种方式控制细胞过程。

研究人员将工程化的 HDV 核酶插入增强型绿色荧光蛋白（eGFP）基因的 3′-UTR。当将茶碱添加到哺乳动物细胞中时，转录的 mRNA 中的茶碱响应性核酶会切割 3′-UTR 序列，通过 mRNA 衰变阻碍进一步的翻译，该系统实现了将配体依赖性核酶用作基因关闭开关（图 4-33A）。图 4-33B 是将四环素依赖性核酶插

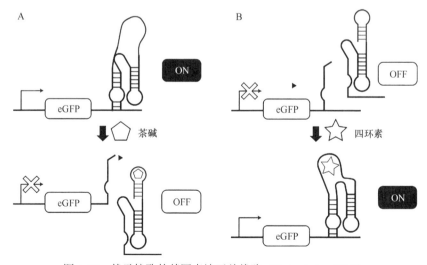

图 4-33 基于核酶的基因表达开关线路（Park et al.，2019）

入到增强型绿色荧光蛋白（eGFP）基因的 3′-UTR。mRNA 转录本在没有四环素的情况下不能表达 *egfp* 基因，因为掺入的核酶会自行切割。然而，当四环素分子与核酶结合时，切割活性变得不活跃，随后 *egfp* 基因被表达。

研究人员还利用两个工程核酶进行基因逻辑门控开关设计。通过使用硫胺素焦磷酸盐和茶碱响应的核酶作为输入，组合产生了与门（AND gate）、非门（NOR gate）、与非门（NAND gate），基因表达在转录后水平受到调节。尽管这些逻辑门的开/关率很低，但它们已经成功证明了将基于核酶的逻辑门电路用于合成生物学的可行性（Klauser et al.，2012）。

（八）适体核酶

尽管研究表明，核酶的使用对合成生物学领域非常有益，但是限制其应用范围的问题之一是只有少数配体可用于控制核酶的催化功能（Park et al.，2019）。为此，适体核酶作为一种新型人工合成基因元件被开发出来。

适体核酶是由核酶与核酸适配体构成的新型核酶。

1. 核酸适配体

核酸适配体（nucleic acid aptamer），是从人工合成的单链核酸文库中筛选出的单链 DNA 或 RNA 小分子片段，通过特异性地与靶分子结合，能阻断或激活靶分子的功能。指数富集的配体系统进化技术（systematic evolution of ligands by exponential enrichment，SELEX）是体外获得核酸适配体的方法。SELEX 技术一般包括 5 个步骤：①设计、合成随机核酸文库，并在特定缓冲体系下与靶分子孵育；②将与靶分子结合的核酸序列和非结合的核酸序列通过离心、滤膜、磁珠、毛细管电泳、层析等手段分离；③通过反筛选排除非特异性结合的序列；④对所获特异性结合序列进行 PCR 扩增得到次级核酸库，再重复以上筛选步骤，最终获取达标的核酸分子；⑤对所获核酸序列克隆测序，并鉴定其与靶分子结合的特异性和亲和力。

由于核酸适配体能够形成复杂的二维和三维结构，因此其配体分子更加广泛，特异性更强，当配体分子存在时，单链 RNA 适体可以发生适应性折叠，通过氢键、疏水堆积作用、范德瓦耳斯力等与靶分子紧密结合。由于 RNA 适体形成的配体结合面积较大，其靶标分子范围非常广泛，包括酶、生长因子、抗体、基因调节因子、细胞黏附分子、植物凝集素、完整的病毒颗粒、病原菌等。

基于核酸适配体可以开发一类小的模块化反式 RNA，称为反开关，以可调控的、依赖配体的方式调节基因表达。例如，将茶碱适配体（theophylline aptamer）融合到一个反义 RNA 序列上，该反义 RNA 序列被设计成与编码绿色荧光蛋白（GFP）的靶 mRNA 起始密码子附近的一个 15 个核苷酸区域匹配。在 1～10mmol/L 的茶碱存在下，茶碱适配体构象发生改变，翻译 RNA 序列被释放出来，结合到 GFP 的 mRNA 起始密码子处，导致 GFP 表达急剧减少（图 4-34）。这项工作是茶碱依赖性核酸适配体开关在真核细胞中的首次成功应用（Bayer and Smolke，2005）。

图 4-34 茶碱依赖性核酸适配体开关（Bayer and Smolke，2005）

2. 适体核酶的组成

适体核酶保留了可自我裂解的核酶活性，且活性高低可通过特异性核酸配体进行调节。适体核酶的活性部位为核酶部分，配体结合部位为适体部分。适体与配体结合后，引起适体核酶的构象发生变化，因此又称为变构核酶（allosteric ribozyme）。

最常见的适体核酶由锤头核酶和核酸适配体组成，结构清晰，易于设计（Win and Smolke，2008）。它包含 3 个结构域（图 4-35）：核酶结构域（ribozyme domain）、适体结构域（aptamer domain）和通信模块（communication module）。核酶结构域是适体核酶发挥活性作用的部位，为效应器执行器（actuator）。适体结构域是适体核酶感应外界配体浓度变化的部位，为传感器（sensor）。适体与配体结合后，其构象发生变化，并引起核酶结构域构象的变化，从而调控核酶活性。这种构象变化信息的传递由通信模块来完成，因此通信模块相当于传送器（transmitter）。

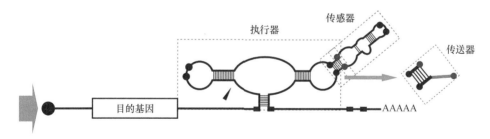

图 4-35 适体核酶的组成（Win and Smolke，2008）

作为一种顺式作用元件（*cis*-acting element），适体核酶在特异性配体的作用下，无须蛋白质辅助，即可通过调节自身裂解反应调控 mRNA 的翻译，可应用于多种细胞的基因调控。目前适体核酶的设计，主要是通过合理组装核酶与适体元件，整合到 mRNA 后再进行功能筛选。根据配体加入后基因表达水平的升高或降低，可将适体核酶基因调控系统分为负调控开关（off switch）（图 4-36）和正调控开关（on switch）（图 4-37）。

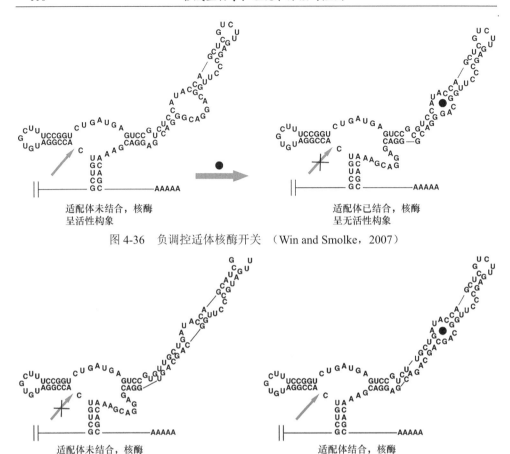

图 4-36　负调控适体核酶开关　（Win and Smolke，2007）

图 4-37　正调控适体核酶开关　（Win and Smolke，2007）

由此可见，虽然适体核酶仅仅是一段短小的 RNA，但已经具备一个调控系统应拥有的效应器、感应器及传送器等各种元件，因此是一种极有应用潜力的基因调控开关。

3. 适体核酶调控基因表达的方式

（1）适体核酶调控原核生物基因表达的方式

在原核生物中，核糖体结合位点（ribosome binding site，RBS）是位于 mRNA 的 5′端非编码区的特异性序列，称为 SD 序列。核糖体小亚基（small subunit，SSU）通过识别 SD 序列并与之结合来起始翻译。由于原核生物的 mRNA 一边转录一边翻译，通过核酶剪切 RBS 序列来阻遏翻译的方式不可行，但通过释放或阻遏 RBS 序列，可以控制翻译过程的起始。当 SD 序列被屏蔽时（如 SD 序列与 mRNA 上其他序列稳定配对），核糖体不能与之结合，下游基因表达被抑制。例如，研究人员通过在锤头核酶的茎环Ⅲ上融合硫胺素焦磷酸（TPP）适体结构域，在大肠杆菌中实现基因表达调控（Wieland et al.，2009）：基于 TPP 调控的适体核酶在未加入配体时，SD 序列被隐藏在茎环内，核糖体无法结合 SD，基因无法进行表达；加入 TPP 配体后，构象发生改变，核酶发生自剪切，SD 序列暴露出来，翻译开始进行（图4-38）。

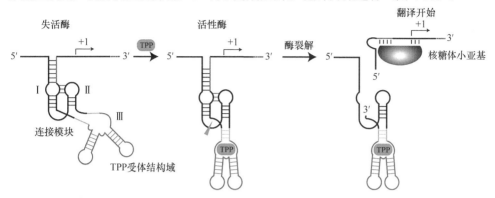

图 4-38　适体核酶通过释放或阻遏 RBS 序列来控制原核生物翻译的起始（Wieland et al.，2009）

（2）适体核酶调控真核生物基因表达的方式

真核生物的转录和翻译并不偶联，而且 mRNA 需经过复杂的修饰，尤其是5′-UTR 的帽子结构参与翻译起始，3′-UTR 的 poly(A)尾巴与基因的翻译次数密切相关，且两者均能确保 mRNA 的稳定性，任何一个结构的丢失都将使 mRNA 降解，基因表达水平下降，因此可以把适体核酶整合在 mRNA 的 5′-UTR 或 3′-UTR。例如，研究人员在哺乳动物细胞中将适体插入目的基因的 5′-UTR 或 3′-UTR，适体与相应配体结合后引起高级结构的改变，都可有效降低目的基因的表达水平（图4-39）（Yen et al.，2004）。

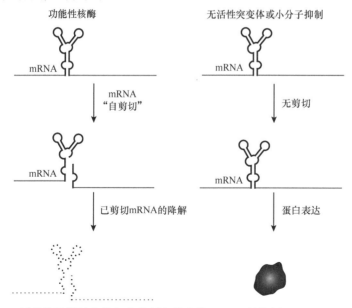

图 4-39　适体核酶通过自剪切来控制真核生物 mRNA 的降解（Yen et al.，2004）

为了确保适体核酶的折叠不受周围高级结构的影响，可在适体核酶的两侧增加间隔序列（space sequence），比如寡聚腺嘌呤核苷酸，或者是能形成发夹结构的一段核苷酸序列。同时为避免适体核酶的高级结构影响 mRNA 的形成和翻译，把适体核酶整合在真核生物 mRNA 的 3′-UTR 更合适，例如，将茶碱适配体融合到锤头核酶的茎Ⅱ上。在 5μmol/L 茶碱的存在下，适体核酶发生自动裂解，导致荧光表达水平大幅度下降（图 4-40）（Ge and Marchisio，2021）。

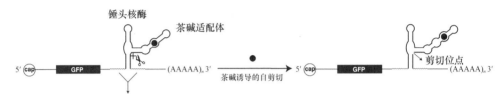

图 4-40　茶碱依赖的锤头核酶基因表达调控系统（Ge and Marchisio，2021）

4. 适体核酶开关的应用

（1）体内传感器

由于适体核酶开关的靶标分子范围非常广泛，因此可以被用来监测细胞内代谢物含量的变化。例如，适体核酶在特异性结合黄嘌呤后，能促进绿色荧光蛋白基因的表达，通过检测 GFP 荧光量的变化便可推算酵母体内黄嘌呤（黄嘌呤是由添加黄苷的培养物合成的）的累积情况。这一方法对细胞无任何伤害，简单高效（图 4-41）（Win and Smolke，2007）。

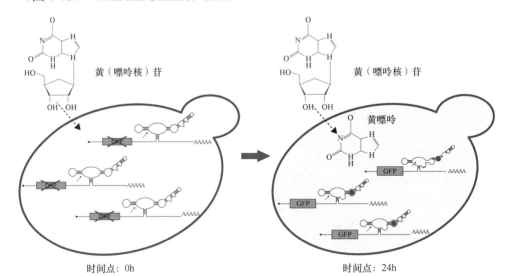

图 4-41　适体核酶用于体内传感器（Win and Smolke，2007）

（2）基因治疗

与目前临床前研究常用的基因调控系统相比，适体核酶无免疫原性，能在不同细胞中发挥作用，可移植性好，在基因治疗中具有较好的应用前景。例如，研究人员利用适体核酶核糖开关调控 T 细胞内白介素（interleukin，IL）基因 *IL-2* 及 *IL-15* 的表达，从而控制 T 细胞的增殖（Chen et al.，2010）。其中，编码增生细胞因子 IL-2 和报告蛋白 eGFP 的融合基因作为调控靶标，细胞因子和报告蛋白通过自剪切 T2A 肽连接，以确保核酶开关活性对连接的靶基因同样有效，但两个蛋白质作为独立分子起作用。将茶碱响应的核酶开关插入 *egfp-t2a-IL2* 的 3′-UTR 中，装有该调控系统的质粒被瞬时转染到 CTLL-2 小鼠 T 细胞系中。核酶开关可在一定范围的输入浓度下提供可测定的响应。该方法在体外和体内都具有良好效果，已达临床试验阶段。而且，当多个适体核酶核糖开关串联在一起能有效降低目的基因的基础表达量，调控方式更为灵活（图 4-42）。

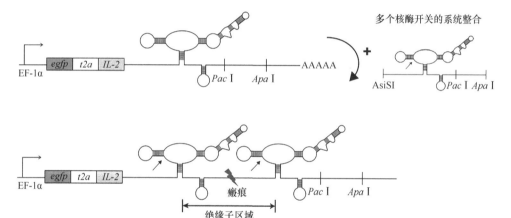

图 4-42　适体核酶用于基因治疗（Chen et al.，2010）

（3）基因逻辑门

利用适体核酶的模块组装性，将不同的适体核酶串联，或同一个适体核酶的核酶结构域连接不同的适体，就可以在酵母细胞中构建基因逻辑门（genetic logic gate）线路。与门（AND gate）、或门（OR gate）、非门（NOR gate）、与非门（NAND gate）等都已成功构建。例如，在与门线路中，两个配体分别可以为茶碱或四环素，当给酵母细胞只输入配体 A 或配体 B，目的基因不表达；只有同时输入配体 A 及 B，目的基因才表达（图 4-43）（Win and Smolke，2008）。

（4）与 RNA 干扰技术联合使用

适体核酶开关还可以与 RNA 干扰技术结合，用适体核酶调控 miRNA 的形成。例如，使用对哺乳动物细胞毒性较小的鸟嘌呤作为配体组成的基因调控系统能在 HEK293 细胞中显著提高基因表达调控的效率（Nomura et al.，2012）。

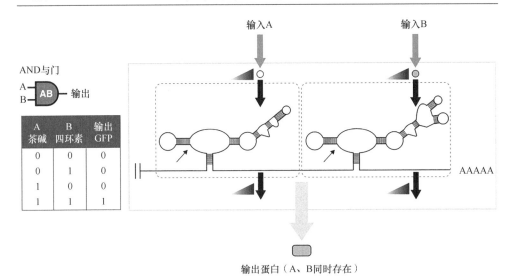

图 4-43　适体核酶用于逻辑门线路设计（Win and Smolke，2008）

在图 4-44（上）所示的反式作用核糖开关中，鸟嘌呤的结合激活锤头核酶活性，发生自剪切，释放以 eGFP mRNA 为靶点的 pri-miRNA，从而发挥干扰作用，下调 eGFP。顺式作用的核糖开关[图 4-44（下）]在核酶激活时通过分离 3′-UTR 中的 poly(A)尾巴发挥作用，也会导致 eGFP 表达减少。

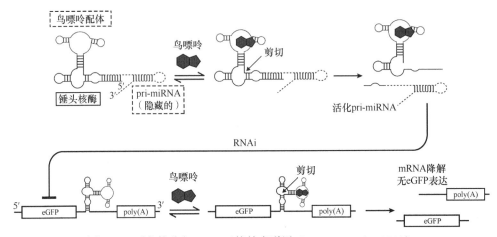

图 4-44　适体核酶与 RNA 干扰技术联用（Nomura et al.，2012）

四、基于重组酶的调控

利用重组酶来调控基因表达，这在自然界中并不是稀罕事，如 fimB/E 重组酶能够改变大肠杆菌致病性的启动子的转录方向。在基因工程中，重组酶通常被用于对 DNA 序列进行插入、切除或倒置，从而形成结构良好的基因表达单位，或形成不能进行基因表达的变异体。

两种类型的重组酶已被用于构建基因线路。第一类是酪氨酸重组酶,包括Cre、FLP和fimB/E等。这些重组酶需要宿主特异性因子,是可逆的,即可在两个方向翻转DNA,也可以是不可逆的,即仅可在单个方向翻转;第二类转化酶是丝氨酸重组酶,它催化依赖于双链断裂的DNA单向翻转反应。丝氨酸重组酶通常不需要宿主因子,并且通常具有同源切除酶,可以独立表达这些切除酶以使DNA返回其原始方向。

在这种机制的基础上,通过对特异性重组酶底物进行合理设计,就能够形成多样性的逻辑门线路。例如,有些基因线路可能有必要"记住"过去的输入,这种情况下就可在基因电路中使用重组酶改变DNA序列,一旦翻转后不会自行恢复到翻转前的状态,从而起到"记忆"功能。

(一)Cre-loxP重组酶系统

1. Cre重组酶

环化重组酶(cyclization recombinase,Cre)是酪氨酸位点特异性重组酶之一,能催化两个DNA识别位点之间的位点特异性重组。Cre重组酶来源于P1噬菌体,由343个氨基酸组成,能特异性地识别lox位点。除Cre以外,此类重组酶还有Flp(flippase,翻转酶)和Dre(D6特异性重组酶)。

2. lox位点

Cre重组酶识别的回文DNA位点,称为loxP位点(locus of X-over P1),来源于噬菌体P1,长34bp,其特征结构为13bp-8bp-13bp(ATAACTTCGTATA-NNNTANNN-TATACGAAGTTAT,N表示碱基可能发生变化)。两边反向互补的13个碱基为Cre重组酶的识别序列,中间的8个碱基为重组发生位置,这也决定了loxP的方向。不同的碱基选择可形成不同的lox位点。除了野生型loxP,常见的还有lox2272、lox511、lox5171等,这些突变lox位点也能被Cre重组酶识别,但是只有两个序列相同的lox位点之间才能发生重组。

3. 原理

Cre-loxP重组酶系统是一种位点特异的基因重组技术,可以迅速而有效地实现各种生理环境下的基因定点插入、删除、替换和倒位等操作,具有高效性、特异性强、应用范围广等特点。如果这些位点面向同一方向,则loxP位点之间的序列作为一段环状DNA被切除,并且不被保留(图4-45);如果loxP位点位于相同的DNA链上,并且方向相反,那么重组就会导致loxP位点之间的DNA区域反转;如果这些位点位于不同的DNA链上,loxP位点就会产生一个易位事件（图 4-46）（McLellan et al.，2017；Aranda et al.，2001）。

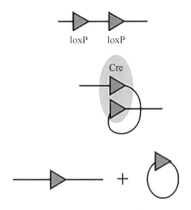

图 4-45　Cre-loxP 重组酶系统实现基因删除（McLellan et al.，2017）

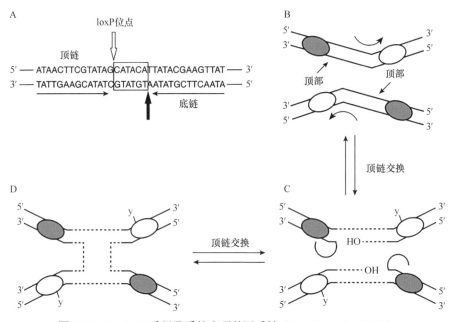

图 4-46　Cre-loxP 重组酶系统实现基因反转（Aranda et al.，2001）

　　图 4-46A 显示的是 loxP 序列，序列下方的左右箭头分别标记了 13bp 的反向重复序列，反向重复序列间为 8bp 间隔序列，空心箭头和实心箭头分别显示了上链和下链的裂解位点；图 4-46B 显示了 Cre-loxP 重组初始步骤，两个 Cre 单体协同结合到 loxP 位点；图 4-46C 和图 4-46D 显示了霍利迪（Holliday）中间体的形成过程；y 表示 Cre 蛋白中与裂解 DNA 链的 3′端共价连接的 Tyr 残基。

根据 Cre-loxP 原理，可以实现多种形式的基因表达调控：①当目的基因与启动子方向一致时，在 Cre 重组酶存在的情况下会发生重组，导致基因方向反向，基因不表达，称为 Cre-off 系统；②当目的基因与启动子方向相反时，在 Cre 重组酶不存在的情况下不表达，当 Cre 酶存在时，发生重组使基因方向与启动子方向一致，基因表达，称为 Cre-on 系统；③如果在 loxP 序列之间插入两个阅读框，两个阅读框的方向相反，可以通过 Cre 酶的存在与否控制两个基因的表达，称为 Cre-Switch 系统。

（二）基于重组酶构建的基因线路

因为重组酶可以翻转 DNA，并且一旦翻转就不需要连续输入材料或能量来维持其新方向，所以重组酶可以用于构建开关、逻辑门和计数器线路。

1. 开关

图 4-47 为重组酶构建的基因线路开关（Yang et al.，2014）。图 4-47A 为装载表达整合酶（integrase，Int）基因线路的质粒。图 4-47B 为装载开关线路的质粒。当加入 AraC，诱导表达整合酶，整合酶特异性结合位点 attB 和 attP 间的序列被反转，报告基因 gfp 被表达。图 4-47C 为多个相互正交的整合酶构成的级联开关。

2. 逻辑门

图 4-48 所示的逻辑门线路为两输入门（AND 门），两个输入启动子表达一对正交重组酶，这些酶通过改变单向终止子、启动子的转录方向或调控整个基因表达方向来改变与 RNAP 的可结合性（Brophy and Voigt，2014）。

因为 DNA 被重组酶翻转后不会自动恢复到翻转前的状态，所以以重组酶为基础的逻辑门不同于用 DNA 结合蛋白构建的门控线路：由于重组酶的输入信号能对输出 DNA 进行不可逆性修饰，只要 AND 逻辑门的两种输入信号在通过门时（未必在同一时间通过）均处于活性状态，AND 逻辑门就会生成输出信号，从而实现历史依赖型逻辑运算，其逻辑条件比简单的"此时此地"更加复杂。它实现了时序逻辑（sequential logic）概念与有限状态机（finite state machine）概念。有限状态机简称状态机，是表示有限个状态及在这些状态之间的转移和动作等行为的数学模型，被描述为一个拥有输入接收器的存储单元，该单元可储存信息状态（state），当输入信号到达时，状态可以随之发生改变。

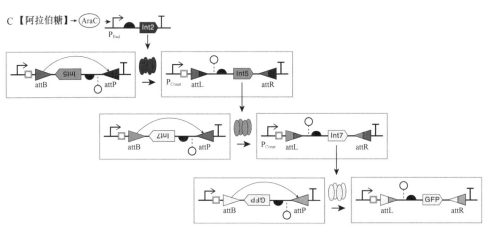

图 4-47　重组酶构建的基因线路开关（Yang et al.，2014）

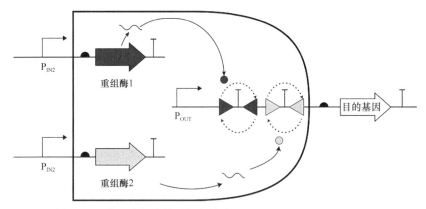

图 4-48　基于重组酶的逻辑门线路（Brophy and Voigt，2014）

3. 计数器

大量的研究已经明确了将重组酶作为计数器工具的可能性，并且通过双向重组程序（bidirectional recombination process），还可以实现可重写性存储单元。图 4-49 是使用重组酶设计的细胞计数器线路（Zhao et al.，2019）。

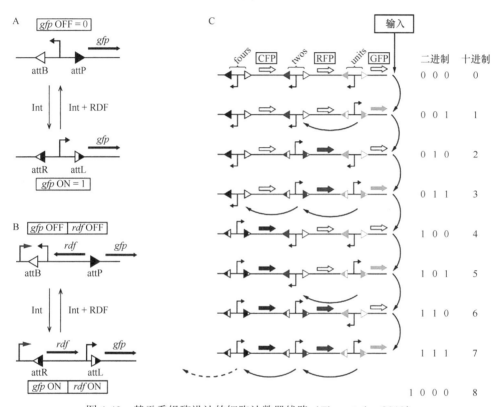

图 4-49 基于重组酶设计的细胞计数器线路（Zhao et al.，2019）

线路中的反转开关（inversion switch）是根据重组酶的机制进行的理性设计，其关键部件是位点特异性重组翻转 DNA 片段，DNA 片段方向会被特定整合酶（integrase，Int）反转。整合酶通过催化位点 attP 和 attB 之间的 DNA 片段翻转重组，产生两个新的位点 attL 和 attR。新产生的 attL 和 attR 之间的反转重组需要在重组方向性因子（recombination directionality factor，RDF）和整合酶同时存在时才可执行。

由于催化位点位于启动子两侧，因此每次重组都将逆转启动子的方向，从而可以实现可逆 DNA 片段之外的基因转录的控制，如反转后表达绿色荧光蛋白基因（gfp），再次反转后则不表达绿色荧光蛋白基因（图 4-49A）。整合酶的表达由外部输入调节，重组方向性因子（RDF）序列整合在反转的 DNA 片段中，其表达受到反转开关状态控制。这样每当反转开关接收到输入脉冲时，在整合酶表达开始后几分钟的时间范围内发生重组，可逆的 DNA 片段的方向就会在两种状态之间有效切换（图 4-49B）。

通过这样的理性设计，利用 N 个正交位点特异性重组酶系统构建的反转开关，就可以组成一个可以在 $1\sim2^N$ 进行二进制异步计数的细胞计数器。图 4-49C 显示的是 $0\sim7$ 的计数器。

1）没有输入时，青色荧光蛋白（cyan fluorescent protein，CFP）、红色荧光蛋白（red fluorescent protein，RFP）和绿色荧光蛋白（green fluorescent protein，GFP）均没有表达，代表 000，相当于十进制的 0。

2）第一次输入时，units 开关从 PB 变成 LR，启动子序列被反转成正常状态，从而表达 GFP 和用于控制第 2 位（图中命名为 twos，因为二进制中此位的数值所代表的实际值是此数乘以 2）开关的新的正交重组酶。但此时新的正交重组酶的量还不足以反转 twos 开关，所以 RFP 还不能表达，第 3 位（图中命名为 fours，因为二进制中此位的数值所代表的实际值是此数乘以 4）开关中 CFP 的启动子也是处于反转状态，所以 CFP 也不能表达，此时 CFP、RFP 和 GFP 的组合为 001，相当于十进制的 1。

3）第二次输入时，units 开关从 LR 变成 PB，GFP 的启动子序列被反转，GFP 不能被表达，twos 开关在新的重组酶作用下反转，表达 RFP 和另外一个正交的重组酶（用于翻转 fours 开关）。同样因为翻转 fours 开关的重组酶的量不足以翻转 fours 开关，所以 CFP 还不能表达，此时 CFP、RFP 和 GFP 的组合为 010，相当于十进制的 2。

4）第三次输入时，units 开关从 PB 变成 LR，GFP 的启动子序列被反转，GFP 被表达。由于此时的 twos 开关的重组酶量不足以翻转 twos 开关，所以 RFP 继续表达。同样，翻转 fours 开关的重组酶的数也不足以翻转 fours 开关，所以 CFP 还是不能表达，此时 CFP、RFP 和 GFP 的组合为 011，相当于十进制的 3。

5）第四次输入时，units 开关从 LR 变成 PB，GFP 的启动子序列被反转，GFP 不能被表达，twos 开关被反转，不能表达 RFP，fours 开关也在重组酶作用下反转，表达 CFP，此时 CFP、RFP 和 GFP 的组合为 100，相当于十进制的 4。

6）第五次输入时，units 开关被反转，表达 GFP，twos 开关不能被反转，继续保持不能表达 RFP 的状态，fours 开关也还不会被反转，继续保持表达 CFP 状态，此时 CFP、RFP 和 GFP 的组合为 101，相当于十进制的 5。

以此类推。

4. 光控式 Cre-loxP 重组酶系统

我国研究人员（Wu et al.，2020）还将合成生物学方法与光遗传学技术相结合，设计开发了一套远红光调控的分割型 Cre-loxP 重组酶（far-red light-induced split Cre-loxP，FISC）系统，成功实现在小鼠体内对靶基因的高效精确改造。

FISC 基因线路的工作原理如图 4-50 所示：在远红光照射下，细胞中的 BphS 利用 GTP 合成环二鸟苷酸（c-di-GMP），c-di-GMP 与转录激活结构 BldD-P65-VP64 结合并进入细胞核，激活 DocS-CreC60 的表达，CreN59-Coh2 在细胞中组成型表达。两部分 Cre 在 DocS 与 Coh2 蛋白相互作用下重合成完整 Cre 重组酶，识别报告基因中 loxP 位点，切除 STOP 序列，进而起始下游目的基因表达。

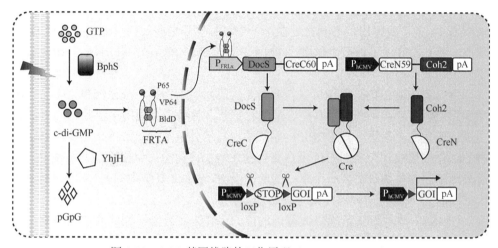

图 4-50　FISC 基因线路的工作原理（Wu et al.，2020）

五、基于 CRISPR-Cas 系统的调控

（一）CRISPR-Cas 系统简介

近年来，生物科学界风起云涌，CRISPR-Cas 系统毫无疑问成为该领域最耀眼的一颗明星。在 2014 年被《麻省理工科技评论》评为年度全球十大突破性技术，于 2020 年获诺贝尔化学奖，现已被发展成强大的基因组编辑技术。德国马克斯•普朗克病原学研究所的埃玛纽埃尔•沙尔庞捷（Emmanuelle Charpentier）博士，以及美国加利福尼亚大学伯克利分校的珍妮弗•A. 道德纳（Jennifer A. Doudna）博士等众多科学家为该系统的建立与应用做了大量意义深远的工作，其中中国的科学家张锋教授最早将 CRISPR 基因编辑技术应用于哺乳动物和人类细胞，为 CRISPR-Cas 技术的发展做出了特殊贡献。

CRISPR-Cas 系统是生命进化历史上细菌和病毒进行斗争产生的免疫武器。简单说就是病毒要把其基因整合进细菌，利用细菌的遗传工具为自己的基因复制服务，而细菌为了将病毒的外来入侵基因清除，进化出 CRISPR-Cas 系统。利用这个系统，细菌可以把病毒基因切断，成为细菌特有的适应性免疫防御机制。这种免疫系统包含用来记忆入侵噬菌体或质粒 DNA 的序列——CRISPR，CRISPR 全称是 clustered regularly interspaced short palindromic repeat（成簇规律间隔短回文重复序列），由一系列高度保守的正向重复序列和序列特异的间隔序列组成；Cas 全称是 CRISPR-associated（CRISPR 相关基因或蛋白）。

细菌裂解外源 DNA 后会将其作为一段新的间隔区序列存储在 CRISPR 基因座中。CRISPR 中的间隔区序列会被转录并加工成 RNA，以便识别后期入侵的同一病毒或质粒以消除它们。

CRISPR-Cas 系统的作用类似于限制性内切酶，起到识别特定的 DNA 片段并切断 DNA 分子的作用，不同之处在于一个限制性内切酶往往只能识别一种 DNA 片段，而 CRISPR 可以衍生出多个 RNA 片段（CRISPR-derived RNA，crRNA），用以识别多种 DNA 片段。

目前 CRISPR-Cas 系统可以被分为两大类六小型，第一类系统包括Ⅰ型、Ⅲ型和Ⅳ型；第二类系统包括Ⅱ型、Ⅴ型和Ⅵ型。每种类型使用一组独特的 Cas 蛋白来行使功能。在第一类 CRISPR 系统中，对于外源基因组的剪切需要由不止一种 Cas 蛋白组成一个大的 Cas 蛋白复合物才能发挥功能；而在第二类系统中，对于外源基因的剪切只需要一个单一的剪切蛋白，例如，Ⅱ型中的 Cas9 蛋白和Ⅴ型中的 cpf1 蛋白都可对靶向序列进行切割。

CRISPR 技术因其精确修改基因的能力，堪称生物科学领域的游戏规则改变者。它使用起来廉价、迅速且简单，因此席卷全球实验室。研究人员希望利用它调整人类基因以消除疾病、创造生命力更加顽强的植物、消灭病原体等，这些工作都充分体现了这项技术在编辑基因组中的价值及这项技术的应用前景。例如，研究人员利用 CRISPR 技术靶向编码蘑菇中的多酚氧化酶（polyphenol oxidase，PPO）基因家族，将其中一个基因敲除，PPO 酶的活性降低了 30%，从而使蘑菇放置在空气中时不会轻易变成棕色。与基因工程不同的是，这种蘑菇没有外源 DNA 残留，不会像一般的转基因产物一样受到大众质疑。这种新型的 CRISPR-Cas 基因编辑蘑菇成为首个得到美国政府许可的 CRISPR 编辑的有机体（Waltz，2016）。这也意味着经 CRISPR 改造的产品是十分安全的，蕴藏着极大的市场价值。

CRISPR-Cas 系统作为一种适应性免疫防御系统，在操纵和破坏病毒基因组以阻止人类免疫缺陷病毒（human immunodeficiency virus，HIV）等病毒感染中显示出治疗潜力。CRISPR 技术还可以运用于基因治疗，包括破坏 *PCSK9* 基因以治疗心血管疾病（King，2018）、校正镰状型细胞的突变（Traxler et al.，2016），以及囊性纤维化（Graham and Hart，2021）、杜氏肌营养不良（Ousterout et al.，2015）等。在细胞治疗领域，利用 CRISPR-Cas9 技术定点构建嵌合抗原受体（chimeric antigen receptor，CAR）T 细胞（CAR-T 细胞），并在三名难治性癌症患者中开展 I 期临床试验，证明了 CRISPR 基因编辑用于癌症免疫治疗的可行性（Stadtmauer et al.，2020）。

（二）CRISPR-Cas 系统的组成

细菌 CRISPR-Cas 系统的基因组由三部分组成，分别是：编码 Cas 相关蛋白质的基因、编码 CRISPR 阵列的基因、编码反式激活 crRNA（*trans*-activating crRNA，tracrRNA）的基因（图 4-51）。

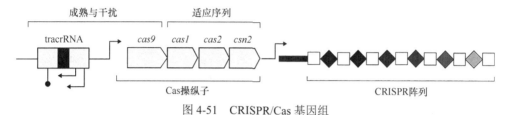

图 4-51　CRISPR/Cas 基因组

1. 编码 Cas 相关蛋白质的基因

Cas 操纵子基因编码的 Cas 相关蛋白质在获得外源基因片段和剪切外源基因上都起着重要的作用。例如，链球菌 SpCas9（*Streptococcus pyogenes* Cas9）蛋白，即 Cas9，是一个含有 1368 个氨基酸的多结构和多功能的 DNA 核酸内切酶，含有 HNH 和 RuvC 两个核酸酶结构域，可以分别切割 DNA 两条单链。

2. 编码 CRISPR 阵列的基因

CRISPR 阵列（CRISPR array）中包含了多个重复序列和间隔序列，图 4-51 中每个间隔序列◆两侧都是重复序列□。重复序列在同一细菌中的碱基组成和长度是相对保守的，基本不变，在不同的细菌之间会有些许差异。间隔序列来自于不同的外源基因，用来锚定目的外源基因，所以间隔序列的碱基组成差异较大，每个间隔序列基因中包含着被锚定基因组中的高特异性保守序列，确保在之后转录出的 RNA 可以与被锚定基因组精确配对。CRISPR 阵列之前通常会有一个富含 A-T 的前导序列（leader sequence），这个序列中包含启动子，是用来启动间隔序列和重复序列的序列转录。CRISPR 阵列内不包含可读框（open reading frame，ORF）。

3. 编码 tracrRNA 的基因

在编码 Cas 相关蛋白质的基因上游是编码 tracrRNA 的基因。该基因的转录产物 tracrRNA 在对 DNA 进行剪切的时候会与 crRNA 配对，形成指导 RNA（guide RNA，gRNA）引导 Cas 剪切 DNA。tracrRNA 与 crRNA 配对的部分是重复序列，所以在实际应用中，一个 tracrRNA 就可以和不同的 crRNA 相配对。

（三）CRISPR-Cas 系统的机制

CRISPR-Cas 系统首先通过摄取入侵病毒的 DNA 片段，并将其插入到自身的间隔序列中，新的间隔序列转录的 gRNA 引导 Cas 蛋白特异性切割与之互补的 DNA 序列，从而对该病毒产生适应性免疫能力（Jackson et al.，2017）（图 4-52）。

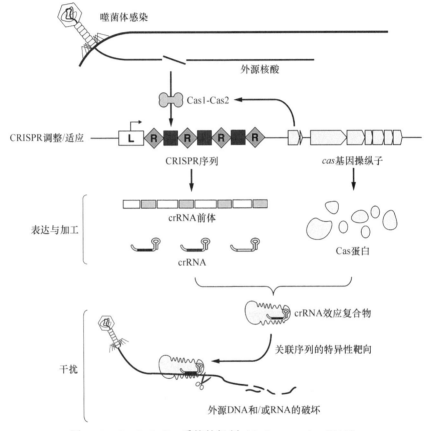

图 4-52　CRISPR-Cas 系统的机制（Jackson et al.，2017）

1. 适应

适应是指细菌获得外源入侵基因的序列特异的间隔序列。当噬菌体或者外源基因侵入到细菌体内后，其基因组中的原间隔区（protospacer）序列会被 CRISPR-Cas 系统识别出来。

Cas 蛋白对于原间隔区的识别是基于原间隔区序列下游的相邻基序（protospacer adjacent motif，PAM）。PAM 序列只包含几个核苷酸，是入侵者 DNA 中的识别位点。当 Cas 蛋白定位到间隔序列后，会把其从基因组上剪切下来，并在 Cas1-Cas2 复合体的帮助下，将其插入到原间隔区的前导序列和相邻的重复序列的中间，形成新的间隔序列，并在新的间隔序列前面形成新的重复序列（图 4-53）。这样，下次同样的外源基因入侵时，就可以对其基因组进行识别并剪切（Kim et al.，2020）。

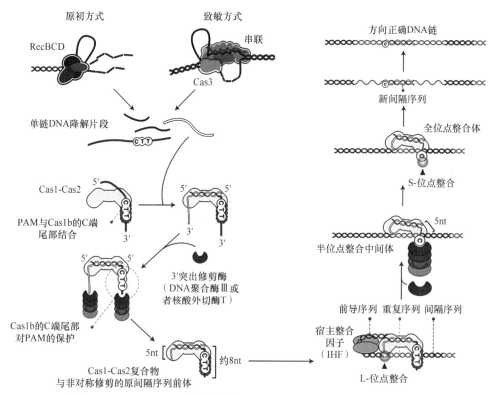

图 4-53　CRISPR-Cas 系统适应性产生的具体过程（Kim et al.，2020）

2. 表达

表达是指形成可以识别目的基因的 CRISPR RNA（crRNA）序列的阶段。

CRISPR 阵列上游的前导序列中含有启动子，可以启动其后的 CRISPR 阵列的转录。由于转录是连续的，因此转录出的 RNA 产物是一条长链，包含了 CRISPR 阵列中所有的间隔序列和重复序列。这条长链 RNA 被称为前体 crRNA（precursor CRISPR RNA，pre-crRNA）。同时还转录出与 pre-crRNA 中重复序列互补配对的反式激活 crRNA（*trans*-activating crRNA，tracrRNA）。pre-crRNA 与 tracrRNA 的互补配对能够触发体内 RNaseIII 等核酸酶的切割机制，进而产生一系列间隔序列不同的成熟 crRNA。

成熟 crRNA 只含单一重复序列和单一间隔序列。由于转录出来的间隔序列和目的锚定基因是互补的，因此 crRNA 可以引导 Cas 相关蛋白去识别目的基因组中的基因。

3. 干扰

crRNA 形成之后，与 Cas 相关蛋白质和其他的 RNA 组分组成一个复合物。crRNA 与目的基因组中的基因互补配对，引导 Cas 蛋白或蛋白复合物对外源基因片段进行剪切。不同种类 CRISPR 系统中，crRNA 和 Cas 相关蛋白和其他的 RNA 组分组成的复合物是不一样的。

在最常用的 type Ⅱ 系统中，crRNA 会与 tracrRNA 互补配对形成 gRNA，再与 Cas9 蛋白形成复合物，使得 Cas9 从一个未激活的构象变成具有 DNA 识别能力的构象，结合在 DNA 上，然后在 DNA 上寻找 PAM 序列。

如果没有合适的 PAM，那么通过蛋白质三维结构的坍塌，Cas9 会离开 DNA，直到找到合适的 PAM。一旦找到 PAM，Cas9 就结合 PAM 序列，使得 Cas9 能够去识别附近的潜在的 DNA 靶序列。

如果 Cas9 在 PAM 附近找到了潜在的靶序列，会开始解双螺旋并继续检查剩余的靶序列。磷酸锁环稳定解旋的目标 DNA，且第一个碱基开始翻转，与 gRNA 碱基配对。而 Cas9 继续与非靶链上的翻转碱基作用，促进双螺旋解开。接着，碱基配对伴随着 Cas9 构象改变，促进种子序列前面的 gRNA 从限制中释放出来，也形成配对，这个过程促使 Cas9 构象持续变化，直到到达有活性的状态。最终 gRNA 与目标 DNA 完全互补使得 Cas9 蛋白核酸酶结构域 HNH 具有稳定的、有活性的构象，并在 PAM 上游第三个碱基后切断目标链 DNA。与此同时，引起更大的构象变化，使得非目标链 DNA 进入 Cas9 蛋白 RuvC 催化中心被剪切，从而达到降解外源遗传物质的目的。整个过程（图 4-54）中，Cas9 始终牢牢结合在靶点序列上，直到其他的细胞因子过来替代它（Doudna and Charpentier，2014）。

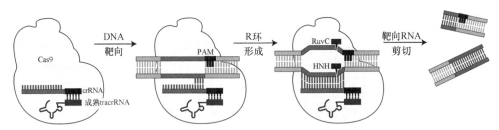

图 4-54　RNA 引导的靶标 DNA 剪切过程（Doudna and Charpentier，2014）

4. 修复

当目标 DNA 中存在 PAM 序列时，Cas9 核酸酶会引起双链 DNA 在 PAM 上游三个核苷酸处的断裂，如果双链都断裂，称为双链断裂（double-strand break，DSB）。通常，根据修复的内在机制不同，DSB 修复分为两种不同的修复方法：

同源定向修复方法（homology directed repair，HDR）和非同源末端连接（non-homologous end joining，NHEJ）（图4-55）。通过在基因组中所需的位点产生DSB并使用上述两种修复方法，可以根据不同目的编辑基因组（Ghaemi et al.，2021）。

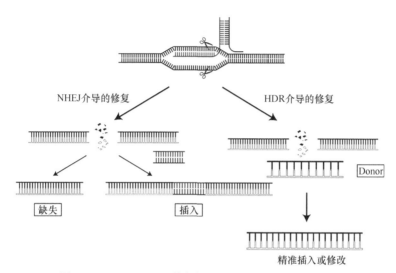

NHEJ介导的修复　　　　　HDR介导的修复

缺失　　　　插入　　　　Donor

精准插入或修改

图4-55　CRISPR-Cas修复机制（Ghaemi et al.，2021）

（1）同源定向修复

同源定向修复（HDR）是细胞内一种修复DNA双链损伤的机制。只有当细胞核内存在与损伤DNA同源的DNA片段时，HDR才能发生。HDR通常不会引起突变，因为在正常修复过程中会以另一条同源染色体为模板。但当有人工模板存在时，就可以实现定向编辑，实现基因的定向敲除、构建不同表型、引入外源基因或报告基因。

（2）非同源末端连接

非同源末端连接（NHEJ）之所以是非同源性，是因为断裂的两段是被直接接上，而非使用了一个同源的模板。在这种修复方式中，Ku70/Ku80识别断裂双链，之后，DNA-PKcs和XRCC4-ligase Ⅳ会被招募过来，同时还会招募PAXX、XLF，形成一个复合体将断裂的双链修复好。这个过程会引发1~10个碱基的插入，有2/3的概率会引发移码（frame shift）突变，导致基因无法被表达，也就是所谓的基因敲除。

该方法通过在所需基因座的边界处诱导多次切割，用于敲除目的DNA或引起靶位点的缺失。然而，Cas9造成的双链断裂并不一定会引发NHEJ，因为断裂双链末端的碱基并没有任何损坏，这种末端也称钝性末端，钝性末端很容易再次黏连在一起。如果钝性末端再次黏连在一起，gRNA 会再次识别这段序列，然后 Cas9 会再次切断它，反复下去，直到发生了由 NHEJ 引导出的突变，gRNA 才不会识别这段序列。

（四）Type Ⅱ CRISPR-Cas 的人工合成

为使之适用于实验室应用，Type Ⅱ CRISPR-Cas 系统被设计成由 Cas 蛋白和一个包含 crRNA 和 tracrRNA 的人工合成 RNA 组成。

1. sgRNA 合成

单链向导 RNA（single-guided RNA，sgRNA）是人工合成的包含 crRNA 和 tracrRNA 的 RNA，用以引导 Cas 蛋白定位到目的基因。

在 Type Ⅱ CRISPR-Cas 系统中，首先需要由 crRNA 和 tracrRNA 引导至目的基因的目标序列。其中 tracrRNA 由基因组中的 tracrRNA 基因转录产生，crRNA 由基因组中的 CRISPR 阵列基因产生的 pre-crRNA 加工而成，tracrRNA 只含一组重复序列和间隔序列。tracrRNA 与 crRNA 的重复序列进行互补配对形成 gRNA，再与 Cas9 蛋白形成复合物，使得 Cas9 从一个未激活的构象变成具有 DNA 识别能力的构象。一个 tracrRNA 可以和不同的 crRNA 相配对。在此工作机制基础上，通过基因工程手段对 crRNA 和 tracrRNA 进行改造，将其连接在一起就得到了单链向导 RNA（Doudna and Charpentier，2014）（图 4-56）。

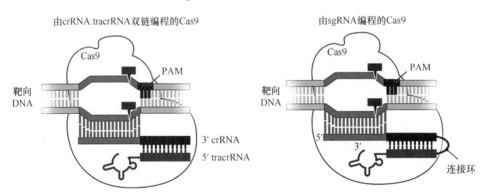

图 4-56　crRNA、tracrRNA 与 sgRNA（Doudna and Charpentier，2014）

合适的人工外源 sgRNA 可以通过原间隔区序列邻近基序 PAM 来引导 Cas9 蛋白到达靶特异性的 DNA 位点进行切割。Type Ⅱ CRISPR-Cas 系统的 PAM 序列结构简单（5′-NGG-3′），几乎可以在所有的基因中找到大量靶点。

合成生物学旨在用赋予新生物学功能的基因线路改造细胞。基于 CRISPR-Cas 的设备在基因线路中很有用，因为通过设计互补的 sgRNA 就可以轻松地将它们作用于感兴趣的任意核酸序列。

2. Cas9 改造

（1）dCas9

Cas9 中包含 PAM 序列交流活性区、HNH 和 RuvC 两个核酸酶结构域，HNH 和 RuvC 会分别切 DNA 的一条单链，造成双键断裂。如果对 HNH 和 RuvC 酶活区域进行突变使之无法行使剪切的功能，就可以产生失去 DNA 切割活性的 Cas9 蛋白，科研人员将其命名为 Dead Cas9（dCas9）。

dCas9 可以特异性地依据 sgRNA 上的序列附着到特定的基因位置上，但并不行使剪切功能。dCas9 在 CRISPR 的各类应用中起着很重要的作用。

（2）Cas9 切口酶

如果只对 HNH 或 RuvC 的其中一个位点进行沉默突变，就会形成 Cas9 切口酶（Cas9 nickase），这样就可以用两个不同的 Cas9 切口酶对基因组进行锚定和单链剪切。

3. 质粒构建

将表达 sgRNA 的基因元件与表达 Cas9 的基因元件相连接，得到可以同时表达两者的质粒，将其转染细胞即可对目的基因进行操作。

（五）基因表达调控策略

1. CRISPR 干扰

CRISPR 干扰（CRISPR interference，CRISPRi）的优点在于 RNA-DNA 复合物的可设计性，通过设计相互正交的 gRNA 序列库，可以实现靶向不同的启动子。

利用 CRISPRi 构建的 NOT 门中，可以通过同时诱导 sgRNA 和 dCas9 表达，抑制输出启动子。理论上，可以通过引入靶向相同输出启动子的第二个 sgRNA 来创建 NOR 门（Brophy and Voigt，2014）（图 4-57）。

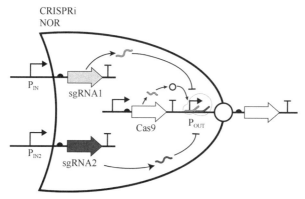

图 4-57　基于 CRISPRi 的基因门控线路（Brophy and Voigt，2014）

虽然 CRISPRi 线路的性质类似于 DNA 结合蛋白线路，但由于调控

dCas9-sgRNA-DNA 复合物的稳定性，基于 CRISPRi 设计的基因线路有望在类似于蛋白线路的时间尺度上运行。

目前构建 CRISPRi 线路的挑战在于难以控制毒性。毒性可能是由于 Cas9 在逻辑门启动之前以无 gRNA 的形式存在。在 gRNA 不存在时，Cas9 非特异性结合在宿主基因组原受体邻近基序上，形成影响宿主基因表达的 DNA 泡（DNA bubble）的结果。构建 CRISPRi 线路的另一个需要考虑的因素是追溯性，这可能源于多个系统共同使用一种 Cas9 蛋白，规避这种问题的方法是在基因线路中使用多种正交的 Cas9 同源物。

2. 添加转录调控因子

CRISPR 系统用 Cas 核酸酶和引导 RNA 在特定的 DNA 序列中引发双链断裂，而经过改造、不具有核酸酶活性的突变 Cas 蛋白（如 dCas9 和 Cas9 切口酶）可以作为转录因子通过形成 DNA 泡干扰 RNAP 活动，降低基因的表达。另外，CRISPR 还可以通过在失活 Cas9 上融合 RNAP 招募结构域来激活转录，即在突变的 Cas9 或 sgRNA 上加入一些促进或阻遏基因转录的元件达到调控基因表达的应用目的。

（1）在 Cas9 上加入促进或阻遏基因转录的元件

Cas9 是一种蛋白质，只需要在蛋白质上面连上一些调控转录的元件即可。

研究人员（Jusiak et al.，2016）通过在 dCas9 上添加激活结构域（如 VP64）的工程改造，可以实现基因表达的大幅增加。要实现这一目的，需要将 gRNA 靶向多个位置的启动子，并将它们置于转录起始位点上游 300 个核苷酸内。在不同启动子位置结合的活化因子之间的协同作用可以促进转录活性增强。有研究表明，这种方法可以使细胞中的内源基因表达增加到 300 倍以上；反之，如果在 dCas9 添加遏制物结构域（如 KRAB），则可以实现 RNA 引导的转录抑制（图 4-58）。

（2）在 sgRNA 上加入调控基因转录的元件

研究人员（Jusiak et al.，2016）还将 sgRNA 两个裸露在外且无明确功能的 loop 替换成了适配体，可以使 sgRNA 具有和某种特定蛋白（如 MS2）结合的能力，从而可以在该特定蛋白（如 MS2）上进一步添加有助于转录的元件，如 P65 和 HSF1 等（图 4-59）。

3. 诱导型 CRISPR-dCas9 系统

通过在 dCas9 上融合对环境刺激敏感的蛋白质结构域，可以使 CRISPR-dCas9 直接响应输入信号，也可通过将诱导后二聚的两种蛋白质之一融合到 dCas9 上，然后将另一种蛋白质融合到感兴趣的效应子上来建立诱导型 CRISPR-dCas9 系统。

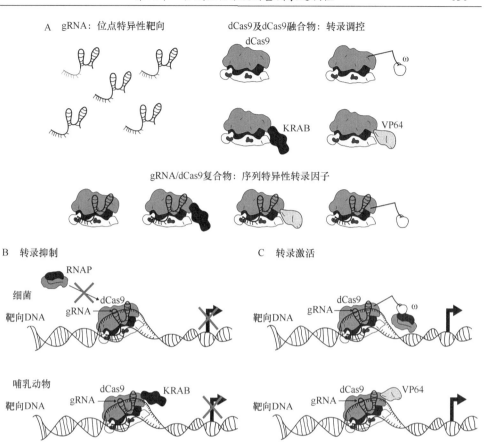

图 4-58　dCas9 调控基因表达策略（Jusiak et al., 2016）

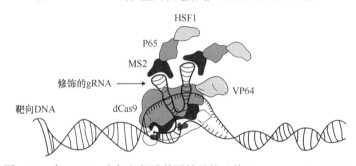

图 4-59　在 sgRNA 上加入促进基因转录的元件（Jusiak et al., 2016）

例如，研究人员通过拟南芥中的 CRY2 和 CIB1 蛋白实现了"光激活 CRISPR-dCas9 效应子"（Nihongaki et al., 2015）。当 CRY2 和 CIB1 蛋白暴露在蓝光下会形成异二聚体。通过将 dCas9 与 CIB1 融合，CRY2 与 VP64 融合，在 gRNA 引导下，激活启动子，实现基因表达（图 4-60）。

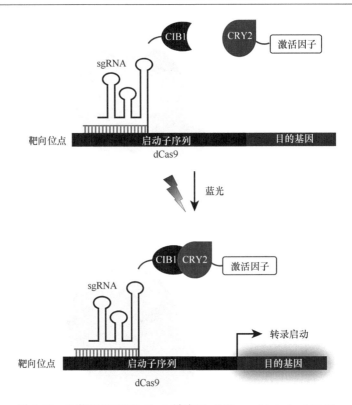

图 4-60　光激活 CRISPR-Cas9 效应子（Nihongaki et al.，2015）

4. 可诱导的分离型 dCas9 系统

将 dCas9 分成两部分构建分离型 dCas9（split-dCas9）系统也可以实现 CRISPR-dCas 诱导。例如，Zetsche 等（2015）在构建针对雷帕霉素药物有反应的激活因子的研究中，两个 dCas9 片段分别命名为 N 端 Cas9［简称 Cas9(N)］和 C 端 Cas9［简称 Cas9(C)］，分别连接到雷帕霉素（mTOR）的靶标的 2 个不同域：FKBP 雷帕霉素结合域（FRB）和 FK506 结合蛋白 12 域（FKBP）。为了避免 dCas9 的自动重组，将 Cas9(N)-FRB 与一个核输出序列融合，而将 Cas9(C)-FKBP 与 2 个核定位序列（NLS）融合。最后，将 VP64 添加到 Cas9(C)-FKBP-2×NLS。在雷帕霉素的存在下，FRB 和 FKBP 会二聚并允许 Cas9-VP64-gRNA 激活子重建并导入核，进而实现基因表达调控（图 4-61）。

六、基于细菌双组分信号转导系统的调控

（一）细菌双组分信号转导系统简介

细菌中的信号转导主要是通过双组分调节系统（two-component regulatory system，TCS）实现的。TCS 由两部分（组分）组成（图 4-62）：一个是感受器

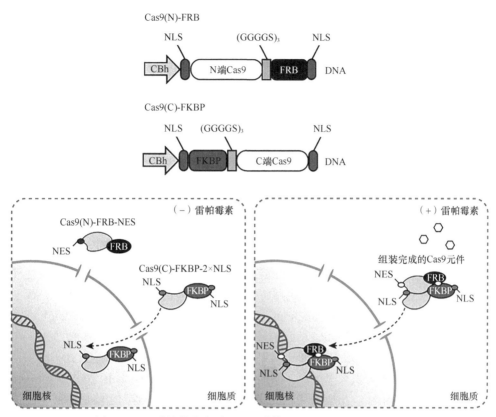

图 4-61　可诱导的分离型 dCas9 系统（Zetsche et al.，2015）

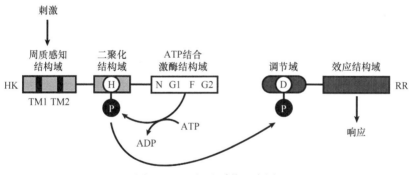

图 4-62　双组分系统示意图

组氨酸激酶（histidine kinase，HK），通常是一种膜蛋白，它感知环境信号并在保守的组氨酸残基上被 ATP 磷酸化。典型的组氨酸激酶受体具有 2 个跨质膜区 TM1 和 TM2，其拓扑结构的 N 端和 C 端都在胞内，在胞外形成一个小的 loop 环，可以接收细胞外的刺激信号；胞内含有一个二聚化结构域，其中一个特殊保守的组氨酸残基可被自磷酸化。胞内还有一个 ATP 结合激酶结构域，它含有 N、G1、

F 和 G2 保守模体。另一个是响应调节因子（response regulator，RR），大多数 RR 是双结构域蛋白，N 端是可接收磷酸基团的调节域，C 端是效应结构域。通常组氨酸激酶受体以二聚体形式发挥功能，His 被自我磷酸化后将磷酸基团传递给 RR 调节域中的一个特异的天冬氨酸 Asp，N 端调节域的磷酸化会改变 C 端效应结构域的输出。磷酸化的 RR 再激活下游效应器，最终引发特异的细胞反应，进而调控一些特殊基因的表达（Tierney and Rather，2019）。

　　双组分信号转导广泛存在于革兰氏阳性菌和革兰氏阴性菌中，甚至在一些真菌、植物及酵母中也发现了很多双组分系统。大多数细菌体内存在数十对 TCS，它们调控了细菌绝大多数生理过程，包括细菌的趋化性、感知渗透压、营养元素的代谢，以及次级代谢产物的生物合成等，从而应对各种环境的变化，包括感应 pH、养分、氧化还原状态、渗透压力和抗生素的双组分系统等。此外，一些双组分系统也能控制对细胞生长、毒力、生物膜和群体感应等有重要作用的基因簇。在大肠杆菌中，EnvZ-OmpR 是一种渗透胁迫相关的双组分系统，当渗透压发生变化时，激酶 EnvZ 自我磷酸化，之后将磷酸基团转移到调控蛋白 OmpR 上，磷酸化的 OmpR 能够调节 OmpF 和 OmpC 两种孔道蛋白的表达，OmpC 和 OmpF 在外膜上形成一个通道，能够允许小分子量的亲水性物质通过被动运输扩散进去。当处于低渗透压时，OmpR 的磷酸化水平降低，有利于 OmpF 转录；当处于高渗透压时，OmpR 的磷酸化水平增加，激活 OmpC 转录；CheA-CheB/CheY 双组分调控大肠杆菌的趋化性，在应对环境的化学变化时，大肠杆菌利用蛋白磷酸化和去磷酸化的级联反应调控鞭毛马达。信号级联反应始于 CheA，它为两个竞争性的反应调控蛋白 CheB 和 CheY 提供磷酸基团，从而激活它们。CheY 磷酸化后能与鞭毛马达上的 FliM 蛋白结合促进顺时针旋转，而 CheB 的磷酸化使趋化蛋白脱甲基化后切换到逆时针状态；PhoP-PhoQ 双组分存在于许多革兰氏阴性菌中，参与细胞 Mg^{2+} 浓度和毒力的调控。当细胞外二价阳离子浓度降低时，二价阳离子能直接与胞质的 PhoQ 传感器结构域作用，PhoQ 的跨膜区激活 PhoP 介导调控的一套基因表达，维持内环境稳定。PhoP-PhoQ 在低镁环境下能控制与镁离子运输等许多基因的表达，还可以调控另一个感应细胞外铁离子浓度的双组分系统 PmrB-PmrA。PhoP 酸化后，能启动 pmrD 基因的转录，转录产物作用于 PmrA-PmrB，感应胞外 Fe^{3+} 浓度变化。

　　由于大多双组分系统的结构和作用机制有很大程度的相似性，因此根据需要可将某些双组分基因引进没有类似系统的宿主细胞，或将阻碍某些信号的双组分基因移除，还可将多个控制不同信号通路的双组分系统整合在同一调控网络中，利用这些系统设计复杂的合成网络，构建新的细胞功能，将双组分系统纳入工程应用中（郝艳华等，2012）。

（二）基于双组分信号转导构建的基因线路

由于肠道炎症通常伴随着肠道中硫代硫酸盐和连四硫酸盐的增加，研究人员基于细菌 ThsS-ThsR 双组分系统，构建了可以检测这两种小分子的生物感受器系统（Daeffler et al.，2017）。ThsS-ThsR 系统是海洋中的希瓦氏菌属（*Shewanella*）用于感应硫代硫酸盐的重要调节系统。ThsS 用于感受环境中的连四硫酸盐的感受器分子，ThsR 作为响应调节因子，它们的结构组成如图 4-63 所示。

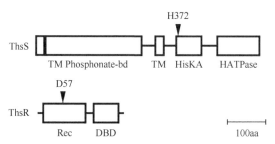

图 4-63　ThsS 和 ThsR 的组成（Daeffler et al.，2017）

Phosphonate-bd.: 磷酸盐结合结构域；HisKA: 组氨酸激酶 A 磷酸受体/二聚化结构域；HATPase: 组氨酸激酶样 ATP 酶结构域；H372: 第 372 位氨基酸为组氨酸；D57: 第 57 位氨基酸为天冬氨酸；100aa: 图中对应该线段长度距离为 100 个氨基酸

图 4-64 是基于 ThsS-ThsR 双组分系统的炎症性肠病生物检测器基因线路。图 4-64A 所示的基因线路使用了 P_{tac} 启动子（色氨酸启动子 P_{trp}-35 区域与突变的乳糖启动子 P_{lacUV5} 的–10 区域融合构成的杂合启动子，兼具 P_{tac} 强启动能力和乳糖启动子可操控特性，受 LacI 产物的阻遏、由异丙基-β-D-硫代半乳糖苷 IPTG 诱导），可在 IPTG 诱导的启动子控制下表达硫代硫酸盐感受激酶 ThsS；图 4-64B 所示的

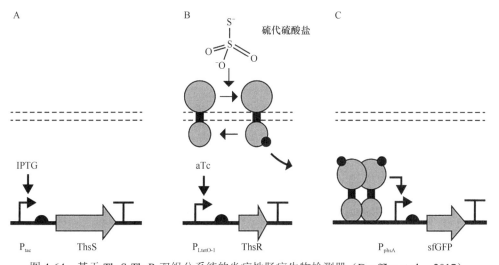

图 4-64　基于 ThsS-ThsR 双组分系统的炎症性肠病生物检测器（Daeffler et al.，2017）

基因线路使用了 $P_{LtetO-1}$ 启动子（四环素调控启动子），可在 aTc（anhydrotetracycline，脱水四环素）诱导下表达响应调节因子 ThsR；图 4-64C 所示的基因线路在具有转录活性的响应调节因子 ThsR 的控制下表达 sfGFP（Superfolder GFP）。ThsR 感受到环境中的硫代硫酸盐后自磷酸化，并将磷酸基团转移到 ThsR，磷酸化后的 ThsR 激活启动子 P_{phsA}，表达下游指示蛋白 sfGFP。

参 考 文 献

郝艳华, 张维, 陈明. 2012. 细菌双组分系统的研究进展. 中国农业科技导报, 14(2): 67-72.

Abe K, Sakai Y T, Nakashima S, et al. 2014. Design of riboregulators for control of cyanobacterial (*Synechocystis*) protein expression. Biotechnol Lett, 36(2): 287-294.

Aranda M, Kanellopoulou C, Christ N, et al. 2001. Altered directionality in the Cre-LoxP site-specific recombination pathway. J Mol Biol, 311(3): 453-459.

Bayer T S, Smolke C D. 2005. Programmable ligand-controlled riboregulators of eukaryotic gene expression. Nat Biotechnol, 23(3): 337-343.

Bédard A S V, Hien E D M, Lafontaine D A. 2020. Riboswitch regulation mechanisms: RNA, metabolites and regulatory proteins. Biochim Biophys Acta Gene Regul Mech, 1863(3): 194501.

Breaker R R. 2018. Riboswitches and Translation Control. Cold Spring Harb Perspect Biol, 10(11): a032797.

Brophy J A N, Voigt C A. 2014. Principles of genetic circuit design. Nat Methods, 11(5): 508-520.

Chen Y Y, Jensen M C, Smolke C D. 2010. Genetic control of mammalian T-cell proliferation with synthetic RNA regulatory systems. Proc Natl Acad Sci USA, 107(19): 8531-8536.

Daeffler K N M, Galley J D, Sheth R U, et al. 2017. Engineering bacterial thiosulfate and tetrathionate sensors for detecting gut inflammation. Mol Syst Biol, 13(4): 923.

Doudna J A, Charpentier E. 2014. The new frontier of genome engineering with CRISPR-Cas9. Science, 346(6213): 1258096.

Ebert M S, Neilson J R, Sharp P A. 2007. MicroRNA sponges: competitive inhibitors of small RNAs in mammalian cells. Nat Methods, 4(9): 721-726.

Etzel M, Mörl M. 2017. Synthetic riboswitches: from plug and pray toward plug and play. Biochemistry, 56(9): 1181-1198.

Ge H H, Marchisio MA. 2021. Aptamers, riboswitches, and ribozymes in *S. cerevisiae* synthetic biology. Life (Basel), 11(3): 248.

Ghaemi A, Bagheri E, Abnous K, et al. 2021. CRISPR-Cas9 genome editing delivery systems for targeted cancer therapy. Life Sci, 267: 118969.

Graham C, Hart S. 2021. CRISPR/Cas9 gene editing therapies for cystic fibrosis. Expert Opin Biol Ther, 21(6): 767-780.

Gutiérrez-Preciado A, Henkin T M, Grundy F J, et al. 2009. Biochemical features and functional implications of the RNA-based T-box regulatory mechanism. Microbiol Mol Biol Rev, 73(1): 36-61.

Hoynes-O'Connor A, Moon T S. 2016. Development of design rules for reliable antisense RNA behavior in *E. coli*. ACS Synth Biol, 5(12): 1441-1454.

Jackson S A, McKenzie R E, Fagerlund R D, et al. 2017. CRISPR-Cas: adapting to change. Science, 356(6333): eaal5056.

Johansson J, Mandin P, Renzoni A, et al. 2002. An RNA thermosensor controls expression of virulence genes in *Listeria monocytogenes*. Cell, 110(5): 551-561.

Jusiak B, Cleto S, Perez-Piñera P, et al. 2016. Engineering synthetic gene circuits in living cells with CRISPR technology. Trends Biotechnol, 34(7): 535-547.

Kim S, Loeff L, Colombo S, et al. 2020. Selective loading and processing of prespacers for precise CRISPR adaptation. Nature, 579(7797): 141-145.

King A. 2018. A CRISPR edit for heart disease. Nature, 555(7695): S23-S25.

Klauser B, Saragliadis A, Ausländer S, et al. 2012. Post-transcriptional boolean computation by combining aptazymes controlling mRNA translation initiation and tRNA activation. Mol Biosyst, 8(9): 2242-2248.

Krebs J E, Goldstein E S, Kilpatrick S T, et al. 2021. Lewin 基因 XII. 江松敏译. 北京: 科学出版社.

Liu W S, Stewart C N. 2016. Plant synthetic promoters and transcription factors. Curr Opin Biotechnol, 37: 36-44.

Matsuyama H, Suzuki H I. 2019. Systems and synthetic microRNA biology: from biogenesis to disease pathogenesis. Int J Mol Sci, 21(1): 132.

McLellan M A, Rosenthal N A, Pinto A R. 2017. Cre-loxP-mediated recombination: general principles and experimental considerations. Curr Protoc Mouse Biol, 7(1): 1-12.

Miki K, Endo K, Takahashi S, et al. 2015. Efficient detection and purification of cell populations using synthetic microRNA switches. Cell Stem Cell, 16(6): 699-711.

Nechooshtan G, Elgrably-Weiss M, Sheaffer A, et al. 2009. A pH-responsive riboregulator. Genes Dev, 23(22): 2650-2662.

Nihongaki Y, Yamamoto S, Kawano F, et al. 2015. CRISPR-Cas9-based photoactivatable transcription system. Chem Biol, 22(2): 169-174.

Nissim L, Bar-Ziv R H. 2010. A tunable dual-promoter integrator for targeting of cancer cells. Mol Syst Biol, 6: 444.

Nissim L, Wu M R, Pery E, et al. 2017. Synthetic RNA-based immunomodulatory gene circuits for cancer immunotherapy. Cell, 171(5): 1138-1150.

Nomura Y, Kumar D, Yokobayashi Y. 2012. Synthetic mammalian riboswitches based on guanine aptazyme. Chem Commun (Camb), 48(57): 7215-7217.

Nomura Y, Yokobayashi Y. 2007. Reengineering a natural riboswitch by dual genetic selection. J Am Chem Soc, 129(45): 13814-13815.

Ousterout D G, Kabadi A M, Thakore P I, et al. 2015. Multiplex CRISPR/Cas9-based genome editing for correction of dystrophin mutations that cause Duchenne muscular dystrophy. Nat Commun, 6: 6244.

Park S V, Yang J S, Jo H, et al. 2019. Catalytic RNA, ribozyme, and its applications in synthetic biology. Biotechnol Adv, 37(8): 107452.

Ramesh A, Wakeman C A, Winkler W C. 2011. Insights into metalloregulation by M-box riboswitch RNAs via structural analysis of manganese-bound complexes. J Mol Biol, 407(4): 556-570.

Saito H, Inoue T. 2009. Synthetic biology with RNA motifs. Int J Biochem Cell Biol, 41(2): 398-404.

Sharma V, Nomura Y, Yokobayashi Y. 2008. Engineering complex riboswitch regulation by dual genetic selection. J Am Chem Soc, 130(48): 16310-16315.

Sobrero P, Valverde C. 2012. The bacterial protein Hfq: much more than a mere RNA-binding factor. Crit Rev Microbiol, 38(4): 276-299.

Stadtmauer E A, Fraietta J A, Davis M M, et al. 2020. CRISPR-engineered T cells in patients with refractory cancer. Science, 367(6481): eaba7365.

Tierney A R, Rather P N. 2019. Roles of two-component regulatory systems in antibiotic resistance. Future Microbiol, 14(6): 533-552.

Traxler E A, Yao Y, Wang Y D, et al. 2016. A genome-editing strategy to treat β-hemoglobinopathies that recapitulates a mutation associated with a benign genetic condition. Nat Med, 22(9): 987-990.

Vazquez-Anderson J, Contreras L M. 2013. Regulatory RNAs: charming gene management styles for synthetic biology applications. RNA Biol, 10(12): 1778-1797.

Waltz E. 2016. Gene-edited CRISPR mushroom escapes US regulation. Nature, 532(7599):293.

Wieland M, Benz A, Klauser B, et al. 2009. Artificial ribozyme switches containing natural riboswitch aptamer domains. Angew Chem Int Ed Engl, 48(15): 2715-2718.

Win M N, Smolke C D. 2007. A modular and extensible RNA-based gene-regulatory platform for engineering cellular function. Proc Natl Acad Sci USA, 104(36): 14283-14288.

Win M N, Smolke C D. 2008. Higher-order cellular information processing with synthetic RNA devices. Science, 322(5900): 456-460.

Winkler W, Nahvi A, Breaker R R. 2002. Thiamine derivatives bind messenger RNAs directly to regulate bacterial gene expression. Nature, 419(6910): 952-956.

Wu J L, Wang M Y, Yang X P, et al. 2020. A non-invasive far-red light-induced split-Cre recombinase system for controllable genome engineering in mice. Nat Commun, 11(1): 3708.

Yang L, Nielsen A A K, Fernandez-Rodriguez J, et al. 2014. Permanent genetic memory with >1-byte capacity. Nat Methods, 11(12): 1261-1266.

Yen L, Svendsen J, Lee J S, et al. 2004. Exogenous control of mammalian gene expression through modulation of RNA self-cleavage. Nature, 431(7007): 471-476.

Zess E K, Begemann M B, Pfleger B F. 2016. Construction of new synthetic biology tools for the control of gene expression in the cyanobacterium *Synechococcus* sp. strain PCC 7002. Biotechnol Bioeng, 113(2): 424-432.

Zetsche B, Volz S E, Zhang F. 2015. A split-Cas9 architecture for inducible genome editing and transcription modulation. Nat Biotechnol, 33(2): 139-142.

Zhao J, Pokhilko A, Ebenhöh O, et al. 2019. A single-input binary counting module based on serine integrase site-specific recombination. Nucleic Acids Res, 47(9): 4896-4909.

第五章　生　物　砖

基因元件是控制基因转录与翻译过程的生物分子及其对应的 DNA 序列，如启动子、终止子、阻遏蛋白、转录激活序列、RNA 发夹结构、重组酶等，它们就像 DNA 水平上的一块块积木。合成生物学借用电子学中数字电路的设计理念，期望通过理性设计，将元件组装成器件，器件集成成模块，模块构建成复杂的系统，最终封装在生物体中使其成为一个能执行预定功能的生物机器。要实现这样的目标，核心工作在于创造像电子元器件一样的标准化的基因元件，生物砖就是依据这个原则设计开发而来的。生物砖通过把 DNA 序列标准化，使工程师可以专注于构建系统，而无须花费时间研究每个单独的组件，或担心如何组装、保管和运输它们。

第一节　生物砖简介

一、生物砖起源

合成生物学的"零件"——组件（part），是一段有特定功能的 DNA 序列。但通过传统的分子克隆技术——PCR、酶切、连接等手段获得重组 DNA，很难满足合成生物学研究的需要。每当需要一个"零件"时，就要设计一个独特的克隆方法，而且克隆一个组件的过程中产生的中间产物通常无法应用到别的组件上，这无疑是一种资源浪费。为实现生物组件的"即插即用"，需要定义不同组件之间的标准化连接，并制定各种基本生物功能（如启动子活性）、实验测量（如蛋白质浓度）、系统操作等标准。只有这些标准被广泛采用，才能保证不同研究人员设计和构建的生物组件能够互相匹配。

为此，美国麻省理工学院人工智能实验室汤姆·奈特教授建立了一套名为"生物砖（BioBrick）"的克隆策略，使生物组件的标准化装配成为可能。就像传统的机械制造那样，各个生物砖都具备一定标准的接口，它们之间以标准的方法连接装配，形成更大的组件。每个生物砖都是一段 DNA，它包含特定的信息及编码相对应的特定功能，如启动子、核糖体结合位点、蛋白质编码序列、终止子，或是它们的组合。

二、生物砖标准

生物砖标准就是在使用生物砖的过程中所遵循的各种规范，包括生物砖运输标准、生物砖测量标准、生物砖装配标准，其中生物砖装配标准是生物砖标准的核心。

生物砖装配标准定义了如何将两个生物砖组装在一起，从而实现生物砖的幂等装配（idempotent assembly）。在数学里，幂等元素是指在某二元运算下，元素被自己重复运算的结果等于它自己的元素。例如，乘法下唯一两个幂等实数为 0 和 1。幂等装配意味着装配而成的新生物砖具有和其组成生物砖一模一样的结构要素。即任何新组成的生物砖都将遵守其装配标准，而无须进行任何操作就可以毫无疑问地用于将来的装配。

为实现这一目的，生物砖装配标准规定每个生物砖的上下游包含特定的酶切位点，只需要通过酶切连接反应，就可以将任意一个标准化后的生物砖插入到其他生物砖的上游或者下游，并且新的组合序列仍然是标准化的生物砖。通过迭代这样的操作，就可以利用简单的手段，从简单的生物砖出发，构建出大规模的复杂系统。

三、生物砖术语

（一）功能序列和组件

功能序列，即生物砖，是具有特定生物学功能的 DNA 序列，且序列中不含有特定的酶切位点。组件则是指包含前缀、功能序列和后缀的 DNA 序列。

（二）前缀和后缀

前缀（prefix）是添加在功能序列 5′端的额外的 DNA 序列，包含特定的酶切位点；后缀（suffix）是添加在功能序列 3′端的额外的 DNA 序列，也包含特定的酶切位点。

（三）质粒载体和质粒骨架

载体（vector）即质粒，负责把功能序列等基因元件运到受体细胞内；质粒骨架（plasmid backbone）是指质粒的环形 DNA 分子中除组件以外的部分，包括复制起点、筛选标记等。

（四）限制性内切酶和限制位点

1. 限制性内切酶

限制性内切酶（restriction endonuclease）又称限制酶（restriction enzyme），全称限制性内切核酸酶，是一种能将双股 DNA 切开的酶。切割方法是将糖类分子与磷酸之间的磷酸二酯键断开，进而在两条 DNA 链上各产生一个切口，且不破坏核苷酸与碱基。断开的 DNA 片段可由 DNA 连接酶（ligase）黏合，因此染色体或 DNA 上不同的基因片段得以经由剪接作用而结合在一起。

2. 限制位点

限制位点（restriction site）是 DNA 分子上包含特定核苷酸序列的位置，长度一般为 4～8 个碱基对。这些核苷酸序列可被特定的限制性内切酶识别，并且会在其识别位点或附近某处的两个核苷酸之间切割该序列。

因为限制性内切酶通常以同二聚体的形式结合，所以限制位点通常是回文序列。例如，常见的限制性内切酶 *Eco*R I 识别回文序列 GAATTC，并在顶部和底部链上的 G 和 A 之间切割。

*Eco*R I：

—G^AATTC—

—CTTAA^G—

^表示切割位置。

3. 黏性末端和平末端

黏性末端（cohesive end）是指限制性内切酶在切开 DNA 的双链结构时，形成的单股 DNA 的突出的、可互补配对的末端，分为 5′黏性末端与 3′黏性末端。

*Eco*R I、*Bam*H I、*Hind*III等可形成黏性末端。例如，*Eco*R I 识别回文序列 GAATTC 并切割后会形成突出的黏性末端 TTAA：

—G^AATTC—

—CTTAA^G—

黏性末端可用于连接具有互补突出端的 DNA 片段，如另一条 *Eco*R I 切割片段。

平末端（blunt end）是酶切后产生的不突出的末端，具有平末端的 DNA 片段也可以连接，但连接效率远低于黏性末端。*Alu* I、*Bsu*R I、*Bal* I、*Hae*III、*Hpa* I、*Sma* I 等可形成平末端。例如，*Alu* I 识别回文序列 AGCT 并切割后会形成平末端 AG。

Alu I：

—AG^CT—

—TC^GA—

4. 同尾酶

同尾酶（isocaudomer）是指识别序列不同，但切出的黏性末端相同的限制性内切酶。同尾酶形成的黏性末端在退火后互补，互补后的片段不再含有酶切位点。例如，限制性内切酶 *Not* I 和 *Bsp*120 I 就是一对同尾酶。

Not I：

—GC^GGCCGC—

—CGCCGG^CG—

*Bsp*120 I：

—G^GGCCC—

—CCCGG^G—

这两种酶酶切后都生成了 4 个碱基长度的黏性末端 CCGG，可以相互配对。在经过连接酶连接之后，会形成如下结果的 DNA 序列（下划线部分来自 *Not* I，无下划线部分来自于 *Bsp*120 I）。

—<u>GCGG</u>CCC—

—<u>CGCC</u>GGG—

该段 DNA 序列既无法被 *Not* I 识别，也无法被 *Bsp*120 I 识别，此处的限制位点就被消去了。

同样的，*Spe* I 和 *Xba* I 也是一对同尾酶。

Spe I：

—A^CTAGT—

—TGATC^A—

Xba I：

—T^CTAGA—

—AGATC^T—

这两种酶都生成了 4 个碱基长度的黏性末端 GATC，可以相互配对。在经过连接酶连接之后，会形成如下序列（下划线部分来自 *Spe* I，无下划线部分来自于 *Xba* I）。

—<u>ACTAGA</u>—

—<u>TGATCT</u>—

5. 瘢痕

瘢痕（scar）是指用酶切方式将两个生物砖连接起来形成的最终结构，即组合形成的新功能元件间存在的 6～8 个核苷酸的限制性酶切位点的残基。

第二节　生物砖 3A 拼接

一、3A 拼接简介

3A 拼接（three antibiotic assembly）是利用 3 种抗生素拼接生物砖的方法。

3A 拼接方法最大的优点在于组装后的新组件同样保持着相同的前缀和后缀，可以使用同样的方法再和第三个组件进行组装；其次，实验上使用抗生素来除去不正确拼装的克隆，可以直观地获得筛选结果，免去烦琐的分离纯化和测序的过程。之所以利用抗生素，是因为在组装之后，只有正确组装的质粒才具有对该抗生素的抗性。当对混合的细菌体系施加某抗生素时，含有正确组装质粒的细菌才能存活，其他细菌都会被杀死。

3A 拼接会用到的 3 个质粒,包括两个含有生物砖的质粒和一个用于拼接组装后组件的线性化质粒骨架,也称构建载体。这 3 种质粒分别含有 A、B、C 3 种不同抗生素的抗性标志物。3 个质粒拼接完成后,转化至细胞,并将细胞接种在补充有对应于构建载体质粒的抗生素的平板上,施加构建载体对应的抗生素 C,只含有 A 或 B 质粒的细菌会被抗生素杀死,只有含有正确组装组件质粒的细菌才能存活,而空载的 C 质粒由于其 DNA 是线性化的,因此不能被连接酶拼接。

二、3A 拼接原理

(一)质粒结构

利用一组同尾酶,如 *Spe* I 和 *Xba* I 和另外两个酶切位点,如 *Eco*R I 、*Pst* I ,就可实现重复的、顺序性的 DNA 拼接。

图 5-1 是生物砖质粒结构示意图。图中的矩形表示一个功能元件序列,箭头表示复制起点,E、X、S 和 P 分别是限制性内切酶 *Eco*R I 、*Xba* I 、*Spe* I 和 *Pst* I 对应的限制位点的缩写。

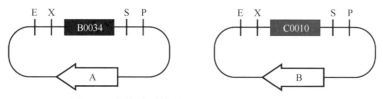

图 5-1　生物砖质粒结构(http://parts.igem.org)

(二)剪切

1. E-S 剪切

对 A 质粒 DNA 使用 *Eco*R I 和 *Spe* I 两种内切酶进行消化,获得 -E-X-B0034-S- 的 DNA 片段,两端均为黏性末端(图 5-2)。

图 5-2　E-S 剪切结果(http://parts.igem.org)

2. X-P 剪切

对 B 质粒 DNA 使用 *Xba* I 和 *Pst* I 两种内切酶进行消化,获得 -X-C0010-S-P- 的 DNA 片段,两端均为黏性末端(图 5-3)。

图 5-3　X-P 剪切结果(http://parts.igem.org)

3. E-P 剪切

对线性化的待装载的质粒 DNA 使用 *Eco*R I 和 *Pst* I 酶进行切割，获得含有 E 和 P 酶切位点的黏性末端（图 5-4）。

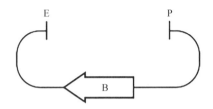

图 5-4　E-P 剪切结果（http://parts.igem.org）

（三）拼接

A 质粒被 *Spe* I 酶切割后留下的黏性末端为：

5′-A

3′-TGATC

B 质粒被 *Xba* I 酶切割后留下的黏性末端为：

CTAGA-3′

　　　T-5′

由于两个质粒都有 4 个碱基长度的黏性末端-GATC，因此黏性末端是互补的，它们相互结合后通过连接酶可以拼接在一起，形成如下 DNA 序列：

5′-ACTAGA-3′

3′-TGATCT-5′

这段序列即为瘢痕，图 5-5 中用 M 表示。

图 5-5　瘢痕（http://parts.igem.org）

通过这种方式，A 质粒包含的生物砖 B0034 和 B 质粒包含的生物砖 C0010 就组合在一起，形成了新组件 B0034-M-C0010（图 5-6）。

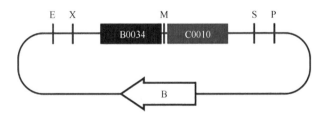

图 5-6　连接形成的新组件（http://parts.igem.org）

由于空载质粒存在 E 酶右侧黏性末端,组合形成的新生物砖含有 E 酶左侧的黏性末端,二者黏性末端碱基互补,因此能拼接在一起。同样地,新生物砖右侧的 P 酶黏性末端能和空载质粒 P 酶左侧黏性末端互补,从而实现新生物砖和空载质粒的组装。连接后的质粒仍然带有 EX/SP 前缀与后缀,因此仍是一个可以继续连接其他元件的生物砖。

三、3A 拼接标准

(一)RFC 10 标准

1. RFC 10 简介

RFC 的全称是 request for comment,即征求意见稿,始于 1969 年,最初是由斯蒂芬·克罗克用来记录有关 ARPANET 开发的非正式文档,现在演变为用来记录互联网规范、协议、过程等的标准文档。另外,RFC 文档还额外加入许多的论题在标准集内,其中包括生物砖标准。

RFC 10 是基于幂等组件的可互换组件的标准,是当前最常用的生物砖组装标准,可确保组件之间的兼容性,允许组件样品装配在一起以创建更长、更复杂的新零件,同时仍保持装配标准的结构要素。

目前,iGEM(international genetically engineered machine competition,国际基因工程机器大赛)标准生物组件登记库中的大部分元件都是 RFC 10 兼容的,并且大多数样本也都保存在符合 RFC 10 标准的质粒骨架中。因此,在设计合成生物学项目时,使用 RFC 10 可确保更大的兼容性和多样性。

2. RFC 10 标准的质粒骨架要求

RFC 10 对转运组件的质粒骨架也有具体的要求。其中一个要素是质粒骨架至少含有抵抗氨苄西林(ampicillin)、氯霉素(chloramphenicol)、卡那霉素(kanamycin)和四环素(tetracycline)这 4 种抗生素之一的标志物。这样含有质粒的细菌就能在含有相应抗生素的环境中存活,如果质粒含有氨苄西林和不超过一种其他抗生素的标志物也是可以接受的。对质粒骨架序列的另外一个要素是要包含测序中需要使用到的引物(primer)序列。

3. RFC 10 标准的前后缀要求

(1)基本要求

在 RFC 10 标准中,一个最基本的组件由三部分组成:功能序列、前缀和后缀。其中要求前缀包含三段,分别为 *Eco*R I 的酶切位点 GATTC,*Not* I 的酶切位点 GCGGCCGC 和 *Xba* I 的酶切位点 TCTAGA。注意 *Not* I 和 *Xba* I 酶切位点之间多了个碱基 T。后缀为 3′端额外的 DNA 序列,同样包含了三个酶切位点,分别

为 *Spe* I（ACTAGT）、*Not* I（GCGGCCG）和 *Pst* I（CTGCAG）。

需要注意的是：在生物砖的 RFC 10 标准（BioBrick RFC 10）中，生物砖指的是不包括前缀和后缀的序列，即功能序列本身。前缀和后缀则是属于标准的一部分。

（2）非编码序列的前后缀要求

一般情况下，RFC 10 建议如果生物砖组件不是蛋白质编码序列（CDS），前缀中 *Xba* I 的酶切位点后还需跟个碱基 G，即完整的前缀形式如下：

GAATTC　　　　　GCGGCCGC　　T　　T^CTAGA　　　　　　G
*Eco*R I 酶切位点　　*Not* I 酶切位点　　T　　*Xba* I 酶切位点　　　　　G

而在后缀中 *Spe* I 的酶切位点头部也需增加一个碱基 T，即完整的后缀形式如下：

T　　　A^CTAGT　　　A　　GCGGCCG　　CTGCAG
T　　　*Spe* I 酶切位点　　A　　*Not* I 酶切位点　　*Pst* I 酶切位点

完整的非编码序列的前后缀如图 5-7 所示。

图 5-7　RFC 10 标准中非 CDS 前后缀要求（http://parts.igem.org）

Prefix. 前缀；part. 组件；Suffix. 后缀

当两个组件进行拼接时，前一个组件在后缀包含的 *Spe* I 酶切位点酶切，产生右侧黏性末端：

5′-TA

3′-ATGATC

后一个组件在前缀 *Xba* I 酶切位点酶切，产生左侧黏性末端：

CTAGAG-3′

　　　TC-5′

互补连接后形成的瘢痕实际上是 8 个碱基序列。

5′-TACTAGAG-3′

3′-ATGATCTC-5′

（3）编码序列的前后缀要求

如果要拼接的序列不是蛋白质编码序列，互补连接后形成的 8 个碱基序列的瘢痕没有太大问题。但如果想通过拼接把两个组件的蛋白质组合成一个新的蛋白质，这个就造成严重的后果。原因在于 8 不是 3 的倍数（3 是一个密码子中碱基的个数），也就是说从 5′端到 3′端在经过这个瘢痕时，翻译的阅读框发生位移，造成右侧组件的翻译完全错位。

因此，对于生物砖组件是蛋白质编码序列时，RFC 10 标准将使用一个缩短的前缀，以实现 RBS（核糖体结合位点）和 CDS 之间的最佳间隔，从而产生了 6 个碱基序列的瘢痕，而不是通常的 8 个碱基序列。

RFC 10 标准中规定编码序列的前缀序列比非编码序列的前缀序列在 3′端少两个碱基 AG，完整的非编码序列的前后缀如图 5-8 所示。

Prefix　　　　　　　　　　Suffix

5′ - GAATTC GCGGCCGC T TCTAGA ... part ... T ACTAGT A GCGGCCG CTGCAG - 3′

*Eco*R Ⅰ　*Not* Ⅰ　*Xba* Ⅰ　*Spe* Ⅰ　*Not* Ⅰ　*Pst* Ⅰ

图 5-8　RFC 10 标准中 CDS 前后缀要求（http://parts.igem.org）

而且这个前缀必须紧跟着翻译起始密码子 ATG，这样 ATG 中的 A 成为 *Xba* Ⅰ酶切识别位点中的一部分。

GAATTC	GCGGCCGC	T	T^CTAG	ATG
*Eco*R Ⅰ酶切位点	*Not* Ⅰ酶切位点	T	*Xba* Ⅰ酶切位点	起始密码子

当两个组件进行拼接时，前一个组件在后缀包含的 *Spe* Ⅰ酶切位点酶切，产生右侧黏性末端：

5′-A

3′-TGATC

后一个组件在前缀 *Xba* Ⅰ酶切位点酶切，产生左侧黏性末端：

CTAGA-3′

T-5′

互补连接后形成的瘢痕：

5′-ACTAGA-3′

3′-TGATCT-5′

这种方式下瘢痕是 6 个碱基序列，不会造成阅读框位移。但 ACTAGA 对应的氨基酸为苏氨酸（threonine，Thr）和精氨酸（arginine，Arg）。Arg 是个带正电的氨基酸，这个额外的精氨酸可能会对组装后的序列表达出来的蛋白质性质和结果造成重大影响，如不能折叠为正常的二级结构。

为了防止上述瘢痕的 6 个碱基被翻译成蛋白质中的一部分，编码序列需以 TAATAA 结束（TAA 是翻译终止密码子），这样确保两个组件的蛋白质都能独立正常翻译。但这也正是 RFC 10 存在的问题，即它不便于蛋白质融合体——融合蛋白的组装。

（二）RFC 23 标准

RFC 23 标准也称 Silver 拼接，是对 RFC 10 的修改。

为了解决 RFC 10 存在的蛋白质编码序列需以翻译终止密码子 TAATAA 结束，实现编码蛋白质组件的框内组装问题，Silver 等提出了在 RFC 10 编码序列使用的前缀序列中，将 *Xba* Ⅰ 酶切位点 3′端减少一个碱基 G，即前缀为：

GAATTC　GCGGCCGC　T　T^CTAGA　~~G~~

*Eco*R Ⅰ 酶切位点　*Not* Ⅰ 酶切位点　T　*Xba* Ⅰ 酶切位点　~~G~~

在后缀序列中，将 *Xba* Ⅰ 酶切位点 5′端减少一个碱基 T，即前缀为：

5′　~~T~~　A^CTAGT　A　GCGGCCG　CTGCAG　3′

~~T~~　*Spe* Ⅰ 酶切位点　A　*Not* Ⅰ 酶切位点　*Pst* Ⅰ 酶切位点

完整的前后缀序列见图 5-9。

Prefix　↓　↓　Suffix

5′ - GAATTC GCGGCCGC T TCTAGA ... part ... ACTAGT A GCGGCCG CTGCAG - 3′

*Eco*R Ⅰ　*Not* Ⅰ　*Xba* Ⅰ　*Spe* Ⅰ　*Not* Ⅰ　*Pst* Ⅰ

图 5-9　RFC 23 标准中 CDS 前后缀要求（http://parts.igem.org）

这样，当两个组件进行拼接时，前一个组件在后缀包含的 *Spe* Ⅰ 酶切位点酶切，产生右侧黏性末端：

5′-A

3′-TGATC

后一个组件在前缀 *Xba* Ⅰ 酶切位点酶切，产生左侧黏性末端：

CTAGA-3′

T-5′

互补连接后形成的瘢痕：

5′-ACTAGA-3′

3′-TGATCT-5′

这样的瘢痕也是 6 个碱基，不会造成翻译阅读框位移。但该两组密码子也会被翻译成苏氨酸（Thr）和精氨酸（Arg），同样存在上文提及的精氨酸可能影响蛋白质二级结构进而影响功能的问题。

（三）RFC 25 标准

RFC 25 标准，也称弗莱堡（Freiburg）标准。该标准是由 2007 年参加 iGEM 竞赛的 Freiburg 队提出的一种改进方法，用于实现融合蛋白的组装。Freiburg 标准在 RFC 10 中编码序列使用的前缀和后缀中分别引入 *Ngo*MⅣ和 *Age* Ⅰ 酶切位点。

即前缀为：

GAATTC　GCGGCCGC　T　TCTAGA　TG　G^CCGGC

*Eco*R Ⅰ 酶切位点　*Not* Ⅰ 酶切位点　T　*Xba* Ⅰ 酶切位点　TG　*Ngo*MⅣ酶切位点

后缀为：

A^CCGGT　TAA　T　A^CTAGT　A　GCGGCCG　CTGCAG

Age Ⅰ 酶切位点　TAA　T *Spe* Ⅰ 酶切位点　A　*Not* Ⅰ 酶切位点　*Pst* Ⅰ 酶切位点

完整的前后缀序列见图 5-10。

Prefix ↓ ↓ Suffix
5' - GAATTC GCGGCCGC T TCTAGA TG GCCGGC ... part ... ACCGGT TAAT ACTAGT A GCGGCCG CTGCAG - 3'
EcoR I   Not I   Xba I   NgoMIV   Age I   Spe I   Not I   Pst I

图 5-10 RFC 25 标准中 CDS 前后缀要求

这样，当两个编码蛋白质的生物砖组件（组件中不能含有 Age I 和 NgoMIV 的酶切位点序列）进行拼接时，前一个组件在后缀包含的 Age I 酶切位点酶切，产生右侧黏性末端：

5'-ACCGG

3'-T

后一个组件在前缀 NgoMIV 酶切位点酶切，产生左侧黏性末端：

C-3'

GGCCG-5'

互补连接后形成的瘢痕：

5'-ACCGGC-3'

3'-TGGCCG-5'

形成的瘢痕同样也是 6 个碱基，但是序列变为 ACCGGC，分别编码苏氨酸（Thr）和甘氨酸（Gly），这两种氨基酸对编码蛋白质的结构和功能影响小得多，从而实现了融合蛋白的拼接。

第三节　生物砖类型

一、启动子

启动子（promoter）是可以募集转录机器——RNA 聚合酶（RNA polymerase，RNAP）并导致下游 DNA 序列转录的 DNA 序列。启动子的序列决定了启动子的强度（强启动子导致转录起始速率高）。除了包括"促进"转录的序列，启动子还可以包括吸引或阻碍 RNAP 的序列，以及结合调节因子的序列，这样的启动子被称为受调节的启动子，调节因子的存在与否将影响启动子的强度。

图 5-11 是美国麻省理工学院标准生物组件登记库中的启动子符号，它显示的是细菌启动子的典型序列，其中阴影框表示细菌启动子的两个保守区域，分别位于转录起始位点的–10 和–35 碱基处。在–10 和–35 位点之间平均有 17 个碱基，在–10 位点和转录起始位点之间平均有 7 个碱基。

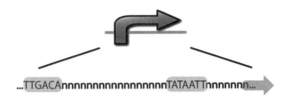

图 5-11　启动子序列（http://parts.igem.org）

在设计包含启动子的基因线路时，可以忽略启动子工作的细节，将启动子视为根据输入执行输出的设备。启动子的活性会受到系统中其他物质的影响，也就是受输入的调节。例如，负向调节启动子阻遏物的水平，则是启动子的输入信号。

（一）组成型启动子

组成型启动子（constitutive promoter）默认情况下处于"开启"状态。虽然游离 RNA 聚合酶的水平会影响组成型启动子，但是通常认为游离 RNA 聚合酶的水平不变，所以认为组成型启动子的输入保持不变。换言之，组成型启动子的活性与转录因子无关。

组成型启动子按照大肠杆菌、枯草芽孢杆菌、噬菌体、酵母、真核生物等种属来源分类，大肠杆菌、枯草芽孢杆菌的组成型启动子又根据 σ 因子的不同分成了各种亚型。σ 因子是一种非专一性蛋白，可识别启动子共有序列，作为所有 RNA 聚合酶的辅助因子起作用。σ 因子与 RNA 聚合酶结合使 RNA 聚合酶转变为聚合酶全酶。含 σ 因子的全酶与 DNA 上的启动子牢固地结合，使 RNA 的合成能从正确的部位开始进行。反应开始后，全酶一旦游离出 σ 因子，核心酶就进行 RNA 链延长反应，游离的 σ 因子则再被利用开始新的合成。大肠杆菌细胞中主要的 σ 因子称为 σ70（表示其分子质量为 70kDa）；基因 *htpR* 的产物是 32kDa 的蛋白质，它是一种变异的 σ 因子，称为 σ32。σ32 能引导核心酶在热休克基因的启动子处起始转录；大肠杆菌的另一种 σ 因子是在氮饥饿时起作用的，称为 σ54。正常时大肠杆菌细胞中仅有少量 σ54，但当介质中氨缺乏时，σ54 即大量增多，以开启某些可利用其他氮源的基因。

（二）细胞信号传递型启动子

细胞信号传递型启动子都与细胞信号转导有关。细胞信号转导通常由在细胞之间扩散并可以扩散穿过细胞膜的小分子或肽介导。信号分子被受体蛋白（通常位于细胞膜中或附近）识别，该蛋白质直接或通过信号级联调节启动子活性。

（三）对金属敏感型启动子

对金属敏感型启动子通常受金属离子或复合物结合的受体蛋白调节。

（四）噬菌体启动子

噬菌体启动子通常用于蛋白质非常高的表达。这些启动子可在大肠杆菌和其他底盘细胞中发挥作用，但通常需要存在特定的噬菌体 RNA 聚合酶才能启动。

二、核糖体结合位点

（一）核糖体组成与功能

1. 组成

核糖体（ribosome）是细胞内一种核糖核蛋白颗粒（ribonucleoprotein particle），主要由核糖体 RNA（rRNA）和蛋白质构成，核糖体中的蛋白质命名为 R 蛋白（R-protein），其中催化肽键合成的是 rRNA，R 蛋白是用来维持 rRNA 构象的。

核糖体由大小两个亚基组成。在大肠杆菌中，小亚基（30S）包含 16S rRNA 和 21 个 R 蛋白，大亚基（50S）包含 23S rRNA、5S rRNA 和 31 个 R 蛋白（S 为大分子物质在超速离心沉降中的物理学单位 Svedberg，可间接反映分子量的大小）。

细菌 mRNA 的翻译起始位点由 AUG 起始密码子及其上游约 10 碱基缺口处的 SD 序列（Shine-Dalgarno sequence）嘌呤六连体（5′……AGGAGG……3′）构成，这段特定序列称为核糖体结合位点（ribosome binding site，RBS）。

2. 功能

在 mRNA 上存在一系列密码子，它们能与氨酰 tRNA 上的反密码子相互作用，从而把一系列相应的氨基酸装配入肽链中。核糖体提供了控制 mRNA 与氨酰 tRNA 之间相互作用的环境。它好比微型移动工厂，沿着模板移动，进行快速的肽键合成循环，氨酰 tRNA 以极高的速率出入该颗粒，装入氨基酸，而延伸因子周期性结合、离开核糖体。伴随着这些辅助因子的作用，核糖体提供了完成所有翻译步骤所需的全部活性。

（二）蛋白质合成步骤

蛋白质合成分成三个步骤。

1. 起始

起始涉及的反应发生在蛋白质的最初两个氨基酸形成肽键之前。起始需要核糖体结合到 mRNA 上，构建一个包含氨酰 tRNA 的起始复合体。细菌核糖体小亚基的 16S rRNA 上与 SD 序列配对的互补序列与 mRNA 上的核糖体结合位点结合，起始密码子 AUG 与 tRNA 起始子配对。

2. 延伸

延伸包括从第一个肽键的合成到最后一个氨基酸加入的全部反应过程。氨基酸将逐个添加到新生肽链的尾部。

3. 终止

终止阶段核糖体释放翻译完成的肽链，同时核糖体从 mRNA 上解离。

（三）标准生物组件登记库中的 RBS

细菌中的翻译起始几乎总是需要 RBS 序列和起始密码子。在标准生物组件登记库中，蛋白质编码序列以起始密码子开始。因此，如果要构建可产生蛋白质的基因线路，则需要选择一个 RBS 组件并将其置于要翻译的蛋白质编码序列的上游。由于 RBS 周围的序列也会影响翻译起始速率，因此标准生物组件登记库中的 RBS 组件既包含经典的 RBS，有时也包含一些周围的序列。

三、蛋白质编码序列

（一）标准生物组件登记库中的蛋白质编码序列

蛋白质编码序列（protein coding sequence），通常缩写为 CDS，是转录成 mRNA 的 DNA 序列，其中相应的 mRNA 分子被翻译成多肽链。蛋白质编码序列中的每三个核苷酸（密码子）在多肽链中编码一个氨基酸。

在标准生物组件登记库中，蛋白质编码序列以起始密码子（通常为 ATG）开始，以终止密码子（通常以双终止密码子 TAATAA）结束。

（二）蛋白质编码序列的组成

尽管通常将蛋白质编码序列视为基本组件，但实际上，蛋白质编码序列本身可以由一个或多个称为蛋白质结构域的部分组成。蛋白质结构域是氨基酸序列，它们相对独立地折叠，并且在不同的蛋白质编码区之间作为一个单独单元。这种结构域的 DNA 序列必须保持框内翻译，因此其碱基个数是 3 的倍数。由于这些蛋白质结构域在蛋白质编码序列内，因此称为内部结构域。某些内部结构域在蛋白质切割或剪接中具有特定功能，被称为特殊内部结构域。

例如，蛋白质编码序列的 N 端结构域在许多方面都是特殊的。首先，它总是包含一个起始密码子，与核糖体结合位点相距适当的距离。其次，许多编码区在 N 端具有特殊功能，如蛋白质输出标签及脂蛋白裂解和附着标签等。这些区域存在于编码区域的开头，因此被称为头部结构域。类似地，蛋白质的 C 端结构域也是特殊的，至少包含终止密码子。其他特殊功能（如降解标签）也必须位于 C 端。这些区域被称为尾部结构域。

图 5-12 就是一个从翻译起始（RBS）到翻译终止（双终止密码子 TAATAA）的生物砖，它由几种不同类型的蛋白质结构域组装在一起形成翻译元件。

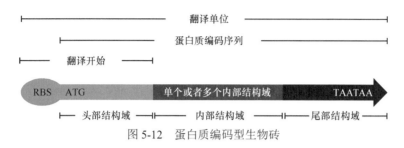

图 5-12　蛋白质编码型生物砖

1. 头部结构域

头部结构域由起始密码子和紧随其后的零个或多个指定 N 端标签的密码子三联体组成。例如，定位标签可以将蛋白质引导到细胞中的特定物理位置，包括细胞核、细胞膜、细胞质、细胞外或其他部位，定位标签可用于实现蛋白质的空间分离；亲和标签是可以与抗体、金属离子或其他底物结合的短蛋白质序列或蛋白质结构域。通常，将亲和标签融合到蛋白质上，就能够通过与固定的配体结合或通过蛋白质印迹法（Western blotting）进行重组蛋白的定量和纯化。

2. 内部结构域

内部结构域由一系列密码子三联体组成，这些密码子三联体编码不含有起始密码子或终止密码子的氨基酸序列。内部结构域可以融合多个内部域，包括 DNA 结合域、报告基因结构域等。其中报告基因结构域是可用于测量基因表达或其他细胞内事件的蛋白质编码序列，通常会产生可测量的信号，如荧光、颜色等。

3. 特殊内部结构域

特殊内部结构域是具有特定功能的短域，包括连接子、切割位点及内含子等。其中连接子（linker）用于将两个蛋白质结构域连接或融合在一起。切割位点可被位点特异性蛋白酶识别并切割。

4. 尾部结构域

尾部结构域的 C 端由零个或多个三联体密码子组成，后接一对或多对 TAA 终止密码子。最简单的情况为，尾部结构域仅含终止密码子，用于终止蛋白质翻译。复杂的尾部结构域可能还包括降解标签或亲和标签，后跟 TAATAA 双终止密码子。其中降解标签降低了蛋白质半衰期，增加了蛋白质周转率。由于大多数降解标签依赖于内源性细胞机制进行降解，因此降解标签具有细胞底盘特异性。

（三）设计蛋白质编码序列

在设计蛋白质编码序列时要考虑以下一些基本事项。

1）将蛋白质编码序列分解成一个或多个内部结构域。确保蛋白质编码序列中没有任何生物砖标准中的酶切位点（*Eco*R I、*Xba* I、*Spe* I 或 *Pst* I）。如果有，则需要将其删除。如果打算通过基因合成来合成蛋白质编码序列，还需在蛋白质编码序列中去除相关的限制性酶切位点。

2）考虑是否控制蛋白质在细胞中的位置。如有此需求，则可以将定位标签序列加入头部结构域。

3）考虑是否有纯化或定量蛋白质的需求。如有此需求，则在头部结构域或尾部结构域添加一个亲和标签序列。

4）考虑是否有控制蛋白质的降解速率的需求。如有此需求，则在尾部结构域添加降解标签序列。

5）蛋白质编码序列的尾部结构域由双终止密码子 TAATAA 组成。使用单个 TAG 或 TAGTAG 可能会导致产生非法的限制性酶切位点（*Xba* I、*Spe* I）。

四、终止子

（一）标准生物组件登记库中的终止子

终止子（terminator）是能够引起 RNA 聚合酶终止转录的 DNA 序列。在原核生物中，终止子通常分为两类：不依赖 Rho 因子的终止子和依赖 Rho 因子的终止子。

Rho 因子是大肠杆菌的一种基本蛋白质，能引起转录终止。在依赖 Rho 的终止子模型中，Rho 因子首先结合于 RNA 上的 Rho 因子利用位点（Rho utilization site，rut）后沿着 RNA 链前进，直到它抓到 RNA 聚合酶。当 RNA 聚合酶到达终止位点时，Rho 因子使 RNA 聚合酶释放 RNA。

不依赖 Rho 因子的终止子通常由回文序列组成，该序列形成了一个富含 GC 碱基对和随后多个 U 碱基的茎环。转录终止的常规模型是茎环导致 RNA 聚合酶暂停，而 poly(A)尾部的转录导致 RNA-DNA 双链体解开并与 RNA 聚合酶解离。目前，标准生物组件登记库中的所有大肠杆菌终止子都是不依赖于 Rho 因子的终止子（图5-13），尚不包括 Rho 因子依赖的终止子。另外标准生物组件登记库里还包含了酵母终止子和真核终止子。

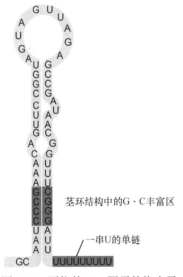

茎环结构中的G·C丰富区

一串U的单链

图 5-13　不依赖 Rho 因子的终止子

（二）终止子类型

1. 正向终止子

最常用的终止子类型是正向终止子。当其被置于被转录的基因下游时，正向终止子将导致转录中止。但是，一般而言大多数转录终止子不会以100%的效率终止转录。

2. 双向终止子

双向终止子通常会导致转录终止于正向链和反向链。同样，转录终止的效率不是100%，并且通常在正向和反向上会有所不同。

3. 反向终止子

反向终止子仅终止反向链上的转录。

五、质粒骨架

（一）质粒

质粒（plasmid）是环状的双链 DNA 分子，通常包含几千个碱基对，它们独立于染色体 DNA，在细胞内复制。质粒 DNA 易于从细胞中纯化，可使用常规实验室技术进行操作并掺入细胞中。

标准生物组件登记库中的大多数生物砖均在质粒上进行维护和繁殖。因此，构建生物砖元件、设备和系统通常需要使用质粒。在标准生物组件登记库中，质粒由质粒骨架和位于克隆位点中的前缀、后缀和生物砖等几部分组成（图 5-14）。

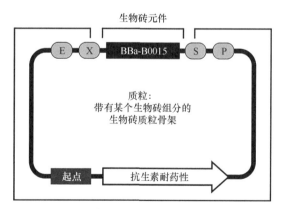

图 5-14　质粒示意图

（二）质粒骨架

质粒骨架（plasmid backbone）也称质粒主链，定义为以生物砖后缀开头的序列，包括复制起点和抗生素抗性标记，并以生物砖前缀结尾。质粒骨架由标准生物组件登记库分配，带有默认插入物。某些质粒骨架具有 *ccdB* 阳性选择标记，可确保组装两个生物砖时未切割的质粒不被转化。但包含 *ccdB* 基因的质粒载体必须在 *ccdB* 耐受菌株中繁殖，如大肠杆菌菌株 DB3.1。某些质粒骨架含有 RFP（红色荧光蛋白）表达框，可对菌落进行红白斑筛选：未切割的质粒在平板上呈红色，而正确的菌落则为白色。所有质粒骨架上还具有 3 种不同的抗生素抗性标记及验证引物的引物结合位点，以方便 3A 组装和后续的测序及筛选。

（三）常用的生物砖质粒骨架

1. 用于生物砖拼接的质粒骨架

生物砖拼接时使用的质粒骨架应该首选高拷贝的质粒骨架。高拷贝质粒易于从培养物中以高回收率纯化，便于获得足够的 DNA，从而方便拼接。

标准生物组件登记库中 pSB1A3、pSB1A7、pSB1AC3、pSB1AK3、pSB1AT3、pSB1C3、pSB1K3、pSB1T3 等都属于高拷贝装配质粒，其共同的特征为：①包括完整的生物砖克隆位点；②克隆位点侧翼有终止子；③具有标准生物砖验证引物 VF2（BBa_G00100）和 VR（BBa_G00101）的引物结合位点，从而方便测序和筛选。

2. 用于组装融合蛋白的质粒骨架

组装融合蛋白的质粒骨架要符合 RFC 23 标准，即 Silver 拼接的要求。

标准生物组件登记库中的 BBa_J63009 和 BBa_J63010 均是用于组装融合蛋白的质粒骨架。这类质粒骨架中的前缀和后缀分别缩短 1 个碱基对，以使产生的 *Spe* I-*Xba* I 瘢痕长只有 6 个碱基序列（ACTAGA），实现蛋白质结构域在框架中组装。但瘢痕中编码精氨酸的密码子 AGA 是大肠杆菌中的稀有密码子，稀有密码子会降低大肠杆菌中蛋白质的表达效率。

3. 用于表达重组蛋白的质粒骨架

要表达符合生物砖装配标准的重组蛋白质，需将蛋白质编码序列拼接到用于表达重组蛋白的质粒骨架上。这类质粒骨架均包含一个启动子和一个核糖体结合位点，用于表达下游的蛋白质。高拷贝、低拷贝或中等拷贝的质粒骨架各有特点，一般拷贝数越高蛋白质表达水平越高，不过拷贝数较低的质粒在某些情况下可以提供更好的蛋白质表达。

如果需要诱导表达蛋白质，可以选择可诱导表达质粒，只有在加入外源诱导剂（如异丙基硫代-β-D-半乳糖苷 IPTG）时才会表达。

第四节 生物砖管理

随着越来越多的生物砖被创建出来，人们需要为这些基因组件及其数据提供某种形式的存储方式，这就是标准生物组件登记库。它既指含有基因组件的质粒的物理存储库，也指管理和利用基因组件数据的开放的网络平台。

每年，国际基因工程机器大赛（iGEM）的参赛团队都会收到标准生物组件登记库分发的质粒（称为生物砖分发套件）用于项目的开展，包括使用已有的生物砖构建自己的新组件，并将生物砖的信息数据添加到网络平台中。

一、查看组件

（一）标准生物组件登记库中的组件组织形式

在标准生物组件登记库中，每个单独的组件称为 part，无论是简单的启动子，或是含有多个亚单位组成的复合组件，都有唯一的组件名称（part name），如 BBa_R0051。组件名称是某个组件在整个标准生物组件登记库中使用的正式名称。每一个组件的数据信息按照主页、设计页、体验页、信息页的形式组织起来（图 5-15）。

图 5-15 标准生物组件登记库中的组件组织形式（http://parts.igem.org）

1. 主页

主页（main page）包含使用该组件所必需的资料，包括基本信息、测量数据和特性，以便用户知道该组件是什么，以及它是如何工作的。

2. 设计页

设计页（design page）包含该组件设计方式（设计过程）的信息，并且默认情况下还包括其序列和功能框数据。

3. 体验页

体验页（experience page）包含来自使用该组件的用户所提供的使用信息。

4. 信息页

信息页（information page）包含组件设计者可编辑的元素，包括简短描述、组件类型、类别、参数等，通过这些参数可以在标准生物组件登记库中对组件进行分类和查询。

（二）查看组件状态

组件状态框出现在每一个组件页面的右上角。它提供了标准生物组件登记库中该组件状态的摘要信息。

1. 组件状态

组件状态（part status）是组件设计者对于该组件是否发行、是否可用的描述，反映了组件的文档和特征完整性，包括"Released""Released HQ 2013""Not Released"和"Discontinued"4 种状态。其中"Released"表示组件满足了特定的完整性标准，由提交者进行了发布；"Released HQ 2013"表示在 2013 年引入发布机制之前由 iGEM 总部发布；"Not Released"表示正在进行或不完整的组件，其状态是未发布状态；"Discontinued"表示停止继续使用的组件，停用的组件大多是陈旧、文档记录不清，并且未使用的组件。

2. 样品状态

样品状态指的是包含组件的质粒的状态，包括：有货样品、复杂情况、没有库存 3 种情况。其中"有货样品"指有可用样品，并已对样品进行测序，满足质量控制标准，该样品可以在当前发行版中，也可以根据要求提供；"复杂情况"指有可用样品，但没有满足质量控制标准、样品未测序或测序结果存在错误，该样品可以在当前生物砖分发套件中，也可以根据要求提供；"没有库存"表明没有可用样品，无法提供。

3. 使用经验

使用经验是组件设计者所记录的该组件使用情况和体会。

4. 使用情况

使用情况反映了该组件在标准生物组件登记库中被复合组件使用的次数，单击可以查看相关复合组件的信息。

5. 雷同组件

雷同组件显示与本组件雷同的组件数量，也称为双胞胎（twin）组件，是指具有相同序列的两个或多个组件，单击可以查看雷同组件的信息。如果要添加新组件，则它不应与现有组件雷同，可以通过 part tools 菜单选择 related parts 查看是否存在雷同组件。对于标准生物组件登记库中已经存在的雷同组件，将会被逐步淘汰。

（三）浏览组件

通过网页 parts.igem.org 的目录（catalog）菜单可以浏览标准生物组件登记库中的组件（图 5-16）。

图 5-16 parts.igem.org 的目录菜单界面（http://parts.igem.org）

1. 按类别浏览

在按类别浏览（Browse by Type）子菜单中，列出了启动子（Promoters）、核糖体结合位点（RBS）、编码序列（Coding sequences）、终止子（Terminators）、骨架（Backbones）及功能元件（Function）等组件类别，单击即可查看该类别的介绍页面，并进一步查看包含的子组件。

2. 按功能浏览

通过选择标准生物组件登记库页面的 catalog 菜单中的 Function，可以实现按功能浏览组件，如查看与细胞间信号转导、细胞死亡、细胞运动性或趋化性、产生或感知气味等功能的组件。

通过这种方法，可以很方便地找到所需要的生物砖组件，如能够发出香蕉味的生物砖组件是 BBa_J45200 等，单击即可查看相关组件的介绍，并可进一步进入组件页面。

二、提交组件

（一）组件类型

1. 基本组件

基本组件（basic part）是单一功能单元的 DNA，如启动子、核糖体结合位点、蛋白质编码区等。它们不能被细分为更小的组成部分。基本组件的 DNA 可以通过"从头"合成、PCR 或其他技术获得。

2. 复合组件

复合组件（composite part）是由有序的多个基本组件或其他复合组件组成的功能单元。在提交复合组件的页面，标准生物组件登记库系统会列出复合组件用到的基本组件的顺序和信息，提交者应对此进行确认并对复合组件的功能和设计问题进行详细记录。

（二）基本要求

1）iGEM 标准生物组件登记库采用的标准包括 BioBrick RFC 10 和 Type ⅡS。

2）提交组件者应尽可能完整地记录描述序列、模型、度量等组件数据，并在组件页面上提供这些信息。

3）对组件的描述应该符合标准，使得未来使用该组件的用户凭借组件描述文档就可以了解和使用它，而不必与组件的设计者进行沟通请教。

4）组件必须要有与标准兼容的 DNA 序列，一个组件可以通过其 DNA 序列加以识别。

5）组件的样本按标准中的存储要求组装在质粒骨架上，并在其两侧加上前缀和后缀。

（三）提交流程

1）访问标准生物组件登记库页面（parts.igem.org）。

2）点击页面上方的工具（tools）菜单，选择添加组件（add a part），然后选择添加的是基础组件（basic part）还是复合组件（composite part）。

3）输入组件基本信息，包括：选择组件所属团队；在标准生物组件登记库分配的范围内为组件命名，名称要以 BBa_开头；选择组件的类型；对组件进行简要描述和详细描述。简要描述要清晰、一目了然，详细描述要尽可能完整；描述组件的来源，例如，组件是来自某个基因组序列；描述组件序列在使用、再设计过程中必须考虑的因素。

如果是复合组件，则要在 subparts 框中输入组成组件的子组件名称，多个子组件名称之间用英文逗号分隔，并根据需要勾选 generate this part with no scars，以确定子组件间是否有瘢痕。

如果是基础组件，则输入组件 DNA 序列，并根据需要添加 DNA 序列中特征片段的注释。

三、编辑组件

（一）编辑组件信息

1. 编辑组件 Wiki 页面的基本信息

组件提交后，会自动形成 4 个 Wiki 页面，分别为主页、设计页、经验页和信息页。这 4 个页面通过后台使用<partinfo>标签显示相同的页眉信息（page header）和页脚信息（page footer）。其中页眉信息包括组件设计者、所属团队、提交日期、类型；页脚信息包括组件参数、所属分类。这些信息都可通过信息页面进行编辑。

在 Main Page 中用<partinfo>标签读取了组件的描述信息，并以图形化形式显示了组件序列特征，主页不可编辑。

2. 编辑组件设计信息

设计页包含了 6 部分：页眉、图形化形式显示的组件序列特征、区域、设计说明（Design Notes）、来源（Source）和参考文献（References）。后 3 个部分均可通过单击 edit 链接进行编辑修改。编辑页面时需使用 Mediawiki 语法，如参考文献可以使用 Wiki 语法中的 # 进行自动编号（图 5-17）。

Part:BBa_R0051:Design
Designed by: Vinay S Mahajan, Brian Chow, Peter Carr, Voichita Marinescu and Alexander D. Wissner-Gross Group: Antiquity (2003-01-31)

promoter (lambda cl regulated)

Assembly Compatibility: 10 12 21 23 25 1000

Design Notes [edit]

In order to address concerns about the promoter transcribing in the reverse direction, we have removed the -35 and -10 signals responsible for the promoter activity in the reverse direction. (More details needed here! DE, 2/24/03)

Incompatible with host expressing cl repressor.

Source [edit]

"Synthetic oscillatory network of transcriptional regulators," Elowitz,M.B. and Leibler S., *Nature* **403**, 335-38 (2000)

References [edit]

图 5-17 组件设计页面（http://parts.igem.org）

3. 编辑组件使用信息

经验页包含 3 部分：页眉、应用（applications）、用户评论（user reviews）。应用和用户评论部分均可通过单击 edit 链接进行编辑修改。

4. 编辑复合组件成员

在标准生物组件登记库的工具（tools）菜单中选择 Parts Tools 类别中的 Edit Composite Part 可以对复合组件进行编辑。

（二）编辑组件序列

1. 输入组件序列及特征片段信息

在标准生物组件登记库的工具（tools）菜单中选择 Parts Tools 类别中的 Edit Sequence and Features 可以对组件的序列和序列特征片段进行修改完善。标准生物组件登记库系统会自动检测提交的序列中是否包含限制性酶切位点，并对是否符合 RFC 拼接标准进行判断，不符合的标准上会被标注斜线。

组件序列可以通过以下方法获得。

1）确定组件组成元素的基因序列：利用 NCBI、Uniprot（https://www.uniprot.org）、VectorBuilder（https://en.vectorbuilder.com）等网站，分别获得生物砖组成元素的基因序列或氨基酸序列，也可从相关参考文献获得。

2）根据需要在组成元素间添加间隔序列：如果组成元素之间需要添加一定的间隔序列，则可以用组成元素的侧翼序列作为间隔序列。可以通过 UCSC 数据库（http://genomes.mcdb.ucla.edu）查看组成元素的更多基因组序列信息，如 5'-UTR、3'-UTR、外显子、内含子等信息，然后从元素编码区的 ATG 起始位点上游选择一定长度的外显子序列作为侧翼序列。

3）优化组件序列：序列优化主要有两个目的：一是去除序列中包含的生物砖装配标准中使用的限制性内切酶位点；二是优化密码子使其更好地在所需细胞底盘中表达。序列优化可以利用序列优化工具进行，也可以通过 jcat（http://www.jcat.de/）等网站进行在线优化。

完成序列输入后，根据序列的组成可以再输入特征片段，方法为：在 Features 区域选择 Add a feature，输入起始位置、选择类型（type）、并添加特征说明（label）后保存。

2. 查看序列

通过 Part Tools 菜单选择 GenBank Format 可以按照 GenBank 格式显示组件序列。

3. 对比序列

通过标准生物组件登记库的工具（tools）菜单中选择序列分析（sequence analysis），可以使用 Blast 数据库进行序列分析，包括：①序列与标准生物组件登记库中的基本组件或全部组件比较；②序列与特定某个组件进行比较；③进行多个序列比较；④查看用户提交组件的其他信息等。

4. 序列长度分析

通过标准生物组件登记库的工具（tools）菜单中选择 Parts Tools 类别中的 Length in Plasmids 或通过 Part Tools 菜单选择 Length in Plasmids，了解适合组装组件的质粒骨架有哪些，也可对组件 DNA 序列长度进行分析。

（三）删除和恢复组件

在信息页的页眉区编辑 Delete This Part，选择 Delete Part，就可以删除组件，组件状态信息变成已删除（deleted），样品状态变成停止（sample discontinued）状态。但标准生物组件登记库中依然保存有被删除组件的数据，可以再次编辑该组件，选择 Undelete Part 加以恢复。

第六章 合成生物系统中的逻辑门

逻辑门（logic gate）又称数字逻辑电路基本单元，是数字电路的基本内容，是各种现代化高精尖数字仪器的基本部件。在数字电路中，高低电平信号可以描述为逻辑上的"真"与"假"或者二进制中的 1 和 0。逻辑门在接收一个或多个二进制输入后执行相应逻辑运算，产生一个二进制输出。在合成生物学中，逻辑门基因线路借鉴数字电路的理论和规则来研究基因线路的逻辑关系和调控方法。复杂的生物学被抽象成 {0,1} 空间的映射关系，有助于人们更好地设计基因线路。

一、基本概念

（一）基本逻辑电路

基本逻辑电路通常由门电路构成。常见的门电路有以下几种。①非门：利用内部结构，使输入的电平变成相反的电平，即高电平变低电平，低电平变高电平。②与门：利用内部结构，使输入两个高电平时，输出高电平，不满足有两个高电平输入时输出低电平。③或门：利用内部结构，使输入至少一个为高电平时，输出高电平，当两个输入都是低电平时，则输出低电平。④与非门：利用内部结构，使至多一个高电平输入时，输出高电平，输入为两个高电平时反而输出低电平。⑤或非门：利用内部结构，使两个输入为低电平时，输出高电平，至少有一个高电平输入时，输出低电平。⑥异或门：当输入端同时处于低电平或高电平时，输出低电平，当输入端一个为高电平，另一个为低电平时，输出高电平。⑦同或门：当输入端同时输入低电平或高电平时，输出端输出高电平，当输入端一个为高电平，另一个为低电平时，输出端输出低电平。

（二）组合逻辑电路

组合逻辑电路由基本逻辑电路组合而成，其特点是任何时刻输出信号的逻辑状态仅取决于该时刻输入信号的逻辑状态，而与输入信号和输出信号过去状态无关。由于组合逻辑电路的输出逻辑状态与电路的历史情况无关，因此它的电路中不包含记忆性电路或器件。

（三）时序逻辑电路

时序逻辑电路是任何时刻的输出状态不仅与该时刻的输入有关，而且与历史状态有关的一种数字逻辑电路。时序逻辑电路具有记忆输入信息的功能，由于它的引入，数字系统的应用大大增强，常用的时序逻辑电路有计数器、寄存器和脉冲顺序分配器等。

二、非门

（一）功能

非门（NOT gate）又称反相器，是逻辑电路的基本单元。非门有一个输入端和一个输出端。逻辑符号中输出端的圆圈代表反相的意思。当其输入端为高电平（逻辑 1）时，输出端为低电平（逻辑 0），当其输入端为低电平（逻辑 0）时，输出端为高电平（逻辑 1）。也就是说，输入端和输出端的电平状态总是反相的。

非门的符号和真值表如图 6-1 所示。

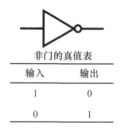

非门的真值表	
输入	输出
1	0
0	1

图 6-1　非门的符号和真值表

（二）基因线路实例

1. 组成

图 6-2 所示的非门基因线路由两部分组成（Wang et al.，2011）。

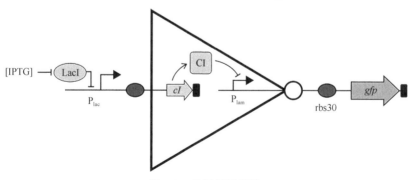

图 6-2　非门基因线路

1）P$_{lac}$-RBS-CI：乳糖启动子（P$_{lac}$）下游为 *cI* 基因。*cI* 基因是 λ 噬菌体基因组中编码 CI 阻遏蛋白的基因。CI 蛋白是一种阻遏物（repressor），也称阻遏蛋白，能以二聚体形式结合在与启动子 P$_{lam}$ 相连的操纵基因上，阻碍 RNA 聚合酶与启动序列结合，抑制下游蛋白表达。

2）P_{lam}-RBS-GFP：P_{lam} 启动子下游为报告基因——绿色荧光蛋白基因 *gfp*。其中 P_{lam} 启动子是 λ 噬菌体来源的启动子。

2. 工作原理

异丙基硫代-β-D-半乳糖苷（sopropylthio-β-D-galactoside，IPTG）作为非门的输入，以绿色荧光蛋白的荧光作为输出信号。

当环境中没有 IPTG 诱导剂时，P_{lac} 启动子受到 LacI 的抑制，不表达 CI 阻遏蛋白，此时 P_{lam} 启动子启动，绿色荧光蛋白表达；当加入 IPTG 后，解除了 LacI 对 P_{lac} 启动子的抑制作用，P_{lac} 启动子启动，表达 CI 阻遏蛋白。阻遏蛋白结合在 P_{lam} 启动子相连的操纵基因上，阻碍 RNA 聚合酶与启动序列结合，此时绿色荧光蛋白不表达。相当于没有 IPTG 时有荧光输出，有 IPTG 时没有荧光输出，即达到非门的逻辑控制。

三、与门

（一）功能

与门（AND gate）又称与电路，是执行与运算的基本逻辑门电路。有多个输入端，一个输出端。当所有的输入同时为高电平（逻辑 1）时，输出才为高电平，否则输出为低电平（逻辑 0）。

与门的符号和真值表如图 6-3 所示。

与门的真值表

输入 A	输入 B	输出 Y
0	0	0
0	1	0
1	0	0
1	1	1

图 6-3　与门的符号和真值表

（二）基因线路实例

1. 组成

图 6-4 所示的与门基因线路由三部分组成（Anderson et al.，2007）。

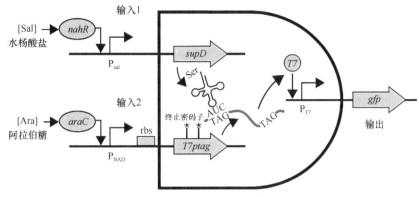

图 6-4　与门基因线路

1）P_{BAD}-*T7ptag*：受阿拉伯糖诱导激活的 P_{BAD} 启动子和下游 *T7ptag* 基因。*T7ptag* 基因编码有两个琥珀密码子（TAG/UAG）突变的 T7 聚合酶（T7ptag），之所以引入琥珀密码子突变是因为携带了琥珀密码子（UAG）的基因必须由特定的 tRNA 来执行翻译，否则琥珀密码子将成为终止信号，故突变的 T7 聚合酶（T7ptag）内部的这两个琥珀密码子使得 T7ptag 聚合酶无法进行完整的翻译。

2）P_{sal}-*supD*：受水杨酸盐诱导激活的 P_{sal} 启动子和下游编码琥珀密码子抑制因子 tRNA 的琥珀突变阻抑基因（amber suppressor，*supD*）。*supD* 基因编码出的 tRNA 具有反密码子 AUC，可以和 *T7ptag* mRNA 上的终止密码子 TAG 相配对，将氨基酸插入到正在延长的多肽链上，防止肽链早熟终止，从而校正 *T7ptag* 的琥珀密码子突变，表达出具备功能的 T7 RNA 聚合酶。

3）P_{T7}-*gfp*：需要 T7 RNA 聚合酶才能工作的 P_{T7} 启动子和下游 *gfp* 报告基因。

2.工作原理

水杨酸盐和阿拉伯糖作为与门的两个输入，以绿色荧光蛋白的荧光作为输出信号。

P_{sal}-*supD* 线路中使用了萘降解操纵子 *sal*。*sal* 操纵子包含一组编码代谢水杨酸盐为三羧酸循环中间物的酶的基因簇，其启动子 P_{sal} 受调控基因 *nahR* 编码的蛋白 NahR 的调控。NahR 作为 LysR 调控子家族的一员，有自身表达的启动子，是萘降解途径基因的正转录调控子。当诱导物水杨酸盐（萘降解途径的中间代谢物）存在时，NahR 蛋白结合到启动子 P_{sal} 上，启动子启动，下游编码琥珀抑制因子 tRNA 的 *supD* 转录，但是编码的 tRNA 并不调控任何启动子。不管是根据与门的特点还是物质作用关系，只有一个输入时系统无输出，也就是仅有水杨酸盐时，*gfp* 基因并不表达。

P_{BAD}-*T7ptag* 线路中使用了阿拉伯糖操纵子，阿拉伯糖的代谢是由 *araB*、*araA* 和 *araD* 基因所编码的 3 种酶催化的，P_{BAD} 是其启动子，其活性受 AraC 蛋白调控。AraC 蛋白具有双功能，单纯的 AraC 蛋白结合于阿拉伯糖操纵子的调节基因 *araO1*（−100bp～−144bp）时，起到阻遏的作用；AraC 蛋白和诱导物阿拉伯糖 Ara 结合形成复合体 Cind，即诱导型 AraC 蛋白时，它结合于阿拉伯糖操纵子的 *araI* 区（−40bp～−78bp），从而使 RNA 聚合酶可以结合到启动子 P_{BAD} 位点。当环境中没有阿拉伯糖，或 Glu 和 Ara 都存在时，*araC* 本底转录，产生 AraC 蛋白，单纯的 AraC 蛋白结合于 *araO1* 位点，阻碍 RNA 聚合酶与启动子区域结合，使下游基因转录受到阻遏。

当阿拉伯糖浓度达到一定水平时，Ara 和 AraC 蛋白结合，使之构型发生变化，成为诱导型 AraC 蛋白 Cind，Cind 结合到阿拉伯糖操纵子的 *araI* 位点，启动子 P_{BAD} 启动，T7 RNA 聚合酶开始转录，但是聚合酶内部的两个琥珀终止密码子会阻碍翻译进行。因此，仅有阿拉伯糖时 *gfp* 也不表达。

如果同时有水杨酸盐和阿拉伯糖，水杨酸盐诱导转录琥珀抑制因子 tRNA，因为琥珀抑制因子 tRNA 存在于琥珀终止密码子 TAG 互补碱基序列 AUC，可以与 T7ptag 聚合酶内部的两个琥珀终止密码子结合形成丝氨酸，形成具有翻译功能的 T7 RNA 聚合酶，进而激活 P_{T7} 启动子，表达 GFP 蛋白，最终在末端检测到绿色荧光信号，即实现了与门的两个输入为 1，输出才为 1 的逻辑控制。

四、或门

（一）功能

或门（OR gate）又称或电路。几个条件中只要有一个条件得到满足，某事件就会发生，这种关系称为"或"逻辑关系。或门有多个输入端，一个输出端，基础的或门通常只包含两个输入端，含多个输入端的或门可由几个含两个输入端的基础或门构成。只要输入中有一个为高电平（逻辑 1）时，输出就为高电平（逻辑 1）；只有当所有的输入全为低电平时，输出才为低电平。

或门的符号和真值表如图 6-5 所示。

或门的真值表

输入 A	输入 B	输出 Y
0	0	0
0	1	1
1	0	1
1	1	1

图 6-5　或门的符号和真值表

（二）基因线路实例

1. 组成

图 6-6 所示的或门基因线路由两部分组成（Wong et al.，2015）。

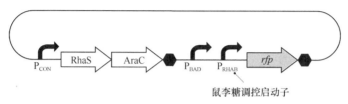

图 6-6　或门基因线路

1）P$_{CON}$-RhaS-AraC：组成型启动子 P$_{CON}$（生物砖编号：BBa_J23101）具有较高的启动效率，其下游的 *RhaS* 基因编码鼠李糖代谢调节因子 RhaS 蛋白，该蛋白质与 L-鼠李糖结合后转化成有活性的效应物促进 P$_{RHAB}$ 启动转录。*araC* 基因编码阿拉伯糖代谢调节因子 AraC 蛋白。AraC 蛋白具有两种构型：没有阿拉伯糖存在时为 Pr 构型（阻遏型），阻碍 P$_{BAD}$ 启动子转录；有阿拉伯糖存在时转换为 Pi 构型（诱导型），解除阻碍，P$_{BAD}$ 启动转录。

2）P$_{BAD}$-P$_{RHAB}$-*rfp*：两个启动子 P$_{BAD}$、P$_{RHAB}$ 及下游编码红色荧光蛋白的 *rfp* 基因。

2. 工作原理

阿拉伯糖和鼠李糖作为或门的两个输入，以红色荧光蛋白的荧光作为输出信号。

组成型启动子 P$_{CON}$ 表达 RhaS 蛋白和 AraC 蛋白。当环境中没有阿拉伯糖，也没有鼠李糖时，AraC 处于 Pr 构象，阻碍 P$_{BAD}$ 启动，RhaS 处于无活性状态，无法诱导启动子 P$_{RHAB}$，红色荧光蛋白不表达。当环境中有阿拉伯糖时，AraC 构象发生变化，解除阻碍，P$_{BAD}$ 启动，红色荧光蛋白表达。或者当环境中有鼠李糖时，鼠李糖与 RhaS 结合，使 RhaS 转换为活性状态，诱导 P$_{RHAB}$ 启动，表达红色荧光蛋白。

由此可见，当环境中存在阿拉伯糖和鼠李糖，或只要存在其中之一，就可以表达红色荧光蛋白，从而实现了或门逻辑控制。

五、与非门

（一）功能

与非门（NAND gate）也是数字电路的一种基本逻辑电路，可以看作与门和非门的叠加，即先做与运算，再对运算结果取反。有多个输入和一个输出，当输入均为高电平（逻辑 1）时，输出为低电平（逻辑 0）；若输入中至少有一个为低电平（逻辑 0）时，则输出为高电平（逻辑 1）。

与非门的符号和真值表如图 6-7 所示。

与非门的真值表

输入 A	输入 B	输出 Y
0	0	1
0	1	1
1	0	1
1	1	0

图 6-7　与非门的符号和真值表

（二）基因线路实例

图 6-8 所示的与非门设计中所用到的过敏反应和致病性基因（hypersensitive reaction and pathogencity gene，*hrp* 基因）是一类决定病原菌对寄主植物致病性和诱导非寄主植物产生过敏性反应的基因。其中，丁香假单胞菌至少有 3 个 *hrp* 基因参与识别环境信号，即 *hrpL*、*hrpS*、*hrpR*。丁香假单胞菌进入植物组织后启动 *hrpS* 和 *hrpR* 表达产生 HrpS、HrpR 蛋白，HrpS 和 HrpR 与 HrpL 启动子区 P_{HrpL} 结合启动 *hrpL* 的表达产生 HrpL，然后 HrpL 激活 *hrp* 基因簇中其他 *hrp* 基因和一些细菌 *avr* 基因的转录。

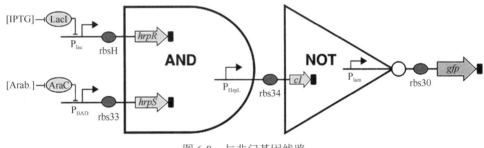

图 6-8　与非门基因线路

1. 组成

图 6-8 所示的与非门基因线路由四部分组成（Wang et al.，2011）。

1）P_{lac}-*hrpR*：受 IPTG 诱导激活的 *Lac* 乳糖操纵子来源的启动子 P_{lac} 和下游 *hrpR* 基因。

2）P_{BAD}-*hrpS*：受阿拉伯糖诱导激活的阿拉伯糖代谢操纵子的启动子 P_{BAD} 和下游 *hrpS* 基因。

3）P_{HrpL}-cI：P_{Hrp} 启动子只有在 HrpR 和 HrpS 两个蛋白同时存在时才能被激活，其下游是编码 λ 噬菌体 P_{lam} 启动子阻遏蛋白的 cI 基因。

4）P_{lam}-gfp：环境中没有 CI 阻遏蛋白时，P_{lam} 启动子表达绿色荧光蛋白。

2. 工作原理

IPTG 和阿拉伯糖作为与非门的两个输入，以绿色荧光蛋白的荧光作为输出信号。

当环境中只有 IPTG 或阿拉伯糖时，HrpR 和 HrpS 两个蛋白不会同时表达，P_{Hrp} 启动子不被激活，CI 阻遏蛋白不表达，P_{lam} 启动子表达绿色荧光蛋白；当环境中同时存在 IPTG 和阿拉伯糖时，HrpR 和 HrpS 两个蛋白同时表达，P_{Hrp} 启动子被激活，表达 CI 阻遏蛋白，P_{lam} 启动子被阻遏，绿色荧光蛋白不表达，从而实现了与非门逻辑控制。

六、或非门

（一）功能

或非门（NOR gate）是数字逻辑电路中的基本元件，实现逻辑或非功能，可以看作或门和非门的叠加，即先做或运算，再对运算结果取反。有多个输入端和一个输出端，多输入或非可由二输入或非门和反相器构成。只有当两个输入 A 和 B 都为低电平（逻辑 0）时，输出高电平（逻辑 1），只要任意输入为高电平（逻辑 1），输出为低电平（逻辑 0）。

或非门的符号和真值表如图 6-9 所示。

或非门的真值表

输入 A	输入 B	输出 Y
0	0	1
0	1	0
1	0	0
1	1	0

图 6-9　或非门符号和真值表

（二）基因线路实例

1. 组成

图 6-10 所示的或非门基因线路由两部分组成（Tamsir et al.，2011）。

1）P_{BAD}-P_{tet}-CI：阿拉伯糖代谢操纵子的启动子 P_{BAD} 与四环素诱导的启动子可以在阿拉伯糖或四环素存在的情况下表达 CI 阻遏蛋白。

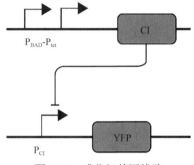

图 6-10　或非门基因线路

2）P_{CI}-YFP：没有 CI 阻遏蛋白存在的情况下，P_{CI} 表达黄色荧光蛋白（YFP）。

2. 工作原理

阿拉伯糖和四环素作为或非门的两个输入，以黄色荧光蛋白的荧光作为输出信号。

只要环境中有阿拉伯糖或四环素，或者两者都有时，就会表达 CI 阻遏蛋白，导致无法表达黄色荧光蛋白；只有环境中既没有阿拉伯糖，也没有四环素时，才不会表达 CI 阻遏蛋白，P_{CI} 启动子激活，表达黄色荧光蛋白，即实现了只有在输入都没有的情况下，输出才有的或非门逻辑控制。

七、异或门

（一）功能

异或门（exclusive-OR gate，XOR gate）是数字逻辑中实现逻辑异或的逻辑门。有多个输入端和一个输出端，多输入异或门可由两输入异或门构成。若两个输入的电平相异，则输出为高电平（逻辑 1）；若两个输入的电平相同，则输出为低电平（逻辑 0）。

异或门的符号和真值表如图 6-11 所示。

异或门的真值表

输入 A	输入 B	输出 Y
0	0	0
0	1	1
1	0	1
1	1	0

图 6-11　异或门符号和真值表

（二）基因线路实例

1. 组成

图 6-12 所示的异或门基因线路由两部分组成（Wong et al.，2015）。

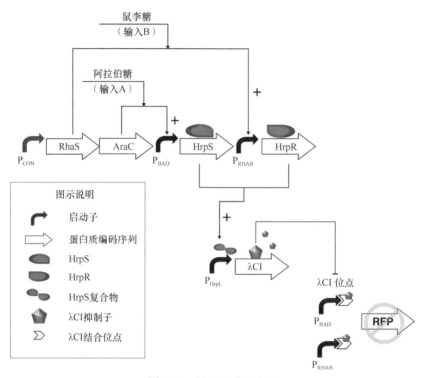

图 6-12 异或门基因线路

①P_{CON}-RhaS-AraC：组成型启动子 P_{CON}（BBa_J23101）具有较高的启动效率，其下游的 *RhaS* 基因编码鼠李糖代谢调节因子 RhaS 蛋白，该蛋白质与 L-鼠李糖结合后转化成有活性的效应物促进 P_{RHAB} 启动转录。*araC* 基因编码阿拉伯糖代谢调节因子 AraC 蛋白。AraC 蛋白具有两种构型，没有阿拉伯糖存在时为 Pr 构型，阻碍 P_{BAD} 启动子转录，有阿拉伯糖存在时转换为 Pi 构型，解除阻碍，P_{BAD} 启动转录。

②P_{BAD}-HrpS：P_{BAD} 启动子和下游编码 HrpS 蛋白的基因。

③P_{RHAB}-HrpR：P_{RHAB} 启动子和下游编码 HrpR 蛋白的基因。

④P_{HrpL}-λCI：P_{HrpL} 启动子和下游编码 λCI 阻遏蛋白（λCI 抑制子）的基因。启动子 P_{HrpL} 要同时结合 HrpS 蛋白和 HrpR 蛋白才能启动。

⑤P_{BAD}-λCI 结合位点-*rfp* 和 P_{RHAB}-λCI 结合位点-*rfp*：两个启动子 P_{BAD} 和 P_{RHAB} 都添加了 CI 阻遏蛋白结合位点。这样，只要环境中存在 CI 阻碍蛋白，即使有阿

拉伯糖或鼠李糖，也无法表达下游编码红色荧光蛋白的 *rfp* 基因。

2. 工作原理

阿拉伯糖和鼠李糖作为异或门的两个输入，以红色荧光蛋白的荧光作为输出信号。

当同时没有阿拉伯糖和鼠李糖，即两个输入的状态一致都为 0 时，线路⑤中的 P_{BAD} 启动子被 Pr 构型的 AraC 蛋白阻碍，同时因为没有被鼠李糖活化的 RhaS，P_{RHAB} 启动子也无法启动，所以不表达红色荧光蛋白。

当同时有阿拉伯糖和鼠李糖，即两个输入的状态一致都为 1 时，阿拉伯糖诱导线路②表达 HrpS，鼠李糖诱导线路③表达 HrpR。HrpS 和 HrpR 的同时表达又激活线路④的 P_{HrpL} 启动子表达 CI 阻碍蛋白，导致线路⑤中的 P_{BAD} 启动子和 P_{RHAB} 启动子被 CI 蛋白阻遏，无法表达红色荧光蛋白。

如果环境中只存在阿拉伯糖或鼠李糖，即两个输入状态不一致时，HrpS 和 HrpR 不会被同时表达，所以不生成 CI 阻碍蛋白，线路⑤中与输入对应的启动子启动，表达红色荧光蛋白，即实现两个输入状态不一致时输出为真的异或门逻辑控制。

参 考 文 献

Anderson J C, Voigt C A, Arkin A P. 2007. Environmental signal integration by a modular AND gate. Mol Syst Biol, 3: 133.

Tamsir A, Tabor J J, Voigt C A. 2011. Robust multicellular computing using genetically encoded NOR gates and chemical 'wires'. Nature, 469(7329): 212-215.

Wang B, Kitney R I, Joly N, et al.2011. Engineering modular and orthogonal genetic logic gates for robust digital-like synthetic biology. Nat Commun, 2: 508.

Wong A, Wang H J, Poh C L, et al. 2015. Layering genetic circuits to build a single cell, bacterial half adder. BMC Biol, 13: 40.

第七章 合 成 受 体

合成生物学的主要目标是设计具有可编程的输入输出（input-output，I/O）关系的系统，其关键是能够将任意输入（如细胞外信号）与用户定义的输出（如转录程序）结合起来。受体作为细胞最重要的信号感应分子，在基因线路中承担着接受输入、启动信息传递的重任，是实现细胞与细胞内外环境交互必不可少的基因元件。

第一节 受体和配体

一、受体和配体的概念

（一）受体的概念

细胞对所有种类的刺激都能做出反应。微生物多利用双组分信号转导系统对营养、毒素、温度、光和其他微生物分泌的化学信号做出反应。多细胞生物的细胞则通过表达特异性的受体来感应信号。

受体（receptor）位于质膜、细胞内的膜结构（即细胞器）、胞液或细胞核内，为蛋白质单体、同多聚体或异多聚体，其功能主要是接收细胞（或细胞器）外的信号。它的作用机制是：①识别信号，就是和信号分子呈特异结合；②信号转导，就是将细胞外信号转变为细胞内信号，并发生胞内信号传递级联反应。受体因此包含两个功能结构域：效应子结构域和信号分子结合结构域。信号输出是效应子结构域的特征，通常与整体结构和序列保守性非常相关。信号分子结合和效应子功能的分离使受体可以结合不同的信号分子，通过少量效应子结构域的活化产生一定量的进化中保守的胞内信号。

（二）配体的概念

与受体呈特异性结合的信号分子称为配体（ligand）。从离子（如钙离子是钙受体的配体）到蛋白质（如蛋白激素、毒素等），不同类型配体的分子量跨度极大。配体可分为两大类：激动剂和拮抗剂。前者与受体结合后，激活受体的内在活性；后者与受体结合后，不仅不引起反应，而且妨碍了激动剂与受体的结合，从而抑制了激动剂的作用。拮抗剂又分为两类：其受体结合部位与激动剂相同者称为竞争性拮抗剂，不同者称为非竞争性拮抗剂。非竞争性拮抗剂的作用机制包括：①结合在激动剂受体特异结合部位的紧邻，形成空间位阻，阻挡了激动剂的结合；②与受体结合后引起的构象改变使受体失去了与激动剂结合的互补性；

③与受体结合后通过某种机制影响了受体和下游信号分子的作用。

二、天然受体的分类

（一）按定位分类

1. 膜受体

膜受体的功能主要是接收细胞外的信号。细胞外的可溶性信号分子可分为亲水性和疏水性两类，其中多数是亲水的，少数是疏水的。前者不容易透过细胞膜，其受体在质膜上，属于膜受体；后者容易进入细胞，其受体在细胞内的膜性细胞器上，属于细胞内的膜受体。绝大多数受体属于膜受体。

2. 可溶性受体

编码膜受体的基因或由于转录后 mRNA 剪接的方式不同，所合成的蛋白质缺乏跨膜域，或由于翻译后蛋白酶的水解，膜受体的细胞外域脱落。这类受体不能被锚定在膜上，而是存在于细胞外液（组织间液或血液）中，称为可溶性受体或分泌型受体，为膜型受体的同种型。

（二）按功能分类

1. 离子通道型受体

离子通道型受体一旦和配体结合，离子通道就会开放，因此这种通道也称为配体门控离子通道。配体门控离子通道是多亚基的跨膜蛋白，它穿过膜后形成并调节一个充满水的孔道。当受到细胞外激动剂刺激后，亚基会发生构象重排并定向打开孔道，由此连通膜两侧的含水空间。在通过离子泵和转运蛋白而形成的电化学梯度的推动下，这个孔的直径可以使离子自由地从膜的一侧扩散到膜的另一侧。通道通过孔的直径的精确调控，以及由合适的亲水性残基组成的壁对离子维持选择性。这样，离子通道型受体就能够选择性地为阳离子或阴离子或特异性的离子提供一条扩散途径。例如，N-乙酰胆碱受体属于阳离子通道，γ-氨基丁酸受体属于阴离子通道，这几种受体都是五聚体，其单体都有 4 个跨膜段；滑面内质网上的 IP3（三磷酸肌醇）受体为钙离子通道，为同四聚体，其单体跨膜 6～8 次。

2. G 蛋白偶联受体

G 蛋白偶联受体（G protein-coupled receptor，GPCR）是一大类膜蛋白受体的统称，根据不同的种类，哺乳动物表达 500～1000 种对激素、神经递质、信息素、代谢物、局部信号底物和其他调节分子应答的 GPCR。这类受体的共同点是其立体结构中都有 7 个跨膜螺旋束，其 N 端在胞外，C 端在胞质内，且其肽链的 C 端与连接第 5 和第 6 个跨膜螺旋的胞内环上都有异源三聚体 G 蛋白（鸟苷酸结合蛋白）的结合位点。受体的细胞外表面与激动剂配体的结合促使了螺旋的重新排列，从而改变对异源三聚体 G 蛋白在胞质面的结合位点的结构，而这种发生改变的 G 蛋白结合表面构象会促使 G 蛋白的活化，从而表现出鸟苷酸交换因子（guanine nucleotide exchange factor，GEF）的特性，通过以鸟苷三磷酸（guanosine triphosphate，GTP）交换 G 蛋白上本来结合着的鸟苷二磷酸（guanosine diphosphate，GDP），使 G 蛋白的 α 亚基与 β、γ 亚基分离。这一过程使得 G 蛋白 α 亚基和 β、γ 亚基变为激活状态，并参与下一步的信号传递过程。

GPCR 的活化及其相联的异源三聚体 G 蛋白是最普遍的沟通细胞内信号和细胞外环境的机制之一，参与很多细胞信号转导过程。已知的与 G 蛋白偶联受体结合的配体包括气味分子、信息素、激素、神经递质、趋化因子等。一些特殊的 G 蛋白偶联受体也可以被非化学性的刺激源激活，例如，感光细胞中的视紫红质可以被光激活。G 蛋白偶联受体的下游信号通路有多种，具体的传递通路取决于 α 亚基和 β、γ 亚基的种类。

3. 具有内在酶活性的受体

具有内在酶活性的受体一旦和配体结合就具有酶的活性。根据酶的底物分为：①鸟苷酸环化酶受体。②丝氨酸或苏氨酸激酶受体：受体和配体一结合，受体胞内段的丝氨酸或苏氨酸就会磷酸化，成为有活性的蛋白激酶。③酪氨酸激酶受体：作用原理同丝氨酸或苏氨酸激酶受体。④磷酸酶受体：使磷酸化的蛋白质脱磷酸化。

4. 黏附受体

20 世纪初，威尔逊（H. V. Wilson）在利用海绵细胞做混合、分离实验时，发现细胞选择性识别相邻细胞的现象，之后证实这种细胞间的识别和黏附受控于细胞表面的糖蛋白，即细胞黏附分子（cell adhesine molecule，CAM），也称为黏附受体。它们介导细胞与细胞、细胞与细胞外基质，以及某些血浆蛋白间的识别与结合，并参与细胞内外的信号转导。

大多数黏附受体是存在于膜上的整合糖蛋白，由较长的细胞外区、跨膜区和较短的细胞内区组成，配体结合部位位于胞外区。配体有如下几种：①同种或异种黏附分子的胞外区。相邻两细胞通过同种黏附分子介导相互结合，被称为同种亲和性结合。另一种情况是异种亲和性结合，即两种细胞间的结合通过不同的黏附分子介导，其中一个作为配体，而另一个作为受体。②细胞外基质成分。细胞外基质是由一系列生物大分子组成的动态网络结构，其中很多成分是细胞黏附分子的重要配体。③细胞表面的寡糖。④血浆中的可溶性蛋白。

5. 免疫细胞受体

（1）抗原识别受体

1）B 细胞（抗原）受体（B-cell receptor，BCR）：是一种位于 B 细胞表面的负责特异性识别及结合抗原的分子，其本质是一种膜免疫球蛋白（membrane immunoglobulin，mIg），由 2 条重链（heavy chain，H）和 2 条轻链（light chain，L）连接而成。其中重链分为可变区（V 区，约 110 个氨基酸残基）、恒定区（C 区，约 330 个氨基酸残基）、跨膜区（26 个氨基酸残基）及胞质区（3 个氨基酸残基）；而轻链则只有 V 区和 C 区。重链和轻链的 V 区各有 3 个氨基酸组成顺序高度可变的区域，这些区域能够与抗原表位形成互补的空间构象，称为互补决定区［complementarity determining region，CDR，又称高变区（hypervariable region，HVR）］。3 个 CDR 均参与对抗原的识别，共同决定 BCR 的抗原特异性（图 7-1）。

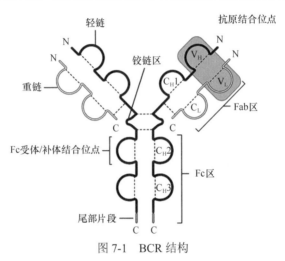

图 7-1　BCR 结构

BCR 的重链由 65～100 种可变区（V_H）、2 种多变区（D_H）、6 种结合区（J_H）和恒定区（C_H）4 部分基因片段编码；轻链由 V_H、J_H 和 C_H 三部分基因片段编码（图 7-2）。

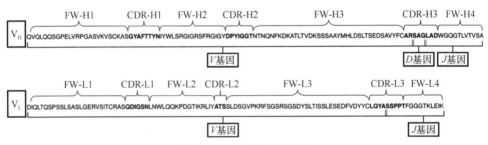

图 7-2　BCR 的编码基因

发育过程中的 B 细胞在重组酶 RAG1 和 RAG2 作用下，形成了多样性高达 1×10^{11}～2×10^{11} 种 BCR。同时，由其形成互补决定区（complementarity determining region，CDR）：CDR1、CDR2 和 CDR3 区氨基酸序列的多样性，

特别是编码 CDR3 的基因，由于其位于轻链 V、J 或重链 V、D、J 片段的连接处，可以通过 V（D）J 的重排和（或）两个基因片段的连接间丢失或插入数个核苷酸，进一步增加 BCR 的多样性，从而形成具有功能的 BCR 编码基因。

但 BCR 的胞质区很短，不能直接将抗原刺激的信号传递到 B 细胞内部，需要 Igα 和 Igβ 的辅助来完成信号转导。Igα 和 Igβ 又分别称为 CD79a 和 CD79b，是一类白细胞分化抗原（cluster of differentiation，CD）分子，属于免疫球蛋白超家族。Igα 和 Igβ 的两条肽链均有胞外区、跨膜区和一段较长的胞质区，二者在胞外区的近胞膜处借助二硫键相连，构成二聚体。Igα、Igβ 和 BCR 的跨膜区均有极性氨基酸，能够借助静电吸引而组成稳定的 BCR 复合物。Igα 和 Igβ 的胞质区含有免疫受体酪氨酸激活基序（immunoreceptor tyrosine-based activation motif，ITAM），能够募集下游信号分子，从而转导抗原与 BCR 结合所产生的信号（图 7-3）。

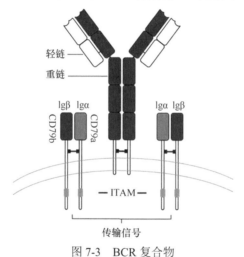

图 7-3　BCR 复合物

2）T 细胞（抗原）受体（T-cell receptor，TCR）：为所有 T 细胞表面的特征性标志，是由 α、β 两条肽链构成的异二聚体，每条肽链又可分为可变区（V 区）、恒定区（C 区）、跨膜区和胞质区，其特点是胞质区很短。

TCR 也属于免疫球蛋白超家族，其抗原特异性存在于 V 区，V 区（Vα、Vβ）各有 3 个高度多样性的互补决定区 CDR1、CDR2 和 CDR3。CDR1 和 CDR2 由 *V* 基因编码，而 CDR3 由 *V-J* 或 *V-D-J* 基因结合区域编码，高度多样化，从而决定了 TCR 的抗原结合特异性。在 TCR 识别主要组织相容性复合体（major histocompatibility complex，MHC）-抗原肽复合体时，CDR1、CDR2 识别和结合 MHC 分子抗原结合槽的侧壁，而 CDR3 直接与抗原肽相结合。

T 细胞对抗原的免疫应答主要通过 TCR-CD3 复合体（图 7-4）介导，其中 CD3 分子也是 T 细胞表面的重要标志，由 γ、δ、ε、ζ 和 η 5 种多肽链组成，它们的胞内区均含有免疫受体酪氨酸激活基序（ITAM），参与 TCR-CD3 复合体的装配、稳定及信号转导。CD3 与 TCR 以非共价键结合形成 TCR-CD3 复合体，并参与将 TCR 与抗原结合后产生的第一信号传递到胞内，诱导 T 细胞活化。

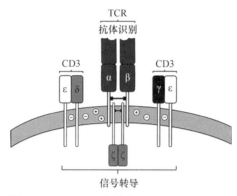

图 7-4　TCR-CD3 复合体（Parham，2009）

（2）共信号受体

共信号受体不具有抗原特异性，通常以辅佐分子的形式分布在 TCR 和 BCR 附近。当淋巴细胞与其他免疫细胞发生相互作用时，该辅佐分子向 TCR 或 BCR 附近聚集，形成免疫突触，并与相应配体结合，为免疫细胞输送激活或抑制信号。例如，T 细胞就需要双信号刺激，除了第一信号，还需要抗原呈递细胞（antigen-presenting cell，APC）表面协同刺激分子和 T 细胞相应共信号受体相互作用产生的第二信号。例如，CD28 是由两条肽链组成的同源二聚体，属于免疫球蛋白超家族，其与抗原呈递细胞上的配体 B7 以非共价键结合形成的 B7-CD28 复合体可发挥共刺激作用。缺乏共信号的 T 细胞将进入无反应状态或产生免疫耐受，甚至引起细胞程序性死亡。

共信号受体分两类：一类启动激活信号的转导，称为协同刺激受体，为 T 细胞、B 细胞激活提供第二信号；另一类启动抑制信号的转导，为抑制性受体。两者相互对抗，其机制在于受体分子胞内段分别带有免疫受体酪氨酸激活基序（ITAM）或免疫受体酪氨酸抑制基序（immunoreceptor tyrosine-based inhibitory motif，ITIM）。共信号受体的配体应该是共信号分子（co-signal molecule），共信号分子包括两个超家族：TNF（肿瘤坏死因子）超家族和免疫球蛋白超家族。

（3）Fc 受体

不同类别的免疫球蛋白（IgG、IgE、IgA）重链的 Fc 段可以与相应的 Fc 受体（FcR）结合，传递各种信号，参与多种免疫细胞介导的效应作用或参与免疫调节，包括抗体依赖的细胞吞噬作用（antibody-dependent cellular phagocytosis，ADCP）、抗体依赖的细胞毒性（antibody-dependent cellular cytotoxicity，ADCC）、补体依赖的细胞毒性（complement-dependent cytotoxicity，CDC）、抗体依赖的中性粒细胞吞噬效应（antibody-dependent neutrophil phagocytosis，ADNP）、抗体介导的 NK 细胞脱颗粒（antibody-mediated natural killer cell degranulation，NKD）、抗体依赖的补体沉积作用（antibody-dependent complement deposition，ADCD）等。

6. 光受体

（1）光受体种类

植物的光受体可以分为三类：①光敏色素（phytochrome），主要感受红光和远红光；②隐花色素（cryptochrome）和向光素（phototropin），或称蓝光/紫外光-A 受体，感受蓝光和 330～390nm 的紫外光；③紫外光-B 受体（UV-B receptor），接收 280～320nm 的紫外光。

其中，植物光敏色素是一类可响应红光和远红光，调节植物生长发育的蛋白质。光敏色素存在两种形式，且随其吸收红光或远红光而相互转化，呈钝化态（Pr）或活化态（Pfr）。

在高等植物中有Ⅰ型（PhyⅠ）和Ⅱ型（PhyⅡ）两类光敏色素。其中Ⅰ型光敏色素以二聚体形式存在于细胞质中。它在吸收红光后从 Pr 态转换到 Pfr 态，但极不稳定，迅速降解，且在光下很少合成，只有在黑暗条件下才能合成并积累；Ⅱ型光敏色素也以二聚体的形式存在，在吸收红光后转化为 Pfr 态并活化后稳定存在，且在光下和暗中均可合成。

目前已知的光敏色素基因有 *phya*、*phyb*、*phyc*、*phyd*、*phye*。PhyA 为 PhyⅠ型光敏色素，接收波长 700～750nm 的连续远红光，PhyB 为 PhyⅡ型光敏色素，接收波长 600～700nm 的连续红光。光敏色素在暗环境中存在于胞液中，在光作用下进入细胞核与转录因子直接作用调节基因表达，其中 PhyB 在红光下向核中转移，PhyA 在远红光下向核中转移。以 PhyB 为例，它包含两个主要的结构域：N 端光吸收结构域和 C 端效应结构域。在红光照射下，藻蓝胆素（phycocyanobilin，PCB）介导光敏色素产生可逆的构象变化，从 Pr 态转换到 Pfr 态，可以结合光敏色素互作因子（phytochrome interacting factor，PIF）从而激活基因表达。

光敏色素不仅存在于植物中，细菌中也存在类似的光敏色素。例如，细菌光敏色素-1（bacterial phytochrome 1，BphP1）是一种从视黄单胞菌中发现的光敏色素，细菌光敏色素光感受器-2（PpsR2）是其天然配体，它使用真核细胞中丰富的胆绿素作为生色团。BphP1-PpsR2 相互作用的光开关转基因系统可以分别被近红外光和红光激活和灭活（当暴露于近红外光时，BphP1 和 PpsR2 从同源二聚体变成异源二聚体而激活，在黑暗或者红光照射下则又从异源二聚体变为同源二聚体而失活）。

隐花色素（cryptochrome，CRY）是一种蓝光响应受体。这类光受体也是由家族基因编码，包括 *cry1* 和 *cry2*，其天然结合配体为 CIB（钙整合素结合蛋白）。

在光激活条件下，CRY 与 CIB 形成二聚物，在黑暗条件下二聚体解聚。隐花色素光解酶同源区域 CRY2PHR 除了可与其结合蛋白 CIB 在蓝光刺激下发生二聚，自身还具有寡聚作用，在 10s 内即可在动物细胞中产生肉眼可见的蛋白质聚集，蛋白质聚集量随着光照强度的增强与光照时间的增长而增多；在黑暗条件下，CRY2PHR 蛋白的聚集随时间指数级减少，半衰期小于 5.5min。

（2）光受体在基因表达调控中的应用

不同于传统的扩散性高、控制性低的化学诱导剂，特殊波长的光触发基因调控线路开关，启动光遗传学基因编辑（optogenetics genome editing）。光控开关能够实现精确的正交调控，且无明显脱靶效应。

图 7-5 所示的是在酵母基因表达调控系统 Gal1 UAS 中实现了基于光敏色素的基因表达调控。在 Gal1-UAS 系统中，上游激活序列（upstream activating sequence，UAS）位于最小启动子（TATA 盒）的上游，是反式激活子（转录调控因子）的结合位点，通过增加转录活性来增强目的蛋白的表达，通常被认为类似于多细胞真核生物中增强子的功能；Gal1 是一种转录调控因子，其 DNA 结合区域（DNA-binding domain，DBD）与 UAS 序列结合后，其转录激活域（activating domain，AD）的 TATA 结合蛋白亚基将与 DNA 上的 TATA 盒结合，从而诱导基因的表达。研究人员将光敏色素融合到 Gal1 的 DNA 结合域合成 Phy-GBD，将光敏色素互作因子 PIF3 融合到 Gal1 的 DNA 激活域形成 PIF3-GAD 复合物，在红光照射下 Phy 和 PIF3 的结合，会使 GAD 连接到 GBD 上，并与 Gal1 UAS 下游的启动子结合，启动下游基因 *his* 或 *lacZ* 的转录；在远红光照射下，Phy-GBD 和 PIF3-GAD 分离，造成 Gal1 的 GAD 域从启动子 TATA 盒上脱离，转录关闭（Shimizu-Sato et al.，2002）。

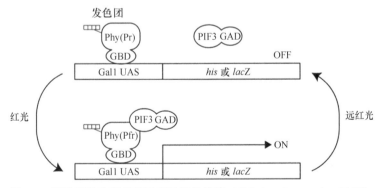

图 7-5　基于光敏色素的基因表达调控线路（Shimizu-Sato et al.，2002）

蓝光响应的 CRISPR-Cas9 系统也可用于调控基因表达（图 7-6）。研究人员使用分割型 split-Cas9 基因编辑系统，split-Cas9 系统中 Cas9 核酸酶被分为 N 端（第 1～713 个氨基酸）和 C 端（第 714～1368 个氨基酸）两个没有核酶活性的部分，两个 Cas9 片段分别与光诱导二聚结构域（pMag 和 nMag）融合。蓝光照射时，诱导 pMag 和 nMag 之间的异源二聚化，使分裂的 Cas9 片段重新结合，成为具有核酸酶活性的 Cas9 蛋白，在 sgRNA 引导下发挥基因编辑功能（Nihongaki et al.，2015）。

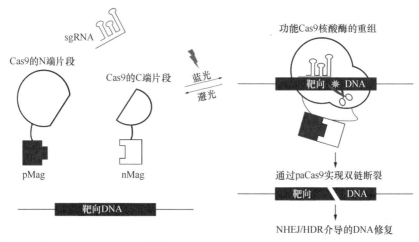

图 7-6　基于 CRISPR-Cas9 系统的蓝光响应基因调控线路（Nihongaki et al.，2015）

华东师范大学医学合成生物学研究中心也成功研发出了远红光调控的分割型 split-Cas9 基因编辑系统，在体外培养的多种哺乳动物细胞中实现了内源基因的光控基因编辑，而且可以对动物体内的成体细胞实现光控基因编辑。研究人员还利用该系统对小鼠肿瘤中的致癌基因进行光控编辑，实现了通过 LED 发出的远红光（730nm）照射达到抑制肿瘤生长的效果（Yu et al.，2020）。

（3）光受体在调控细胞信号通路中的应用

通过合成生物学手段改造细胞内信号通路，在原有信号通路中引入光控开关元件来替代胞内响应蛋白和基因，或作为额外的调控因子感受和响应外界刺激，可实现时空特异性的调控。

1）MAPK 通路：丝裂原活化蛋白激酶（mitogen-activated protein kinase，MAPK）通路及其引起的一系列信号级联效应调控着细胞增殖、分化、凋亡等生理过程。MAPK 信号通路可被大量的细胞表面受体激活，如受体酪氨酸激酶（RTK）、细胞因子受体和 G 蛋白偶联受体（GPCR）等。MAPK 通路有三级的信号传递过程：MAPK、MAPK 激酶（MEK 或 MKK）及 MAPK 激酶的激酶（MEKK 或 MKKK）。这 3 种激酶能依次激活，共同调节细胞的生长、分化、应激、炎症等多种重要的生理和病理反应。MAPK 通路有 4 种主要的分支路线：Erk、JNK、p38/MAPK 和 Erk5，其中 JNK 和 p38 功能相似，跟炎症、凋亡、生长都有关；Erk 主要负责细胞生长、分化，其上游信号是著名的 Ras/Raf 蛋白。

研究人员（Toettcher et al.，2013）为实现 MAPK 通路的光调控，筛选获得了 SOS 蛋白具有催化活性的片段 SOS^{cat} 作为 Ras 激活子，其激活 Ras 的能力依赖于质膜的招募。接着，通过构建一个胞内融合蛋白 PIF-SOS^{cat}（N 端标记 YFP）和一个固定于膜上的融合蛋白 PhyB 实现光控信号转导。在红光照射下，光控元件 PhyB 与 PIF 结合，从而招募 SOS 至细胞膜，实现红光诱导激活 MAPK 信号级联反应（Ras/Raf/MEK/Erk）（图 7-7）。

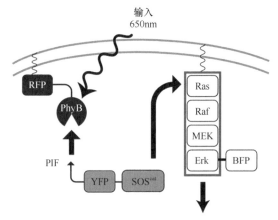

图 7-7　MAPK 通路的光调控基因线路（Toettcher et al.，2013）

蓝光调控的 CRY2-CIBN 也应用于 Raf/MEK/Erk 信号通路的改造中（图 7-8）。CIBN 通过 CaaX 基序固定在质膜上，CRY2PHR 与 Raf1 融合表达。通过蓝光激活调控蛋白 CRY2PHR 与 CIBN 二聚化，将 Raf1 激酶招募到细胞膜。Raf1 的膜募集会激活下游 MEK 和 Erk。在没有光照的情况下，CIBN-CRY2PHR 自发解离使 Raf1 返回细胞质并使 Erk 失活（Zhang et al.，2014）。

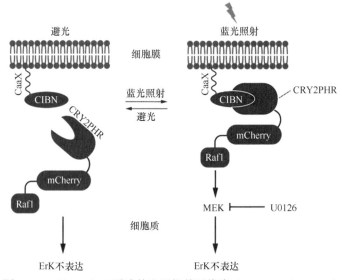

图 7-8　Raf/MEK/Erk 通路的光调控基因线路（Zhang et al.，2014）

2）PI3K/AKT 通路：PI3K 激酶可以使磷脂酰肌醇（PI）磷酸化从而产生 PIP3，PIP3 则可激活下游相关通路 AKT、PKC、Rac/actin 来调节细胞生长、生存、迁移和细胞周期等过程。AKT 信号通路同时控制着胞内多条重要的生存信号级联反应，其中蛋白激酶 B（AKT/PKB）N 端的 PH 结构域响应膜上 PIP3 水平的变化，随着 PIP3 水平的上升，PKB 被激活并引发一系列细胞效应，如细胞迁移极化、增殖和分化。

利用合成生物学方法改造的 PI3K/AKT 通路目前已分别在红光系统与蓝光系统中实现。

红光系统调控的 PI3K/AKT 通路，光敏色素 PhyB 被固定于膜上，光敏色素互作因子 PIF6 与 PI3K 结合蛋白 p85α 的 SH2 结构域融合，在红光条件下，PhyB 和 PIF6 的结合会将 SH2 结构域招募到膜附近，进而招募 PI3K 激酶，上调 PIP3 水平并激活下游 AKT 通路（图 7-9）（Toettcher et al.，2011）。

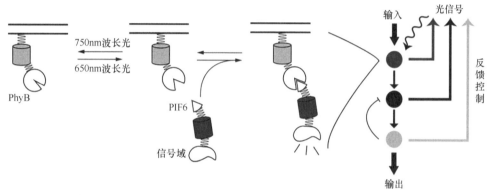

图 7-9 PI3K/AKT 通路的红光调控基因线路（Toettcher et al.，2011）

蓝光系统调控的 PI3K/AKT 通路则是利用了隐花色素蛋白 CRY2 的寡聚效应对 Trk 受体进行人工改造。

Trk 即原肌球蛋白受体激酶（tropomyosin receptor kinase），由原肌球蛋白和酪氨酸激酶融合产生，是受体酪氨酸激酶（receptor tyrosine kinase，RTK）家族中的成员。RTK 家族是一个大的酶联受体家族，其既是受体又是酶，相应配体与之结合可使其发生自磷酸化，进而激活 PI3K。该家族有相类似的结构，由胞外配体结合区、跨膜区（TM）、胞内区组成。胞内区又分为近膜区、酪氨酸激酶区（tyrosine kinase domain，TKD）、羧基尾区。没有同信号分子结合时 RTK 以单体存在，没有活性；一旦有配体与受体的细胞外结构域结合，两个单体 RTK 分子在膜上形成二聚体，两个 RTK 分子的细胞内结构域的尾区相互接触，激活其蛋白激酶的功能，结果使尾区的酪氨酸残基磷酸化。磷酸化导致受体细胞内结构域的尾区装配成一个信号复合物（signaling complex），并成为细胞内下一级信号蛋白（signaling protein）的结合位点，有 10～20 种不同的细胞内信号蛋白同受体尾区磷酸化部位结合后被激活。

研究人员（Chang et al.，2014）将 TrkB 与 CRY2PHR 融合表达，构建了光控

Trk 受体。在蓝光条件下，CRY2 寡聚，两个受体的细胞内酪氨酸激酶区相互接触，AKT/PI3K 等酶的表达水平随之上调（图 7-10）。

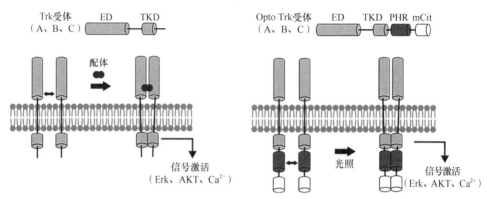

图 7-10　PI3K/AKT 通路的蓝光调控基因线路（Chang et al., 2014）

第二节　用于检测细胞表面结合分子的合成受体

一、嵌合抗原受体与 SynNotch 受体

（一）嵌合抗原受体

嵌合抗原受体（chimeric antigen receptor，CAR）是一种融合蛋白，通过将识别特定细胞表面抗原的抗体结构域与激活 T 细胞所需的受体结构域连接，实现以非 MHC 限制的方式特异性识别细胞抗原，表达 CAR 的 T 细胞（CAR-T）能够检测并攻击表面带有目标抗原的细胞。

CAR 由识别抗原的单链可变区（single chain fragment variable，scFv）或纳米抗体、跨膜结构域及胞内调控结构域三部分组成。CAR 的胞内调控结构域经历了 5 代的发展：第一代 CAR 仅包含一个胞内信号转导域 CD3ζ；第二代和第三代 CAR 在第一代 CAR 的基础上分别加入一个或两个共刺激信号域（如 CD28、OX40 和 4-1BB）；第四代 CAR 则进一步引入功能性细胞因子来增强 T 细胞的杀伤和扩增能力；第五代 CAR 基于第二代 CAR，加入来自 IL-2Rβ 和 STAT3/5 结合基序的额外胞质结构域，可提供抗原依赖性细胞因子信号转导（图 7-11）。

（二）SynNotch

1. 天然 Notch 受体

天然 Notch 受体蛋白是由 notch 基因编码的膜蛋白受体家族，具有高度保守性。1917 年，摩尔根（Morgan）及其同事在突变的果蝇中发现 notch 基因，因该基因的部分功能缺失会导致果蝇翅膀的边缘缺刻（notch）而得名。哺乳动物中有

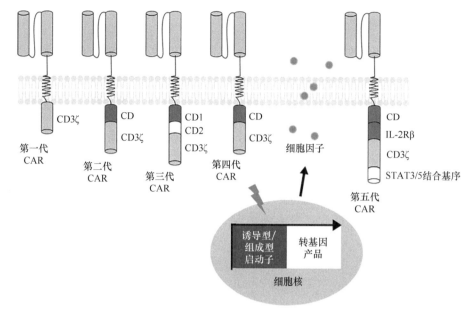

图 7-11　嵌合抗原受体的发展历程（Abreu et al.，2020）

4个同源Notch受体和5个相应的同源配体，其中同源受体分别是Notch1～Notch4；同源配体有两类：Delta 样配体，分别为Dll-1、Dll-3、Dll-4；Serrate 样配体，分别为 Jagged-1 和 Jagged-2。所有的同源 Notch 受体都是 I 型跨膜蛋白，均由胞内区、跨膜区和胞外区组成。胞内区包含 1 个 N 端 RAM 结构域、6 个锚蛋白重复序列、2 个核定位信号、1 个转录激活结构域及 1 个 PEST 结构域，胞内区负责将 Notch 信号转导至细胞核内。胞外区有 29～36 个表皮生长因子样重复序列，其中第 11、12 个表皮生长因子样重复序列介导与配体的相互作用（图 7-12）。

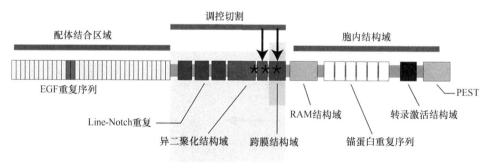

图 7-12　天然 Notch 受体（Morsut et al.，2016）

Notch 的受体和配体都是膜蛋白，它介导的是两个细胞相互靠近接触后的活化效应，是机械性最强的跨膜受体之一。

2. Notch 信号通路

Notch 信号通路的激活需要经过三步酶切过程：首先在细胞内，合成的受体蛋白单链前体分子被高尔基体内的 furin 蛋白酶酶切，酶切位点在 Notch 跨膜区胞外端的 S1 酶切位点，酶切形成的胞外段（extracellular notch domain，ECN）和跨膜段（notch transmembrane fragment，NTM）通过一种 Ca^{2+} 依赖的非共价键结合在一起，形成异二聚体形式的成熟 Notch 受体，并转运至细胞表面。当配体与胞外区结合后，Notch 受体在去整合素和金属蛋白酶（A disintegrin and metalloprotease，ADAM）家族的肿瘤坏死因子-α-转换酶（tumor necrosis factor-α-convening enzyme，TACE）或 Kuz（kuzbanian）的作用下，于 S2 酶切位点发生第二次酶切，释放部分胞外片段，剩余的部分黏连在细胞膜上被称为"Notch-intro TM"。早老素（presenilin，PS）依赖的 γ-分泌酶进行组成性酶切，发生于 S3 酶切位点。经过此步酶切，形成可溶性 Notch 的胞内段（NICD）并转移至核内。NICD 进入细胞核后，其 RAM 区结合 CSL［CBF-1（C-promoter binding protein-1）、Su(H)（suppressor of hairless）和 Lag1 蛋白的合称］蛋白。NICD 与 CSL 蛋白结合，将原本协同抑制复合物转换为协同活化复合物，进而与 DNA 形成多蛋白-DNA 复合体，激活相关基因的表达。

3. SynNotch

SynNotch 是人工设计改造合成的 Notch 嵌合形式，可以作为产生新的细胞-细胞接触信号通路的通用平台，其中细胞外传感器模块和细胞内转录模块都被异源蛋白结构域取代。典型的 SynNotch 受体由细胞外抗原识别结构域（通常是单链可变区，scFv）、Notch 核心调控区及细胞内结构域组成（图 7-13）。SynNotch 受体与邻近细胞中的表面抗原结合而被激活，合成转录因子在蛋白水解作用下释

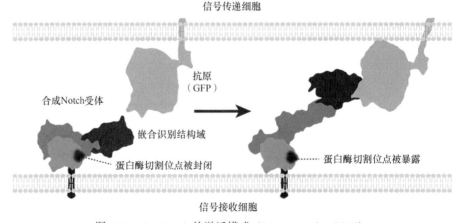

图 7-13　SynNotch 的激活模式（Morsut et al.，2016）

放，进而调控目标基因的表达。由于 SynNotch 通路没有共同的信号中间体，因此其在功能上是正交的，可以对不同的输入信号进行反应。

4. SynNotch 的应用

SynNotch 受体为工程细胞提供了非凡的灵活性，可以根据用户指定的细胞外信号定制传感/反应行为。研究人员通过更换 Notch 的胞外域和胞内转录因子，已经设计了多个人工定制的 SynNotch，用来识别多种抗原分子，释放转录因子，进而调控下游基因的表达（图 7-14）。

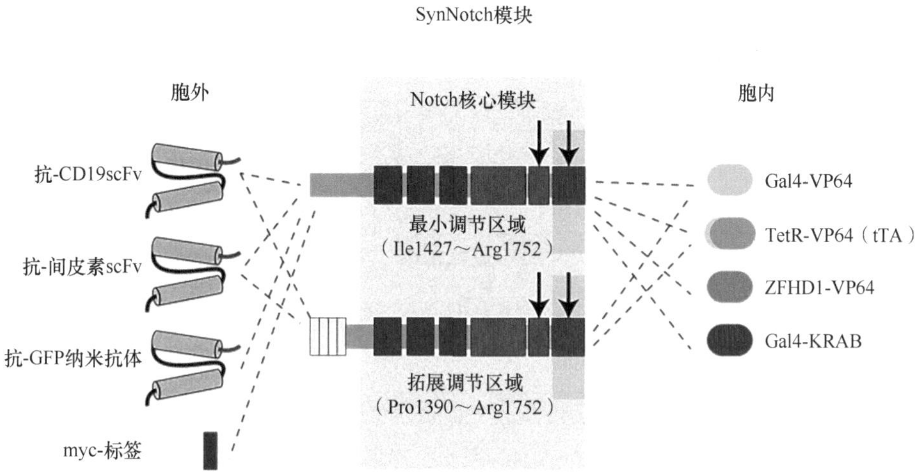

图 7-14　SynNotch 识别多种抗原分子并调控下游基因表达（Morsut et al.，2016）

例如，胞内转录激活子可以为 TetR-VP64（tTA）、Gal4-VP64，胞内转录抑制因子可以为 Gal4-KRAB 等。

其中，tTA 是 1992 年高森（Goseen）等利用原核基因调控元件构建的四环素（tetracycline，Tet）真核细胞基因调控表达系统。最初的 Tet 调控基因表达系统是以大肠杆菌四环素抗性操纵子为基础而建立的：Tet 阻遏蛋白（Tet repressor protein，TetR）与 *tet* 操纵子（tet operator，TetO）能够特异性结合。当细胞内无四环素存在时，TetR 会与 TetO 结合，从而阻断下游抗性基因表达；当有四环素存在时，四环素使 TetR 构象发生改变，导致 TetR 与 TetO 分离，使下游抗性基因得以表达。利用 TetR 和 TetO 特异性结合的特点，多种类型的 Tet 调控系统逐渐发展起来，真核细胞基因调控中应用最为广泛的是 Tet-off 和 Tet-on 基因调控系统（宫秀群等，2012）。

Tet-off 基因调控表达系统由调节表达载体和反应表达载体组成。调节表达载体由人巨细胞病毒早期启动子（PhCMV）和 Tet 转录活化因子（tetracycline transcriptional activator，tTA）组成：tTA 由 TetR 与单纯疱疹病毒（HSV）VP16

蛋白 C 端的一段转录激活区域融合而成；反应表达载体由 Tet 应答元件（tet-responsive element，TRE）、最小 CMV 启动子（minimal CMV promoter，P_{minCMV}）及目的基因组成。目的基因位于 TRE 和 P_{minCMV} 下游，TRE 为 7 次重复的 TetO 序列，P_{minCMV} 为缺失增强子的最小 CMV 启动子。当 tTA 未结合到 TRE 时，目的基因不表达；相反，当 tTA 结合到 TRE 时，VP16 会使 P_{minCMV} 活化从而使基因表达。当环境内无 Tet 或其衍生物强力霉素（doxycycline，Dox）存在时，tTA 可以与 TRE 结合，启动基因表达；而当 Tet 或 Dox 存在时，它们可使 tTA 中的 TetR 改变构象，tTA 从 TRE 上脱落下来，使 TRE 中的 P_{minCMV} 处于非激活状态，从而使基因表达处于关闭状态（图 7-15）。

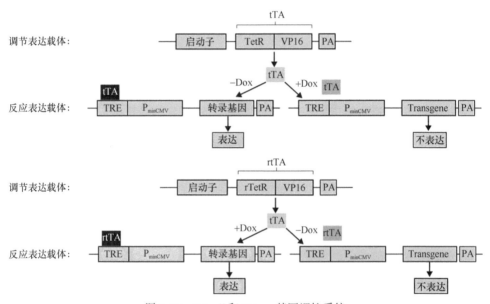

图 7-15　Tet-off 和 Tet-on 基因调控系统

Tet-on 调控系统与 Tet-off 调控系统的区别在于其调节蛋白为反义 Tet 转录活化因子（reverse tetracycline transcriptional activator，rtTA），rtTA 是由反义 TetR（reverse TetR，rTetR）与 VP16 的转录活化区域融合而成。rTetR 由 TetR 中的 4 个氨基酸发生突变衍生而来，其功能与 TetR 相反，在无 Tet 或 Dox 时不能结合 TRE，导致基因表达关闭，而在有 Tet 或 Dox 存在时，其会结合在 TRE 上导致基因表达开放（图 7-15）。

使用 SynNotch 受体还可以设计定制的细胞感知和响应行为，在多种哺乳动物细胞类型中驱动用户自定义的功能反应。如前所述，SynNotch 通路没有共同的信号中间体，在功能上是正交的。因此，多个 SynNotch 受体可以在同一个细胞中使用，以实现环境信号的组合整合，包括逻辑门运算、多细胞信号级联和自组织的细胞模式等。

例如，含有 SynNotch 的基因线路可以用来检测来自免疫抑制性的肿瘤微环境的抗原，并表达免疫刺激分子以进行响应。通过将 SynNotch 移植到 T 细胞中，可以形成能够特异性识别肿瘤并杀伤肿瘤的 SynNotch T 细胞。通过更换胞外特异性识别肿瘤抗原的抗体，以及胞内的转录激活子进行 T 细胞的定制化，可以特异性识别特定的肿瘤，并分泌 IL-2、治疗抗体、毒性分子等，发挥杀伤肿瘤的作用（Roybal et al.，2016）。

研究人员（Labanieh et al.，2018）还通过联合使用 SynNotch 和 CAR 受体来限制 T 细胞的活化，使得只有携带有两种或多种靶抗原的肿瘤细胞存在时，T 细胞才会发生活化，即实现 AND 逻辑门（图 7-16）。

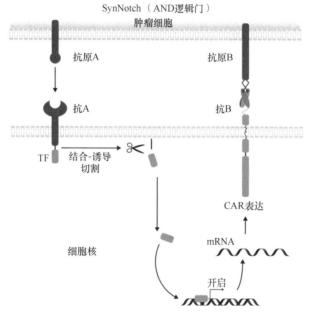

图 7-16　SynNotch 与 CAR 实现 AND 逻辑门（Labanieh et al.，2018）

（三）JAK/STAT-CD43ex-CD45int

1. JAK/STAT 信号通路

JAK（Janus tyrosine kinase，Janus 酪氨酸激酶）-STAT（signal transducer and activator of transcription，信号转导及转录激活蛋白）信号通路，即 JAK/STAT 信号通路，介导细胞与细胞之间的信号转导，在进化上具有很多保守的功能，包括细胞增殖和血液生成，对于发育、细胞分化和体内稳态至关重要。

JAK 属于非受体蛋白酪氨酸激酶家族，约 130kDa，由 JAK1、JAK2、JAK3和 TYK2（non-receptor protein tyrosine kinase 2）组成。

STAT 是潜在的细胞质转录因子，在被募集到激活的受体复合物后会被激活。目前已经鉴定出了 7 个 STAT 蛋白，STAT1～STAT6，其中 STAT5 包括由不同的基因编码的 STAT5a 和 STAT5b。另外，还鉴定出了几种 STAT 的异构体，其在从黏液霉菌到人类的真核生物进化上有很好的保守性。

JAK/STAT 信号通路相对简单，包括细胞因子、激素和生长因子在内的各种配体及其受体都可以激活 JAK/STAT 通路。当配体结合时可以诱导受体亚基的多聚化，由此诱发细胞内激活。对于某些配体，如促红细胞生成素（erythropoietin，Epo）和生长激素（growth hormone，GH），受体亚基以同二聚体形式结合，而对于其他配体，如干扰素（interferon，IFN）和白介素（interleukin，IL），受体亚基是异多聚体。

信号转导时，两个受体亚基的胞质部分必须与 JAK 酪氨酸激酶相结合。配体结合后引起受体分子的多聚化，使得与受体偶联的 JAK 相互接近并通过交互的酪氨酸磷酸化而活化。随后，活化的 JAK 磷酸化其他靶标，包括受体和主要底物 STAT。哺乳动物 STAT 在 C 端有一个保守的酪氨酸残基，该残基可以被 JAK 磷酸化。磷酸化的酪氨酸可以让 STAT 通过保守的 SH2 结构域相互作用，从而使 STAT 二聚化。磷酸化的 STAT 通过依赖于 importin alpha-5（输入蛋白 α5，也称为 nucleoprotein interactor 1）的机制及 Ran 入核通路进入细胞核。一旦进入细胞核，二聚化的 STAT 就会结合到特定调控序列，激活或抑制靶基因的转录。因此，JAK/STAT 级联通路提供了将细胞外信号转化为转录反应的直接机制。

2. JAK/STAT 信号通路的受体改造

将 JAK/STAT 细胞信号通路膜受体 IL-4 与 IL-13 的胞外结构域与 scFv 融合，与相应抗原结合时，IL-4 和 IL-13 受体部分发生异源二聚化，解除磷酸酶 CD45 胞内结构域对 JAK/STAT 信号转导的阻断，通过 STAT6 诱导的信号转导，激活响应 STAT6 的启动子表达目的基因。

3. 受体开关设计

为实现对改造后的 JAK/STAT 信号通路受体的进一步控制，将 CD43 的跨膜和胞外区域与 CD45 的胞内区域进行融合，合成 CD43ex-CD45int 受体，发挥开关作用。

（1）CD45

CD45 由一类结构相似、分子量较大的跨膜蛋白组成，广泛存在于白细胞表面，属于白细胞共同抗原（leukocyte common antigen，LCA），其胞浆区段具有蛋白质酪氨酸磷酸酶的作用，能使底物上的酪氨酸残基脱磷酸，如特异性地使 JAK1 的 Tyr 去磷酸化，抑制 JAK 激酶，从而对 JAK/STAT 信号转导进行负调节。

（2）CD43

CD43 是一种跨膜蛋白，其细胞外区域高度糖基化，属于细胞膜表面黏附分子（黏附受体）。成年期表达于骨髓造血干细胞及除静止 B 细胞以外的所有白细胞，还表达于组织巨噬细胞、树突状细胞、上皮细胞、内皮细胞，在淋巴瘤细胞、某些类型的白血病及实体瘤细胞表面也有表达。

（3）CD43ex-CD45int 受体

当表达 CD43ex-CD45int 受体的功能细胞没有与靶细胞结合时，即使 IL-4 和 IL-13 受体部分发生异源二聚化，CD43ex-CD45int 受体的磷酸酶 CD45 胞内结构域仍然阻断 JAK-STAT 信号转导，JAK/STAT 信号通路被开关抑制；当功能细胞与靶细接触时，CD45int 解离，IL-4 和 IL-13 受体介导的 JAK/STAT 通路开始发挥作用，如诱导表达抗肿瘤前体药物活化酶（图 7-17）。

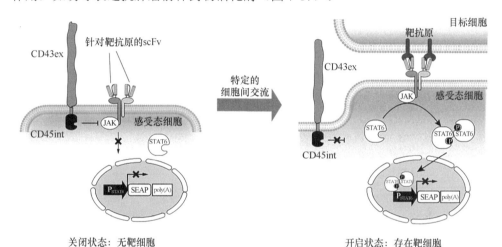

图 7-17　JAK/STAT-CD43ex-CD45int 原理示意图（Kojima et al.，2018）

二、用于检测可溶性分子的受体

（一）Tango

1. Tango 的设计

受到 Notch "酶切后释放" 的启发，研究人员（Barnea et al.，2008）设计了类似的用于检测可溶性分子的人工系统。该系统由三部分组成：①在某天然受体的胞质 C 端连接转录因子。在受体和转录因子间插入一个特定的酶切位点，即形成受体-酶切位点-转录因子的融合蛋白；②将能够在酶切位点行使酶切功能的蛋白酶与激活态受体招募的蛋白相连接；③转录因子激活的启动子及报告基因等目的基因。因为该系统的功能依赖两个融合蛋白的相互接触，所以起名为 Tango，该词的词根意为接触。

由此可见，Tango 是一种基于正交的、依赖于蛋白酶的信号转导元件。由天然的或经人工设计的受体、含有蛋白酶切位点的连接子（linker）和胞内转录因子组成。受体与配体结合后，招募与靶蛋白酶融合的信号分子，剪断连接子，释放转录因子，游离的转录因子进入细胞核，激活特定基因的表达。

2. Tango 的应用

（1）响应 G 蛋白偶联受体（GPCR）的激活

GPCR 被配体激活后，受体胞质 C 端的特定丝氨酸和苏氨酸残基磷酸化，磷酸化的受体招募抑制蛋白（arrestin），阻止 G 蛋白的进一步活化。

根据此特性，Tango 系统的第一个融合蛋白设计为 receptor-TCS-tTA，receptor 为 GPCR，并在 receptor 和 tTA 序列之间插入一段 7aa 切割位点。因为烟草蚀刻病毒（tobacco etch virus，TEV）蛋白酶会特异性识别该位点并进行切割，所以将该位点称为 TEV 切割位点（TEV cleavage site，TCS）。第二个融合蛋白设计为 arrestin-TEV，由抑制素人 β-arrestin 2 和 TEV 蛋白酶组成。

将两个融合蛋白基因瞬时转染到含有 tTA 依赖性报告基因的细胞系中。当 GPCR 与配体结合后，胞质 C 端的特定丝氨酸和苏氨酸残基磷酸化，招募 arrestin-TEV 融合蛋白。TEV 蛋白酶切割引起转录因子 tTA 的释放，然后游离 tTA 进入细胞核，激活报告基因的表达（图 7-18）。

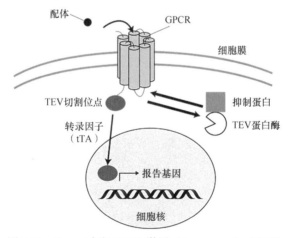

图 7-18　Tango 响应 GPCR 激活（Barnea et al.，2008）

（2）监测酪氨酸激酶受体的激活

当配体结合酪氨酸激酶受体家族成员后，会使受体胞质端的特定酪氨酸残基磷酸化，这些磷酸酪氨酸基序可以充当结合位点，用于募集含有磷酸酪氨酸结合（phosphotyrosine-binding，PTB）域的信号蛋白。

根据此特性，Tango 系统的第一个融合蛋白也可被设计为 receptor-TCS-tTA，

receptor 为酪氨酸激酶受体，如胰岛素样生长因子 1 受体（insulin-like growth factor 1 receptor，IGF1R）。第二个融合蛋白设计为 Shc1-TEV，其中 Shc1 蛋白含有 PTB 域，可以结合磷酸酪氨酸。配体与受体结合后，磷酸化的受体结合 Shc1-TEV 融合蛋白，TEV 蛋白酶切割受体，引起转录因子 tTA 的释放，然后游离 tTA 进入细胞核，激活报告基因的表达（图 7-19）。

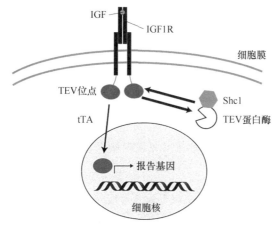

图 7-19　Tango 监测酪氨酸激酶受体的激活（Barnea et al.，2008）

（3）监测类固醇激素受体的激活

两种不同的雌激素激活的胞内受体（ERα 和 ERβ）存在于哺乳动物基因组中。游离的雌激素受体以非活性状态存在于在细胞质中。雌激素受体与雌激素的结合会导致形成同型或异型二聚体进入细胞核，并与特定的 DNA 反应元件相互作用，以调节靶基因转录。

为实现两个胞内受体蛋白的相互作用的监测，首先通过 ERα 的 N 端与跨膜蛋白 CD8 融合将 ERα 固定在细胞膜的内表面。然后将 ERα 的 C 端通过 TEV 蛋白酶裂解位点（TCS）与转录因子 tTA 融合。这种策略将转录因子 tTA 固定在质膜上阻止其入核，除非被蛋白质水解后释放，即 Tango 的第一个融合蛋白为 CD8-ERα-TCS-tTA。第二个融合蛋白 ERα-TEV 蛋白酶，游离在细胞质中。

在雌激素刺激下，CD8-ERα-TCS-tTA 与 ERα-TEV 二聚化，tTA 被 TEV 切割下来，入核诱导目的基因表达（图 7-20）。

（二）MESA

模块化细胞外传感器架构（modular extracellular sensor architecture，MESA）是一种类似于 Tango 的人工合成受体，与之不同的是受体的胞外段融合了单链可变区（scFv），可以靶向基于小分子或基于蛋白质的抗原，从而扩大工程细胞可感知的分子库。

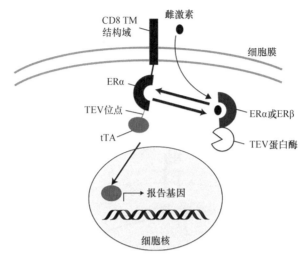

图 7-20　Tango 监测类固醇激素受体的激活（Barnea et al.，2008）

　　MESA 受体由 2 条 scFv 单链组成，一条 scFv 链与转录因子通过含有蛋白酶切位点的肽链连接，另一条 scFv 链与匹配的蛋白酶融合。当配体与受体结合后，两条链发生二聚化，蛋白酶水解肽链使转录因子释放（图 7-21）。

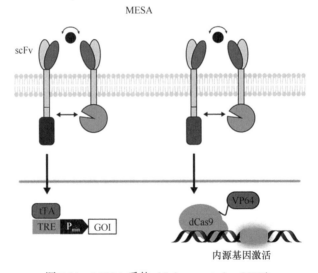

图 7-21　MESA 受体（Schwarz et al.，2017）

　　与 Tango 方法相比，MESA 可以检测更多种类，甚至天然受体未知的分子，但是 MESA 在没有配体的时候有显著的本底活性，而且在配体结合后的激活水平尚不够理想。

（三）GEMS

1. GEMS 的设计

Tango 和 MESA 在提高正交性方面取得了很大的进步，但并未实现信号级联放大，由于每个激活的受体仅释放一个转录因子（TF），可能会限制其效率，而且它们的性能高度依赖于启动子的选择来调制不同组件之间的比率。为解决这些问题，研究人员设计了通用细胞外分子传感器（generalized extracellular molecule sensor，GEMS）（Scheller et al.，2018）。

GEMS 是基于促红细胞生成素受体（erythropoietin receptor，EpoR）设计的（图 7-22），为了使 EpoR 受体对其天然配体促红细胞生成素不敏感，首先对其主要的促红细胞生成素结合位点进行突变，然后通过在受体上融合多种配体结合域，实现对多类信号分子的响应。受体的胞质部分含有可以特异性激活下游 4 个信号通路（JAK/STAT、PI3K/AKT、PLCG 和 MAPK）的多个结构域，可以同时驱动多个转录程序。

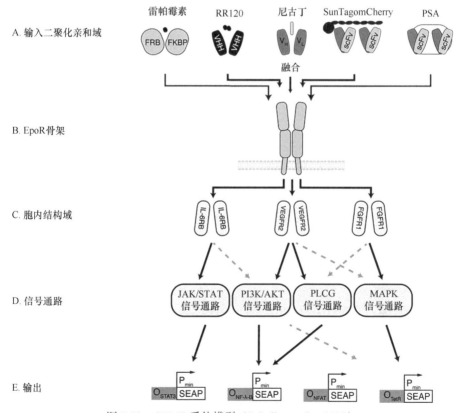

图 7-22　GEMS 受体模型（Scheller et al.，2018）

相比基于 MESA 和 Tango 的方法，GEMS 利用了细胞内级联通路的信号放大作用，且不再使系统的效果过度依赖于某个启动子的选择。另外，由于 GEMS 可以较容易地改造以适应新的可溶性抗原，其有望成为开发基于细胞的诊断或治疗多种疾病的有效工具。

2. GEMS 的应用

（1）监测雷帕霉素

在 EpoR 胞外段融合响应雷帕霉素诱导的二聚反应的两个雷帕霉素结合蛋白 FRB 和 FKBP，跨膜结构域 C 端连接到白介素 6 受体 B（IL-6RB）的胞内信号转导域（IL-6RBint），IL-6RBint 会激活 JAK/STAT 信号通路，激活的 JAK 使 STAT3 磷酸化发挥转录因子作用。在 EpoR 的跨膜结构域和 IL-6RBint 间添加 4 个丙氨酸，插入的丙氨酸拉长了跨膜螺旋并导致其胞内段相对于细胞旋转约 100°，从而使受体未连接配体状态下 JAK 激活最小化。应用时将 PhCMV-FRB/FKBP-EpoR-4A-IL-6RBint-pA 构建到 pTS 质粒，瞬时转染细胞，加入雷帕霉素就可以引起报告蛋白的表达。

（2）监测偶氮染料

偶氮染料活性红 120（reactive red 120，RR120）是一种大的、二聚化亲水分子。为达到监测 RR120 的目的，将 EpoR 胞外段替换成能够响应 RR120 的骆驼源重链抗体（camelid heavy chain antibody）VHHA52，VHHA52 在 RR120 存在时会发生二聚。抗体和 EpoR 之间的连接区由氨基酸 Ser-Gly-Glu-Phe 组成，可以提供自由旋转以促进抗体结合。

由于 IL-6RBint 的酪氨酸 Y759 是负调控 JAK/STAT 信号转导的磷酸化位点，将 Y759 突变为丙氨酸以提高信噪比，即将 IL-6RBint 改造成 IL-6RBm（modified IL-6RBint），并与受体跨膜结构域 C 端融合。应用时，将 PSV40-VHHA52-EpoR3A-IL-6RBm-pA 构建到 pLeo618 质粒，瞬时转染细胞，加入低摩尔浓度的 RR120 就可以引起报告蛋白的表达。

参 考 文 献

宫秀群, 马敏敏, 徐格林. 2012. 四环素基因调控系统的研究进展. 基础医学与临床, 32(2): 233-236.

武鑫, 邵佳伟, 叶海峰. 2019. 合成生物学驱动功能细胞的精准设计与疾病诊疗. 生物产业技术, (1): 41-54.

闫海芳, 周波, 李玉花. 2004. 光受体及光信号转导. 植物学通报, 39(2): 235-246.

Abreu T R, Fonseca N A, Gonçalves N, et al. 2020. Current challenges and emerging opportunities of CAR-T cell therapies. J Control Release, 319: 246-261.

Barnea G, Strapps W, Herrada G, et al. 2008. The genetic design of signaling cascades to record receptor activation. Proc Natl Acad Sci USA, 105(1): 64-69.

Chang K Y, Woo D, Jung H, et al. 2014. Light-inducible receptor tyrosine kinases that regulate neurotrophin signalling.

Nat Commun, 5: 4057.

Kojima R, Scheller L, Fussenegger M. 2018. Nonimmune cells equipped with T-cell-receptor-like signaling for cancer cell ablation. Nat Chem Biol, 14(1): 42-49.

Labanieh L, Majzner R G, Mackall C L. 2018. Programming CAR-T cells to kill cancer. Nat Biomed Eng, 2(6): 377-391.

Morsut L, Roybal K T, Xiong X, et al. 2016. Engineering customized cell sensing and response behaviors using Synthetic Notch receptors. Cell, 164(4): 780-791.

Nihongaki Y, Kawano F, Nakajima T, et al. 2015. Photoactivatable CRISPR-Cas9 for optogenetic genome editing. Nat Biotechnol, 33(7): 755-760.

Parham P. 2009. The Immune System. 3rd ed. New York: Garland Science.

Roybal K T, Williams J Z, Morsut L, et al. 2016. Engineering T cells with customized therapeutic response programs using Synthetic Notch receptors. Cell, 167(2): 419-432.e16.

Scheller L, Strittmatter T, Fuchs D, et al. 2018. Generalized extracellular molecule sensor platform for programming cellular behavior. Nat Chem Biol, 14(7): 723-729.

Schwarz K A, Daringer N M, Dolberg T B, et al. 2017. Rewiring human cellular input-output using modular extracellular sensors. Nat Chem Biol, 13(2): 202-209.

Shimizu-Sato S, Huq E, Tepperman J M, et al. 2002. A light-switchable gene promoter system. Nat Biotechnol, 20(10): 1041-1044.

Teixeira A P, Fussenegger M. 2019. Engineering mammalian cells for disease diagnosis and treatment. Curr Opin Biotechnol, 55: 87-94.

Toettcher J E, Gong D, Lim W A, et al. 2011. Light-based feedback for controlling intracellular signaling dynamics. Nat Methods, 8(10): 837-839.

Toettcher J E, Weiner O D, Lim W A. 2013. Using optogenetics to interrogate the dynamic control of signal transmission by the Ras/Erk module. Cell, 155(6): 1422-1434.

Yu Y H, Wu X, Guan N Z, et al. 2020. Engineering a far-red light-activated split-Cas9 system for remote-controlled genome editing of internal organs and tumors. Sci Adv, 6(28): eabb1777.

Zhang K, Duan L T, Ong Q, et al. 2014. Light-mediated kinetic control reveals the temporal effect of the Raf/MEK/ERK pathway in PC12 cell neurite outgrowth. PLoS One, 9(3): e92917.

第八章　基因线路设计

设计并实现基因线路是合成生物学的核心内容。基因线路由基因调控元件和被调控的基因组合而成，在给定条件下可调节并可定时定量地表达基因产物。基因线路的工程化设计是指建立具有各种功能的标准零件、功能模块及系统装置，通过逐级拼装、组合，构建出相对复杂、具有特定功能的生物系统，进而实现对生命系统的重新编程。

第一节　基因线路设计的工程化理念

一、研究策略

目前合成生物学研究策略可分为自上而下（top-down approach）和自下而上（bottom-up approach）两种。自上而下的方法强调利用合成生物学对现有生物或基因序列进行重新设计，以去掉不必要的零件，或取代、添加特定的零件。自下而上的方法则是要利用非生命组分作为原材料来构建生命系统。

自上而下策略和自下而上策略的最关键的区别在于，前者是一种分解（decomposition）策略，而后者是一种合成（composition）策略。前者从一般性问题出发，把该问题分解成可控的部分。后者则是从可控的部分出发，去构造一个通用的方案。

虽然两种方法的研究各有侧重，但它们都有着共同的目标，即工程化设计特定的基因线路，使其生物功能具有可预测性及可靠性。

二、研究范式

在非生命领域，现代工程学方法已成功创建了很多高度复杂的人工体系，这些复杂体系的共同点是具有符合标准规范的模块化的结构和层次化的组织形式，为合成生物学基因线路设计提供了研究范式。

（一）标准化

合成生物学的核心思想是设计和构建新的生物功能元件或者改造现有生物功能元件，然后再与底盘细胞集成，从而获得工程化的人工生物体系。因此，合成生物学对生物元件的组装提出了很高的要求，需要建立能够对大量生物元件进行组装的方便、快捷的方法，最终目标是实现生物元件组装的自动化。实现这一目标的前提之一是生物元件标准化（standardization）。

标准化元件在机械、电子和计算机工程等工业领域早有广泛的应用。标准化元件的使用，使得不同功能的元器件和不同公司的产品能够方便地集成，从而使工业界能够生产出复杂而可靠的产品。与此类似，标准化生物元件的使用可以让不同实验室构建的标准生物元件都能按照相同的规则进行组装，从而可以避免大量的重复劳动，缩短合成复杂生物装置或者生命系统所需的时间。

生物元件标准化的主要思路是通过设计生物元件接口处的核苷酸序列，用标准化的实验组装流程把编码或非编码元件拼接在同一条载体 DNA 链上。同时建立一个对元件分类登记、查询、获取、交流的标准化统一平台。

美国麻省理工学院建立的标准生物部件登记处（registry of standard biological part，RSBP）在生物元件标准化方面开展了许多基础研究，包括建立新载体体系、对生物元件进行标准化处理、在生物元件两端接上统一的"接口"等。这些标准化元件，以及由它们相互连接所组成的标准生物模块被称为"生物砖"（BioBrick）。

基于合成生物学的生物学、工程学、计算机、物理等多学科交叉的特点，当设计一个合成系统时，需要在多学科、多系统间交换关于多种类型的分子信息、系统的预期行为和实际行为的实验测量数据等。为此，2008 年成立了包含学术界、政府和商业化组织在内的公共交流和服务平台，旨在给合成生物学领域的研究者提供一个大型的国际化、标准化的交流平台。合成生物学开放语言（synthetic biology open language，SBOL）也已经成为新兴的合成生物学数据交换和生物学设计信息的规范和交换标准。

（二）模块化

随着合成生物学技术的发展，大量基因编辑和调控工具的开发使一种"组合工程"方法被广泛应用，其目的在于简化可控的模块或者部件。这些模块或部件可以通过计算机辅助设计或数学建模来进行精确的预测和设计，可以进行不同的组合以获得预期的功能，并且可以以工业规模生产制造复杂的自然生物系统，将工作变得简单可靠、高质高效。

所谓模块化，就是指将系统解构成结构功能相对独立的组成单元。

1. 模块化的方法

（1）抽象

抽象（abstraction）是从众多的事物中抽取出共同的、本质性的特征。利用抽象的层次模型，以不同水平的复杂程度描述生物学的功能，并通过对合成生物系统的部件和装置的重新设计和构建，使其适当简化以方便模拟和组合。

（2）解耦

一些较复杂的设备或装置本身所要求的参数往往较多，不得不设置多个控制回路对该设备进行控制。控制回路的增加，往往会造成相互影响的耦合作用，即系统中每一个控制回路的输入信号对所有回路的输出都会有影响，而每一个回路的输出又会受到所有输入的作用。要想一个输入只去控制一个输出几乎不可能，这就构成了"耦合"系统。耦合关系往往使系统难以控制、性能较差。

解耦（decoupling）就是将一个复杂问题分解成多个相对简单的、可以独立处理的问题，选择适当的控制规律将一个多变量系统分解成多个独立的单变量系统进行控制的问题。在解耦控制问题中，其基本目标是设计一个控制装置，使构成的多变量控制系统的每个输出变量仅由一个输入变量完全控制，且不同的输出由不同的输入控制。在实现解耦以后，一个多输入多输出控制系统就解除了输入、输出变量间的交叉耦合，从而实现自治控制，即互不影响的控制。

这种互不影响的控制方式，便于用已有的标准化部件来加速开发过程，最终合成具有特定功能的统一整体。基因线路往往被分解成若干个模块，如负责控制合成起始的调控模块，负责合成蛋白功能的功能模块等。

2. 模块强度的调控

模块强度指的是模块在不同水平上调控基因表达效率的高低。由于基因线路由多个模块组成，因此调控组成模块的强度是基因线路能够协调、高效运行的保证。

（1）质粒拷贝数调控

目前许多基因线路都是在质粒上构建，质粒的拷贝数对基因线路的表达强度会产生一定影响。作为一种简单、便捷且效果显著的方法，通过质粒拷贝数（高、中、低）调节模块强度被频繁地应用于基因线路优化。不同拷贝数的质粒可以在底盘细胞中实现模块不同强度的表达，如 ColE1、pMB1 派生质粒具有高拷贝数的特点，适合大量增殖克隆基因；而 pSC101 派生质粒拷贝数小，适用于被克隆基因表达产物过多则严重影响底盘细胞正常代谢活动的情况。

虽然利用不同拷贝数的质粒可以简单高效地调节基因线路中各个模块的强度，但质粒表达基因的同时会给底盘细胞带来一定生理负担，同时也可能出现质粒丢失的现象。因此，随着基因组编辑技术和生物标准化元件的发展，在基因组上通过基因元件来调控基因的表达成为更好的选择。

（2）启动子调控

在基因线路各个水平的调控中，转录水平的调控起着关键作用，而启动子在转录水平调控中居于最为关键的地位。转录水平的模块强度调节可通过不同启动子来实现。

启动子的获得途径包括利用已报道的不同强度的启动子、理性或半理性设计的启动子，以及随机筛选构建的启动子文库等。

目前，大部分研究会将质粒拷贝数和启动子调控联合利用。随着启动子工程技术的发展，相对于质粒拷贝数调控而言，利用启动子调控具有更宽的调控范围。同时，除了可以在质粒上实现启动子调控，还可通过基因编辑技术在基因组上实现，避免给底盘细胞带来过多的代谢负担。

（3）RBS 序列强度调控

核糖体结合位点（RBS）序列和蛋白翻译的速率密切相关，能显著影响目的蛋白表达量，因此 RBS 也是调控翻译强度的重要元件。RBS 序列一般用来调控单个基因的表达强度，不足以进行整个模块强度的调控，但同样可以将其运用到模块化策略中，如在单一元件中用 RBS 序列调控多个基因的表达强度等。

（三）层次化

层次化是一种将系统的复杂功能进行分解的方式，如国际标准化组织（ISO）制定的开放系统互联（open systems interconnection，OSI）参考模型将计算机或通信系统间互联划分成应用层、表示层、会话层、传输层、网络层、数据链路层和物理层 7 个层级。每层负责单一特定的功能，如应用层负责和最终用户的交互功能，包括 HTTP、FTP、SMTP、POP3、DHCP 等协议；表示层则负责完成数据的表示、安全、压缩等功能，包括 JPEG、ASC II、加密格式等。而根据 IP 进行逻辑地址寻址是网络层的功能，进行硬件地址寻址则是数据链路层的任务。这样的层次化做法简化了系统的复杂度，便于标准化的实现。

同样地，在基因线路设计时通过逐层细化，由小尺度的基本元件构成较大尺度的功能模块，也是为了通过层次化来降低合成生物系统的复杂度。

1. 基本元件

基本元件，也称基因元件（genetic element）或基因组件（genetic part），是设计基因线路的基本单位，可以是具有某种特定生物学功能的 DNA 或 RNA，也可以是基因调控因子。基本元件包括复制子、启动子、抑制子、诱导子、转录因子、核糖体结合位点、转录终止子、翻译终止密码子、酶切位点、选择标记等。基本元件的特性是在特定的工作环境中具有信号接收和输入功能、信号发送和产物输出功能、调节信息流、代谢和生物合成的功能，并能和其他元件相互作用。

生物砖（BioBrick）是标准化的，具有可连接性末端（前后缀）的基因元件，前后缀分别是两个核酸限制性酶切位点，用于元件之间的连接，前缀之后可以是测序引物、启动子、核糖体结合位点、功能基因、翻译终止密码子、转录终止子等。

2. 组合元件

组合元件是由多个基本元件通过内在功能联系或某种逻辑关系联系在一起构建而成的，是一组功能完全清楚的细胞内区域化的生物装置（biological device），常用于特定功能途径，如代谢途径、信号转导途径、调控途径等。

3. 基因系统

不同功能的生物装置联结后，能像电子系统一样运行，因此形象地将其称为基因系统。基因系统包含多条基因线路，各条基因线路可清楚地对应生物模块的物理结构和生物功能。基因系统特点是具有定量特性，有确定的应答阈值及明确的反应边界，系统的组成部分容易被去除、替换、更改，可实现非自然的功能等。

三、设计原则

（一）正交化

自然界的生物系统是一个复杂多样、相互联系的系统，人工添加的元件及装置等常与天然存在的生物系统不兼容或者受到天然系统的干扰，甚至会导致底盘生物系统的崩溃。因此，建立与自然生物系统及其组成交叉很少或没有交叉的体系可以避免人工构建的体系与天然系统的相互干扰，这样的设计原则称为正交化（orthogonal）设计。

并行、独立的正交系统是合成生物学的重要研究基础之一，它的组成包括非天然碱基对、移位密码子、非天然氨基酸、正交的氨酰 tRNA 合成酶、RNA 聚合酶和启动子、正交核糖体等。这些正交系统的组成部分可以一起组成系统发挥作用，也可以各自单独在生物体系中应用（葛永斌等，2014）。

在合成生物学领域，最初的正交化设计主要针对导入的异源人工元件，如转录因子、核糖体开关和蛋白质等，通过对底盘进行工程化改造，使其不干扰底盘细胞原有的代谢和调控网络，从而减少人工设计的复杂性。目前正交化的概念随细菌工厂自下而上的构建过程顺应延伸，逐步扩展到对代谢途径和真核底盘细胞的设计中。

基因的表达首先要将 DNA 转录成对应的 RNA。对于 DNA 的转录，一般可以从两个方面去构建正交系统。首先是启动子，其次是 RNA 聚合酶。由于不同启动子的 DNA 序列是不一样的，只需找到所用底盘细胞的 RNA 聚合酶不能识别的启动子即可。与此同时，需要构建一个识别此启动子，且不识别其他启动子的RNA 聚合酶。以大肠杆菌为例，来自 T7 噬菌体的 T7 RNA 聚合酶只识别特定的17 个碱基对的启动子序列，与大肠杆菌其他启动子没有交集，T7 RNA 聚合酶对应的启动子也与大肠杆菌 RNA 聚合酶没有交集。利用这对启动子和 RNA 聚合酶组合，就能够正交地控制基因表达。

在蛋白质正交元件研究方面，各种正交蛋白体系被应用于细胞基因编辑和表达调控中，正交的 Cas9 蛋白就是其中典型的例子。

SynNotch 等人工设计的正交信号受体，也能够有效地避免来自宿主细胞本身信号转导系统的干扰，进而实现细胞信号网络的工程化。

（二）鲁棒性

鲁棒（robust）意为健壮和强壮，是指系统在异常和危险情况下的生存能力。比如计算机软件在遇到输入错误、磁盘故障、网络过载或恶意攻击的情况下，能否不死机、不崩溃，就是该软件鲁棒性的体现。

生物鲁棒性是生物系统整体特性中的一种，它是指一个生物系统在受到外部扰动或内部参数摄动等不确定因素干扰时，系统仍保持其结构和功能稳定的一种性质。生物体总是处在变化的环境中，但是它可以通过保持一个相对稳定的内环境，使其在各种环境下都能生存，因此，生物鲁棒性最能体现生物体对环境的适应度。人工合成系统的鲁棒性是指人工合成系统在受到外部或内部扰动时，仍然保持其结构和功能的特性，与稳定性强调的功能可维持性相比，鲁棒性更强调功能的迅速恢复。

保证系统鲁棒性的设计原则是利用生物系统的协调、冗余的网络结构。设计多点调控的基因元件是增强人工合成系统鲁棒性的重要途径；降低生物系统本身的系统噪声，进而减弱其对基因线路的干扰也是提高系统整体鲁棒性的重要手段，如使用微 RNA 进行人工调控以降低系统噪声就是一个重要的研究方向；另外，设计合理的冗余性功能模块也是保证鲁棒性的手段之一。

第二节　基因线路的结构

一、基本结构

合成基因线路的基本结构由三大模块组成（Kitada et al.，2018）（图 8-1）。

1. 感应模块

感应模块负责感知细胞内/外信号。例如，可以感知环境温度（Lowman and Bina，1990），或利用肿瘤细胞特异性启动子，实现仅在肿瘤细胞内表达其调控的基因（Marchisio and Huang，2017）。

2. 处理模块

处理模块负责根据输入进行计算与处理。例如，利用两个启动子分别表达某种转录调控因子的 N 端和 C 端，只有两个特异性启动子同时启动时，进行"逻辑与"运算，才能形成完整的调控因子（Wu et al.，2020）。

3. 输出模块

输出模块负责释放生物信号以实现基因线路的预期目标，如报告蛋白、治疗因子、调节因子、趋化因子等。

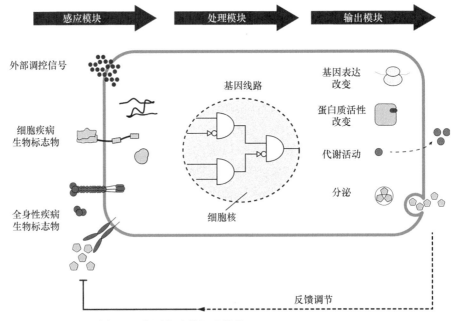

图 8-1　基因线路的组成模块（Kitada et al.，2018）

二、级联

（一）级联的定义

　　级联（cascade）是指在一系列连续事件中，前面一种事件能激发后面一种事件的反应。在基因线路设计中，往往需要通过生物体的级联反应来实现特定的功能。

（二）级联的类型

1. 信号级联转导

　　从细胞表面受体接收到外部信号到最后做出响应性应答，是一个将信号逐级转导的过程。细胞表面受体被外部信号激活后，往往会激活第二信使。第二信使通过一系列转导机制，产生连锁反应，将信号逐步放大、逐级传导，最终激活相应的细胞效应系统。这一过程称为信号级联反应。

　　级联反应除具有将信号放大，使原始信号变得更强、更具激发作用，引起细胞的强烈反应外，还有其他一些作用：①信号转移，即将原始信号转移到细胞的其他部位；②信号转化，即将信号转化成能够激发细胞应答的分子，如级联中的酶的磷酸化；③信号分支，即将信号分开成为几种平行的信号，影响多种生化途径，引起更大范围的反应。

　　级联过程中的各个步骤都有可能受到一些因子的调节，因此级联反应的最终效应还是由细胞内外的条件来综合决定的。

2. 基因表达级联调控

基因表达（gene expression）是指根据基因的遗传信息合成功能性基因表达产物的过程。基因表达产物通常是蛋白质。部分非蛋白质编码基因则转录生成非编码 RNA，如转运 RNA（tRNA）、小核 RNA（snRNA）等，参与调控功能性基因表达。

基因表达受到严格的调控，包括转录调控、RNA 加工调控、RNA 转运和翻译调控、mRNA 稳定性调控和翻译后调控。每一个调控点都与前/后一个调控点直接相关。因此基因表达的级联调控既指在转录、RNA 剪接、翻译和翻译后修饰等多个阶段的调控，也可以指对某个阶段的不同步骤进行调控。

（三）级联的作用

1. 构建大型基因线路

通过多级联的基因门控线路组合模式，可以构建大型基因线路，以实现更复杂的功能操作。为了实现门控线路的级联，上级模块的输出往往作用于下一级模块的启动子。如图 8-2 所示的分层逻辑门基因线路中，使用了三层级联，通过将上级模块的输出用作下游模块的输入，实现了四输入"与"门，每个"与"门的输入是一个转录因子及其伴侣蛋白（Moon et al.，2012）。这种设计策略实现了在单个细胞中构建大型的基因线路。

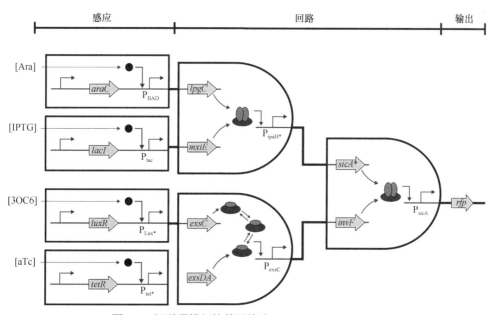

图 8-2　级联逻辑门控基因线路（Moon et al.，2012）

2. 提高响应速度

当细胞暴露于潜在的致命环境压力时，快速的细胞信号转导至关重要。但是，压力通常会导致生长停滞，导致信号稀释，影响应激反应的及时响应。由于包括小 RNA 在内的非编码 RNA 具有快速传播、迅速适应信号压力的能力，常被用于提高基因线路响应速度（Isaacs et al.，2006）。

下面以细菌的 CsrA 翻译调控为例，介绍一下转录因子蛋白、小 RNA 和靶标 mRNA 之间的相互级联作用在这方面的应用。

碳存储调控子（carbon storage regulator，CSR）系统是大肠杆菌的应激反应调节系统。该系统由 CsrA 蛋白、CsrB 非编码 RNA、CsrC 非编码 RNA 和 CsrD 蛋白四部分组成，其中 CsrA 是氨基酸序列非常保守的 RNA 结合蛋白，它以二聚体形态与目标 mRNA 的 5′-UTR 结合，会沉默目标 mRNA 的翻译。CsrB 有 9 个 CsrA 二聚体结合位点，CsrC 有 3～4 个 CsrA 二聚体结合位点，这两个非编码 RNA 会竞争性结合 CsrA 以阻止其沉默目标 mRNA 的翻译。CsrD 作为一种特异性因子，增强了核糖核酸酶（ribonuclease，RNase）对 CsrB 和 CsrC 的降解，从而调控它们的浓度。因此，以 CsrA 系统的非编码 RNA 为中心，研究人员设计了图 8-3 所示的四级级联调控线路，实现了快速而可靠的信号转导基因线路（Adamson and Lim，2013）。

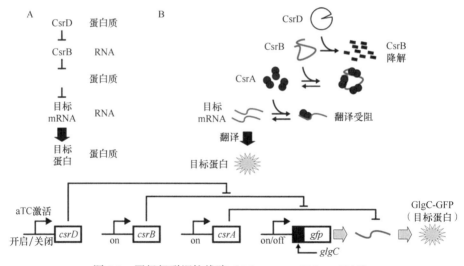

图 8-3　四级级联调控线路（Adamson and Lim，2013）

在这样一个四级级联的基因线路中，目标 mRNA 的转录由 IPTG 诱导的启动子控制，CsrA 蛋白和 CsrB RNA 直接表达，CsrD 蛋白的表达则受环境中的无水四环素 aTC 控制。

当环境中没有无水四环素 aTC 时，CsrD 蛋白不表达，生成的 CsrB RNA 不会被降解，从而结合环境中的 CsrA 蛋白，阻止其与目标 mRNA 结合。此时，IPTG 诱导表达的目标 mRNA 上就不会结合 CsrA 蛋白，报告基因将不会被沉默，绿色荧光蛋白得以表达；当在环境中加入 aTC 时，诱导表达的 CsrD 蛋白会促进 CsrB RNA 降解，导致 CsrA 蛋白结合到目标 mRNA 上，阻止其翻译。

与直接关闭 *glgC-gfp* 转录相比，这种以级联方式开启 CsrD 蛋白转录来关闭目标 mRNA 的翻译使得目标基因表达的延迟降低了近 80%。这说明了在某些条件下，调节级联线路上游分子比调节下游分子能更快地改变目的基因的表达。

三、反馈

（一）反馈的基本概念

在控制系统中，输出部分不向输入部分提供信息的，称为开环（open loop）控制系统；输出部分向输入部分提供反馈信息的，称为闭环（close loop）控制系统。

20 世纪初，科学家发现，将真空三极管的输出信号返回其输入端形成再生回路，可以增加真空三极管的放大能力，但也可能导致真空管发生啸叫。这样通过输出控制输入的工作机制，诞生了"反馈"（feedback）的概念。现在反馈已经成为控制论的基本概念，其是指将系统的输出返回到输入端并以某种方式改变输入，进而影响系统功能的过程。

1. 内/外反馈

反馈环路中如果包括外界感受器在内的反馈，称为外反馈（external feedback）。相反，不需要外界感受器参与的反馈，称为内反馈（internal feedback）。

2. 正/负反馈

根据反馈对输出产生的影响分为正反馈和负反馈。正反馈（active feedback）使输出起到与输入相似的作用，导致原来进行着的过程被加强；负反馈（negative feedback）则使输出起到与输入相反的作用，原来进行着的过程被减弱。

（二）基因线路中的反馈

1. 正反馈

细菌可以合成一种被称为自身诱导物质的信号分子，根据这种信号分子的浓度可以监测周围环境中其他细菌的数量变化，当信号分子达到一定的浓度阈值时，可启动菌体中相关基因的表达来适应环境的变化，这一机制称为群体感应。

例如，在革兰氏阴性菌 LuxI/LuxR 群体感应中存在两个关键基因元件：*luxI* 和 *luxR*。*luxI* 基因表达的 LuxI 蛋白负责自诱导剂——*N*-乙酰基高丝氨酸内酯（*N*-acetylhomoserine lactone，AHL，也称 AI1）信号分子的合成，当 AHL 达到一定的临界浓度时，便与 *luxR* 基因表达的 LuxR 蛋白结合，LuxR 蛋白与 AHL 的复合物结合在 *luxI* 操纵子的启动子部位，激活下游 *luxI*、*luxC*、*luxD*、*luxA*、*luxB*、*luxE* 6 个基因表达，结果导致更多的 LuxI 蛋白产生，进而合成更多的 AHL，从而实现 LuxI、LuxC、LuxD、LuxA、LuxB、LuxE 6 种蛋白的高量表达。可见 LuxR 依赖性的 *luxI* 操纵子是一个天然、理想的自诱导表达元件。

在基因线路中可以使用这样的自诱导表达元件构建出正反馈调节线路，从而提高对诱导信号的敏感度和输出基因的最大表达量。

图 8-4 所示的正反馈线路由启动子 P_{luxI} 和 *gfp*、*luxRΔ* 组成。外源性输入的 LuxR 结合到 P_{luxI} 启动子，启动转录。转录出来的 LuxR 进一步激活 P_{luxI}，发挥正反馈作用，使得系统输出不断增加（Nistala et al.，2010）。

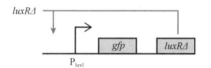

图 8-4　正反馈线路（Nistala et al.，2010）

2. 负反馈

从控制理论来看，生物的自适应和自我调节大多是通过负反馈控制实现的。

可以利用图 8-5 所示的设计方案（Ang et al.，2010）构建负反馈性的基因线路。线路中的基因组件"处理器"（processer）负责接收输入信号并产生输出信号。另一个组件"控制器"（controller）负责感受输出，并根据处理器输出结果和所需输出信号之间的误差，执行控制操作，降低控制器的输入信号，最终将处理器的输出调整到所需的输出，从而实现自我调节。

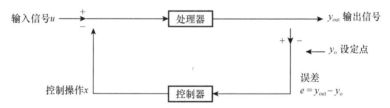

图 8-5　负反馈线路设计方案（Ang et al.，2010）

具体实施时，可以使用两个启动子及下游元件分别组成"处理器"模块和"控制器"模块。如图 8-6 中处理器模块由启动子 1 及其下游基因组成。处理器根据接收到的外部输入 S，输出启动子下游基因表达产物 A 和 O，产物 O 为系统输出，产物 A 用于激活控制器模块。控制器模块由启动子 2 及其下游基因组成。启动子 2 由处理器的产物 A 激活，控制器模块输出产物 R，抑制启动子 1。这样就实现了负反馈循环。

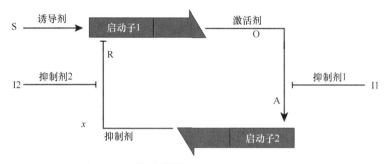

图 8-6 负反馈线路（Ang et al.，2010）

负反馈线路中的控制器模块具有两个功能：①感受输出；②减弱输入。其中 I1 和 I2 是可选的效应调节子，用作负反馈系统的附加输入，以调节系统输出设定点和调节控制动作的强度水平。

例如，处理器由启动子 $P_{lac/ara}$、*cIts* 基因和报告基因 *gfp* 组成，$P_{lac/ara}$ 启动子默认被环境中天然存在的 LacI 阻遏蛋白抑制，外部加入的阿拉伯糖会结合大肠杆菌天然表达的 AraC 蛋白形成转录激活复合物，激活启动子 $P_{lac/ara}$，输出 *cIts* 基因编码的 CI 蛋白（即温度敏感型 λ 噬菌体阻遏蛋白），CI 蛋白被用于激活控制器的启动子，负反馈控制器由启动子 P_{RM*} 和 *lacI* 基因组成（图 8-7）。

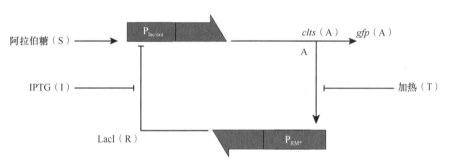

图 8-7 负反馈线路实例（Ang et al.，2010）

需要注意的是，这个负反馈控制器所使用的 P_{RM*} 启动子和野生的 P_{RM} 启动子不同。野生 P_{RM} 启动子具有 3 个操纵子区域（OR1、OR2、OR3），其中第 3 个操纵子区域（OR3）是抑制转录区域，CI 蛋白与 OR3 的结合会抑制 P_{RM} 启动子活性。而这个线路中使用的是经过改造的 P_{RM*} 启动子，P_{RM*} 的第 3 个操纵子区域 OR3，即抑制转录区域已被去除，只留下 OR1 和 OR2，两者都可能被二聚化的 CI 蛋白复合物结合，提高转录速度。CI 二聚体分子与这两个操纵子位点的结合以顺序方式进行：CI 二聚体分子首先与 OR1 结合（由于更高的结合亲和力），然后另一个 CI 二聚体与 OR2 协同结合。当 OR1 和 OR2 都与 CI 二聚体结合后，该启动子的转录活性大大增加，表达 LacI 蛋白，LacI 蛋白会阻遏控制器的启动子 $P_{lac/ara}$。

因为 CI 蛋白是温度敏感型蛋白，当温度提高时，CI 蛋白会失活。所以可以使用温度作为更改系统设定点的一种方式，即温度升高会导致负反馈减少，从而增加输出响应。

而效应调节子 I2 选用 IPTG，IPTG 与 LacI 结合使其构型发生改变，导致 LacI 失去对 $P_{lac/ara}$ 启动子的抑制活性，从而降低反馈强度。虽然增加 IPTG 浓度会导致系统到达稳定的适应时间尺度变慢，但可以抑制因为 *cIts* 表达量变化导致的振荡。

四、前馈

控制论中的前馈（feedforward）指的是一种过程控制。也就是说，在过程的输入端探测后续过程中所发生的变化，并与预定的指令进行比较，如果有所偏离，则在输出端受到影响之前就发出指令，对这种偏离加以校正，保证原先发出的指令得以准确地实现。

前馈环路（feedforward loop，FFL）是在大肠杆菌和啤酒酵母中发现的常见基序之一。典型的前馈环路是一种三基因模式（图 8-8A），其中两个基因有相互作用，第三个基因以前馈方式受到调控，即 X 直接或间接通过 Y 的基因表达产物实现对靶基因 Z 活性的调控。X 称为输入，Y 称为辅助调节器，Z 称为输出。图 8-8B 中，X、Y 虽然都与 Z 有关，但 X 和 Y 之间没有相互作用，因此 X 与 Y 对 Z 都是单一调节，不属于前馈控制，只是简单的双输入线路。

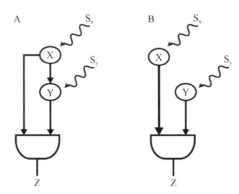

图 8-8　前馈环路与双输入线路（Mangan and Alon，2003）

由于基因间的相互作用可以是正性激活作用或者负性抑制作用，因此三因子前馈环路有 8 种可能性结构（图 8-9）。其中从 X 到 Z 的直接调节途径的作用与从 X 经过 Y 再到达 Z 的间接调节途径的作用一致地称为连贯型前馈环路，如直接调节是激活作用，间接调节也是激活作用；而直接途径作用与间接途径作用相反的，称为非连贯型前馈环路，如直接调节是激活作用，而间接调节却是抑制作用。在大肠杆菌和酵母的转录调控网络中，Ⅰ 型连贯型前馈环路和 Ⅰ 型非连贯型前馈环路均分别为最普遍的连贯型与非连贯型结构（Mangan and Alon，2003）。

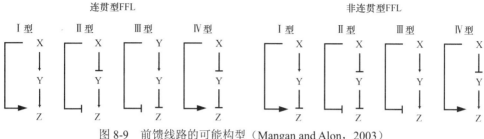

图 8-9 前馈线路的可能构型（Mangan and Alon，2003）

非连贯型前馈环路可以起到加速敏感性信号的作用。它们只从一个方向来加快诱导物刺激后靶基因表达的响应时间。所谓响应时间是指使靶基因 Z 到达其稳态水平一半的时间。比如为了抵消稳态时 Y 的抑制效应，在 I 型非连贯型前馈环路里启用比单一调节系统更强的 Z 启动子，X 输入后，Z 由于强启动子效应迅速地表达升高，随后 X 生成的抑制子 Y 逐渐抑制 Z 的表达并至一稳态水平。与单一调节系统相比，I 型非连贯型前馈环路的响应时间相对较短。IV 型非连贯型前馈环路与 I 型非连贯型前馈环路相似，均缩短了 X 输入后 Z 到达半稳态水平的响应时间，但不加快取消 X 输入后 Z 再次到达稳态时的响应时间。II 型、III 型非连贯型前馈环路则相反，它们是 X 输入时不加快，X 离去时加快。

连贯型前馈环路则起着单一方向延缓敏感性信号的作用。比如 I 型连贯型前馈环路，外源信号 X 输入后，只有当 Y 的浓度累积到一定的程度，并超过 Z 的激活阈值时，Z 才开始表达。这与达到相同 Z 稳态水平的单一调节系统相比，其响应时间相对延长。IV 型连贯型前馈环路与 I 型连贯型前馈环路相似，均在 X 输入后延迟 Z 相应时间，取消 X 后则不延迟。II 型、III 型连贯型前馈环路则相反，它们是 X 输入时不延迟，X 取消后延迟。

图 8-10 是研究人员在细胞与细胞通信中实现基因表达的可变延迟控制所设计的前馈线路（Basu et al.，2004）。

发送信号的细胞包括了 2 条基因线路。

①P$_L$tetO-1 启动子-*luxI*：*luxI* 基因编码的 LuxI 合酶会催化 AHL 的产生，然后 AHL 从发送者自由扩散到环境中。

②组成型启动子-*tetR*：*tetR* 基因编码的 TetR 蛋白会结合在 P$_L$tetO-1 启动子上，抑制 P$_L$tetO-1 启动子激活。

默认情况下，没有 AHL 生成。当加入脱水四环素 aTc 后，aTc 和 TetR 的结合会解除 TetR 对 P$_L$tetO-1 启动子的抑制作用，P$_L$tetO-1 启动子启动 *luxI* 基因表达，生成 LuxI 合酶，催化 AHL 的产生，并扩散到环境中。

脉冲发生信号的细胞包括了 3 条基因线路。

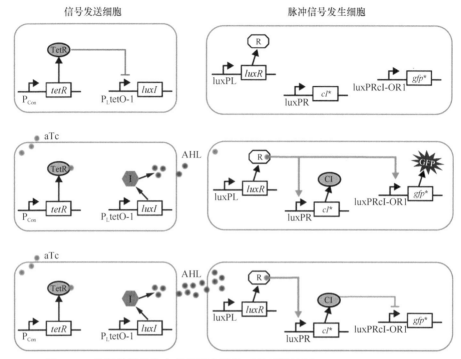

图 8-10　使用前馈线路实现基因表达的可变延迟控制（Basu et al., 2004）

①luxPL 启动子-*luxR*：luxPL 启动子受 AHL 激活，表达 LuxR 蛋白作为前馈环路的输入 X。

②luxPR 启动子-*cI*：luxR 蛋白激活 luxPR 启动子，表达 CI 蛋白作为前馈环路的辅助调控器 Y。

③luxPRcI-OR1 启动子-*gfp*：luxPRcI-OR1 启动子由两部分组成，一部分是 LuxR 蛋白激活的 luxPR 启动子，一部分是会被 CI 阻遏的 cI-OR1 区域。luxPRcI-OR1 启动子激活后表达绿色荧光蛋白作为前馈环路的输出节点 Z。

脉冲发生器细胞感受到 AHL 后，luxPL 启动子激活，表达 LuxR 蛋白，LuxR 蛋白激活包含 luxPR 启动子的线路②和线路③，分别表达 CI 和 GFP 蛋白。AHL 信号的连续输出最终导致 CI 蛋白浓度高于抑制 GFP 所需的阈值，GFP 不再表达，现有的 GFP 快速衰减导致荧光消失。

当 AHL 的增加率很高时，GFP 和 CI 蛋白的初始累积都很高。此后不久，CI 蛋白迅速关闭了 luxPRcI-OR1 启动子的活性。但是，在此活动窗口期，会大量产生 GFP，结果是具有短延迟和高幅度的脉冲。相反，当 AHL 的增加率较低时，GFP 和 CI 蛋白的初始积累相应较低，因此，CI 蛋白关闭 luxPRcI-OR1 需要更长的时间，从而使用前馈线路实现了基因表达的可变延迟控制。

第三节 影响基因线路的因素

一、元件因素

（一）启动子渗漏

启动子的表达由 RNA 聚合酶和启动子的结合速率决定。RNA 聚合酶和启动子结合速率低，抑制蛋白就会竞争性结合，启动子的表达受到抑制。然而，这种类型的启动子即使不诱导，也会有蛋白质的表达，称为启动子渗漏。

以目前常用的 pET 系统为例，pET 系统就是将目标蛋白基因置于 T7 启动子的控制下，并在启动子与 ATG 之间插入一个乳糖操纵子操纵区域，T7 启动子由 T7 RNA 聚合酶识别并起始转录，其转录效率是大肠杆菌内源 RNA 聚合酶的 8 倍左右。但培养大肠杆菌的 LB 培养基中含有的乳糖会导致微弱的 T7 RNA 聚合酶表达，由于 T7 RNA 聚合酶转录的高效性，目标蛋白本底表达很高。其他启动子，如 P_{lac} 启动子也存在渗漏表达的情况。

启动子渗漏会加重底盘细胞的代谢负担，使得底盘细胞无法正常生长，影响基因线路效率，而且限制了其在毒性蛋白研究中的应用。

（二）衰减

很多基因元件需要在线路中串联使用，两侧的 DNA 序列改变可能会引起基因元件功能变化，以及基因元件在线路中的强度与单独表征时测量的强度不一致等问题。例如，当启动子元件串联入基因线路时，两侧的 DNA 序列改变可能会导致启动子效率下降，从而削弱对门控开关的响应，导致整个线路输出的降低或改变。

这种由于两侧 DNA 序列导致的衰减可通过使用绝缘子序列减轻串联导致的背景效应。

（三）串扰

当基因元件表达的调节因子与彼此的目标相互影响时会发生串扰，从而改变基因线路的拓扑结构，并可能导致功能的错误。例如，阻遏物和非同源启动子之间的串扰会降低基因的表达并导致基因线路功能故障。

可以通过在设计时进行组合实验筛选正交性的调节元件来解决该问题。

（四）追溯性干扰

追溯性干扰是指下游基因元件对上游基因元件的影响，它往往发生在将新的基因元件连接到已有线路时，会导致已有线路行为发生变化。

二、线路因素

（一）连通性失配

在使用级联基因线路时一个常见的问题是上一级线路的输出未达到激活下一个级联线路所需的动态范围。这种线路间连通性失配（mismatch）表现为整个基因线路动态范围的减小或功能的丧失。

这就要求设计基因线路时要选择合适的 RBS 和启动子以达到所需的表达水平，从而满足模块间信号激活的要求。

（二）转录通读

在单顺反子设计的基因线路中，每个基因都有其自己的启动子和终止子。未能完全隔离单个顺反子可能会将本该独立调节的基因表达联系起来，导致未诱导基因的泄漏表达。

这需要设计使用强大的终止子，以防止邻近启动子的通读。

（三）无意形成的功能序列

对于大型基因线路，多个元件以新的顺序进行组合，由于 DNA 序列信息的丰富性，因此连接两个元件时，可能会在接合点处产生新的功能序列，生成干扰基因表达的意外部分，如形成新的启动子或终止子。

克服这一问题的方法是使用计算机算法扫描无意形成的功能序列。

（四）同源重组

许多基因线路都重复使用相同的调控元件，这可能导致同源重组。同源重组会删除重复序列之间的 DNA，从而导致基因线路元件损失和功能故障。

三、底盘因素

基因线路的运行基于底盘细胞内部的生化作用。大多数基因线路使用宿主资源来发挥功能，包括转录/翻译设备（如 RNA 聚合酶和核糖体）、DNA 复制设备和代谢产物（如氨基酸）等。这些资源的可用性，以及细胞内环境细节在不同菌株背景、培养基条件、细胞生长速率，以及环境中细胞密度等因素下产生的变化都会对基因线路造成很大的影响。由于细胞内的能量、资源是有限的，基因线路的元件会与细胞内的其他生物过程产生竞争，对有限的资源进行重新分配，这不仅会影响宿主细胞的状态，也会影响合成基因线路本身的功能（魏磊等，2017）。

（一）底盘细胞对基因线路的影响

当基因线路与底盘细胞的其他生长进程共享有限资源时，基因线路可能会偏离其预期行为，核糖体浓度和诱导滞后时间的差异是基因线路性能变化的主要因素。细胞生长速率的降低会影响基因线路元件的稀释率，并导致意想不到的蛋白质或 RNA 积聚，从而导致基因线路故障。同时，调节剂的快速降解对于动态基因线路（如振荡器）很重要，但如果有太多的蛋白质需要被靶向降解，则底盘细胞的酶促机制会变得不堪重负，并迫使底物积聚，最终导致动态基因线路失效。

（二）基因线路对底盘的影响

重组蛋白的表达会减少宿主资源的可用性而导致宿主生长缺陷，某些基因线路的产物也会导致底盘细胞生长缺陷。例如，T7 RNAP 和 T7 启动子结合使用时可能对宿主产生剧毒；当合成的蛋白质与脱靶的伴侣分子结合时，基于蛋白质-蛋白质相互作用的线路也可能表现出毒性；具有 RBS 样序列的小 RNA 也可以通过结合核糖体，增加表达变异性和减少生长来引起毒性。

第四节 经典基因线路

21 世纪初，基因线路的发展推动了合成生物学作为一个研究领域的诞生。双稳态开关、振荡器和人造细胞通信线路在细菌中的成功代表着合成生物学的正式创立，成为合成生物学经典基因线路的代表。对经典基因线路的学习和理解是构建基因元件和设计基因线路的基础。

一、双稳态开关

（一）电子工程中的双稳态开关

双稳态开关包括两个输入端（"+""–"端各一个）和一个输出端，当输入端的"+"端有触发信号时，不管输出端原来是什么状态，都会立即变为高电平，且一直稳定地输出高电平；如果当输入端的"–"端有触发信号时，不管输出端原来是什么状态，都会立即变为低电平，且一直稳定地输出低电平。

（二）基因双稳态开关

1. 组成

基因双稳态开关也称基因拨动开关（genetic toggle switch），它们的共同特点是能够随环境（如诱导剂或其他感应底物的有无）的改变来控制基因表达的开关。

2000 年，加德纳（Gardner）等描述了一种构建在质粒上的双稳态开关，它可以在两个启动子表达之间来回拨动，从而实现对外部信号的应答。

双稳态开关由两个组成型启动子和两个抑制子组成（图 8-11）。其中启动子 1 的转录效率高于启动子 2。启动子 1 激活时表达抑制子 2，启动子 2 激活时表达抑制子 1 和报告基因。抑制子 1 会对启动子 1 产生抑制作用，抑制子 2 会对启动子 2 产生抑制作用。两个启动子中的任一个都被另一个启动子所转录的抑制子所抑制。这样通过控制诱导剂的有无就可以控制双稳态开关在"开"或"关"之间切换，从而控制输出，即报告基因的表达与否。

图 8-11　双稳态开关（Gardner et al.，2000）

　　这个双稳态开关的结构简单，所含基因数和顺式调控元件较少，却能在很宽的范围内达到双稳态调节，而且鲁棒性好，对基因表达的内在波动不敏感，不容易出现两个状态间的随机翻转。在没有启动子诱导物时，开关可能处于"开"或"关"两种状态中的任意一种，但是只要加入诱导物激活相应抑制子的表达，当前处于激活状态的启动子就会被抑制，从而将开关调节至另一种状态。

2. 工作过程

　　1）在没有任何外加因素的情况下，启动子 1 和启动子 2 都会启动转录其下游的基因。由于启动子 1 活性强于启动子 2，抑制子 2 会逐渐占优势地位，抑制启动子 2，导致抑制子 1 和报告基因不表达，双稳态开关表现为"关"的状态。

　　2）加入诱导剂 1，加强了启动子 2 的启动效率，促进抑制子 1 表达，对启动子 1 的抑制作用被逐步增强，最终启动子 1 的活性被抑制，不再转录抑制子 2，启动子 2 的抑制因素逐渐解除，报告基因表达不断增加，直至达到稳态，双稳态开关表现为"开"的状态。

　　3）停止加入诱导剂 1，改为加入诱导剂 2，加强了启动子 1 的启动效率，促进了抑制子 2 表达，对启动子 2 的抑制作用被逐步加强，直至完全被抑制，其下游的抑制子 1 表达逐步减少，启动子 1 抑制因素逐步解除，抑制子 2 继续表达，对启动子 2 的抑制能力进一步加强，最终导致报告基因不表达，双稳态开关又表现为"关"的状态。

3. 实例

　　（1）IPTG 和温度调控

　　启动子 1 为温度敏感的 P_{L}s1con（*cI* repressed）；启动子 2 为 IPTG 诱导下活性增强的 P_{trc}（*lacI* repressed）。抑制子 1 为 *cIts*（temperature-sensitive λ repressor），抑制子 2 为 *lacI*，报告基因为 *gfp* 基因（图 8-12）。

　　其中，P_{L}s1con 启动子为 λ 噬菌体早期转录启动子，是受控于温度敏感阻遏物 CIts 的强效启动子，阻遏物 CIts 在低温时阻遏 P_{L} 启动子的转录，但高温时不能阻遏。P_{trc} 启动子是由 Trp（色氨酸）启动子和 Lac（乳糖）启动子构建而成的杂合

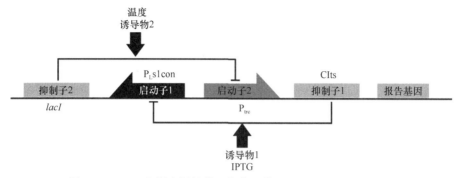

图 8-12 IPTG 和温度调控的双稳态开关（Gardner et al.，2000）

启动子，其–35 区为 trp 启动子序列，–10 为 lac 启动子序列，二者之间距离为 17bp 时构成 P_{trc}，16bp 时构成 P_{tac}，该启动子可用 IPTG 诱导。

不加入 IPTG，室温下，即无诱导剂 1 和诱导剂 2 存在时，由于启动子 1（$P_{L}s1con$）的本底转录活性高于启动子 2（P_{trc}），表达抑制子 lacI，LacI 逐步抑制 P_{trc} 活性，抑制子 1 cIts 和报告基因表达逐步减少，直至接近于无。

加入 IPTG，室温下，即加入诱导剂 1 时，诱导启动子 P_{trc} 表达 cIts 和报告基因，CIts 抑制 $P_{L}s1con$ 启动子，lacI 表达减少，P_{trc} 不再被抑制，cIts 和报告基因持续表达。

若停止加入 IPTG，提高温度时，由于没有 IPTG 诱导，P_{trc} 活性下降，cIts 表达减少，$P_{L}s1con$ 启动子的抑制被解除，活性增强，lacI 表达增加，进一步抑制 P_{trc} 启动子，cIts 和报告基因不表达。

（2）IPTG 和四环素调控

将启动子 1 换成 $P_{L}tetO-1$（TetR repressed），抑制子 1 换成 tetR，启动子 2 为 P_{trc}，抑制子 2 为 lacI，报告基因为绿色荧光蛋白基因，则可实现 IPTG 和四环素调控的双稳态开关。其中 $P_{L}tetO-1$ 是四环素依赖的启动子，四环素不存在时，TetR 结合在四环素操纵子上，抑制下游基因的转录。

加入 IPTG 时，IPTG 诱导启动子 P_{trc} 表达 tetR 和报告基因，因为环境中没有四环素，所以 TetR 结合在四环素操纵子上，抑制下游基因 lacI 的转录，P_{trc} 不被抑制，tetR 和报告基因持续表达。

若停止加入 IPTG，改为加入四环素，此时四环素与 TetR 结合并改变其构象，使 TetR 从 tet 操纵子上解离下来，解除对启动子 $P_{L}tetO-1$ 的抑制，$P_{L}tetO-1$ 激活表达 lacI，LacI 抑制 P_{trc} 启动子，tetR 和报告基因不表达。

二、振荡线路

（一）电子工程中的振荡电路

振荡电流是一种大小和方向都周期性发生变化的电流，能够产生振荡电流的电路称为振荡电路。一般由电阻、电感、电容等电子元器件所组成。由电感线圈 L 和电容器 C 相连而成的 LC 电路是最简单的一种振荡电路，也是一种不用外加刺激就能自行产生交流信号输出的电路。它在电子科学技术领域中得到广泛的应用，如通信系统中发射机的载波振荡器、接收机中的本机振荡器、医疗仪器及测量仪器中的信号源等。

（二）振荡在生物学中的意义

振荡（oscillation）是生物学世界的一个重要组成成分，可用于定义心跳、脑波及日夜节律的周期。

2017 年的诺贝尔生理学或医学奖就颁给了发现昼夜节律（circadian rhythm）基因和分子机制的研究人员。三位诺贝尔奖得主使用果蝇作为生物模型，分离出了一个控制生物正常昼夜节律的基因。他们发现这种基因可以编码一种蛋白质，这种蛋白质夜间在细胞内聚集，白天降解。随后他们确定了这个生物钟的其他蛋白质成员，发现了这个细胞内自我维持的钟表受怎样的机制控制。该工作揭示了生物钟的基本运行机制，对了解生命、生命活动，以及生命和环境的相互作用具有重大的理论意义，对指导人类生活、生产活动和治疗相关疾病有重要的应用价值。

（三）基因振荡线路

1. 组成

基因振荡线路也称合成基因振荡器（synthetic gene oscillator），是指人工合成的可使目标基因表达水平出现周期性变化的基因调控线路。

带有基因开关的基因振荡器（图 8-13）于 2000 年诞生，被认为是合成生物学的开端，该振荡器是基于三个转录抑制系统相互抑制的关系所进行的理性设计成果（Elowitz and Leibler，2000）。

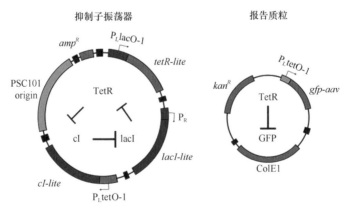

图 8-13　基因振荡线路（Elowitz and Leibler，2000）

（1）乳糖操纵子阻遏蛋白-乳糖启动子-四环素阻遏蛋白

大肠杆菌乳糖操纵子含 Z、Y、A 三个结构基因，分别编码半乳糖苷酶、乳糖转移酶和半乳糖苷乙酰转移酶，还有一个操纵序列 O，一个启动子 P 和一个调节基因 I。环境中没有乳糖存在时，I 基因编码的阻遏蛋白 LacI 结合于操纵序列 O 处，启动子处于阻遏状态，不合成分解乳糖的三种酶；有乳糖存在时，乳糖作为诱导物诱导阻遏蛋白变构，使之不能结合于操纵序列，乳糖启动子启动合成分解乳糖的三种酶。乳糖操纵子的这种调控机制可被用来设计成可诱导的负调控线路。

在振荡器中，第一组转录抑制模块为乳糖启动子阻遏蛋白 LacI-乳糖启动子-编码四环素阻遏蛋白（TetR）的序列，当存在阻遏蛋白 LacI 时，乳糖启动子被阻遏，不表达 *tetR* 基因。当没有阻遏蛋白 LacI 时，乳糖启动子启动，转录 *tetR* 基因，生成 TetR 蛋白。

（2）四环素阻遏蛋白-四环素启动子-λ 噬菌体阻遏物

四环素基因调控系统（Tet 系统）是迄今为止基因线路研究中使用最广泛的系统，该系统通过改变培养基、体内四环素或其衍生物（如强力霉素）的浓度，实现对目标基因表达的诱导或抑制。

Tet 系统包含四环素阻遏蛋白（tetracycline repressor protein，TetR）和四环素操纵子（tetracycline operator，TetO）序列。当环境中没有四环素（tetracycline，Tc）或其衍生物强力霉素（doxycycline，Dox）时，TetR 与 TetO 序列结合，启动子受到阻遏，不表达四环素耐药蛋白；当诱导药物存在时，TetR 形成二聚体，构象发生改变，从 TetO 序列上解离下来，启动子启动，表达四环素耐药蛋白。

基于此原理设计了振荡器中的第二组转录抑制模块：四环素阻遏蛋白 TetR-四环素启动子-编码 λ 噬菌体阻遏物 λCI 蛋白的序列。当环境中有四环素阻遏蛋白 TetR 时，TetR 结合在四环素启动子上，下游基因转录被阻遏。当环境中没有四环素阻遏蛋白 TetR 时，四环素启动子启动，转录 *λcI*，生成 λCI 蛋白。

（3）λ 噬菌体阻遏物-λ 噬菌体启动子-乳糖操纵子阻遏蛋白

λ 噬菌体阻遏物 λCI，来源于 λ 噬菌体。CI 蛋白是一种抑制子，也称阻遏蛋白，由 *cI* 基因编码，能够与 λ 噬菌体启动子结合，发挥抑制剂功能，阻碍 RNA 聚合酶与启动序列结合，抑制下游蛋白的表达。

基于此原理设计了振荡器中的第三组转录抑制模块：λ 噬菌体阻遏物 λCI-λ 噬菌体启动子-编码乳糖操纵子阻遏蛋白的序列。当环境中有 λCI 时，λCI 结合在 λ 噬菌体启动子上，启动子被阻碍，不表达下游基因。当环境中没有 λCI 时，启动子启动，转录 *lacI*，生成乳糖操纵子阻遏蛋白。

2. 工作过程

振荡器的一个周期循环包括：第 1 个抑制子 LacI 抑制第 2 个抑制子 TetR 的基因转录，第 2 个抑制子 TetR 抑制第 3 个基因 cI，第 3 个抑制子 CI 抑制第 1 个抑制子 lacI 的转录；振荡器的报告蛋白 GFP 受到 TetR 的抑制。通过周期循环，振荡器实现了"人工时钟"的功能，可周期性地诱导表达绿色荧光蛋白（图 8-13）。每个周期为几小时，比细胞的分裂周期慢，说明振荡器可以在一代代细胞中传导信号。

具体周期循环过程如下。

1）初始状态：环境中没有阻遏蛋白 LacI，$P_L$lacO-1 启动，生成 TetR；环境中没有阻遏蛋白 TetR，$P_L$tetO-1 启动，生成 CI；环境中没有阻遏蛋白 CI，P_R 启动，生成 LacI；由于启动子强度不同，此时生成的四环素阻遏蛋白 TetR＞λ 噬菌体阻遏蛋白 CI＞乳糖操纵子阻遏蛋白 LacI。

2）随着阻遏蛋白 TetR 增加，$P_L$tetO-1 启动子被阻遏，CI 阻遏蛋白减少，报告基因 gfp 也被 TetR 阻遏，逐步减少。

3）随着 CI 阻遏蛋白减少，启动子 P_R 活性增强，阻遏蛋白 LacI 表达增多。

4）随着阻遏蛋白 LacI 增多，$P_L$lacO-1 启动子活性受到抑制，阻遏蛋白 TetR 表达减少。

5）随着阻遏蛋白 TetR 减少，$P_L$tetO-1 启动子启动，CI 阻遏蛋白逐步增加，报告蛋白 GFP 逐步增多。

6）随着 CI 阻遏蛋白逐步增加，启动子 P_R 被抑制，LacI 减少，启动子 $P_L$lacO-1 活性逐渐增强，生成的阻遏蛋白 TetR 逐步增加。回到 2）的状态，开始新的一轮振荡。

三、群体感应线路

（一）微生物群体感应

微生物群体感应（quorum sensing，QS）指的是微生物在菌体密度产生变化时，通过特定信号分子——自诱导剂（autoinducer，AI）的分泌与接收，调控微生物群体的信息交流现象，其本质是微生物种内或种间的信息交流，它参与了微生物中许多重要的生物学过程，如孢子形成、毒性物质合成、生物被膜形成等。

QS 系统有三种主要类型。

1）第一类为以革兰氏阴性菌为主、以信号分子 N-乙酰基高丝氨酸内酯（N-acetylhomoserine lactone，AHL，也称 AI1）为自诱导剂的群体感应，包括 LuxI/LuxR 型、lasI/lasR 型和 rhlI/rhlR 型。其中 LuxI/LuxR 型由合成 AHL 的自诱导剂合酶 LuxI 和 AHL 受体——转录激活子 LuxR 组成；lasI/lasR 型由自诱导剂合酶 lasI 和 AHL 受体——转录激活子 lasR 组成；rhlI/rhlR 型由自诱导剂合酶 rhlI 和 AHL 受体——转录激活子 rhlR 组成。

2）第二类为以革兰氏阳性菌为主的肽介导型群体感应，常利用修饰后的自诱导寡肽（autoinducter peptide，AIP）作为信号分子进行 QS 调控。

3）第三类为革兰氏阴性菌和革兰氏阳性菌共有的种间 LuxS/AI-2 型群体感应，依赖于一类可以被多种细胞识别的信号分子——AI-2 信号分子，该系统的典型特征是，信号分子由 LuxS 蛋白合成，不同种属细胞产生的信号分子结构类似，均属于 AI-2 家族。

（二）革兰氏阴性菌调控线路

1. 调控机制

绝大多数革兰氏阴性菌 QS 系统主要由信号分子 AHL、AHL 合酶（LuxI 蛋白）和 AHL 受体（LuxR）组成。

AHL 由 AHL 合酶也即 LuxI 蛋白根据细胞密度催化合成并分布在细胞中。当AHL 和细胞浓度很低时，AHL 无法结合 AHL 受体 LuxR，不能引起 AHL 合酶基因的转录。AHL 以细胞密度依赖性方式不断生成并在环境中累积，当细胞达到高密度时，AHL 也达到浓度阈值，此时 AHL 会和其受体 LuxR 结合，活化的AHL-LuxR 蛋白复合物通常会在靶基因启动子邻近区域同源二聚化，并与 DNA结合激活靶基因的转录（Whiteley et al.，2017）（图 8-14）。

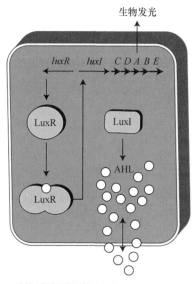

图 8-14　群体感应调控机制（Whiteley et al.，2017）

根据 QS 系统触发及调控基因表达机制设计的群体感应线路，为利用细胞与细胞的通信来规划细菌群落之间的相互作用奠定了基础，使得通信控制生长和死亡的概念可以扩展到合成生态系统的工程中。

2. 组成

研究人员在 2004 年设计的群体感应调控线路包括两部分（You et al.，2004）（图 8-15）。

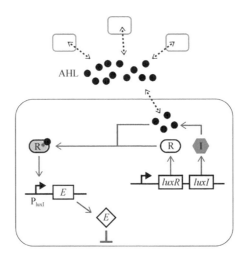

图 8-15　群体感应线路（You et al.，2004）

①启动子-*luxR-luxI*：*luxR* 基因编码 AHL 受体 LuxR；*luxI* 基因编码 AHL 合酶 LuxI，LuxI 合成 AHL，AHL 在细胞中累积并释放到环境中。

②P_{luxI} 启动子-自杀基因：随着细胞合成的和环境中扩散来的 AHL 的增加，达到阈值浓度，AHL 和受体 LuxR 结合，活化的 AHL-LuxR 蛋白复合物同源二聚，激活启动子 P_{luxI}，诱导表达下游自杀基因（*E*），最终导致细胞凋亡。

四、细胞成像线路

（一）光学成像系统

应用不同形状的曲面（或平面）和不同的介质（塑料、玻璃、晶体等），可做成各种光学零件——反射镜、透镜和棱镜。把这些光学零件按一定方式组合起来，就能使物体发出的光线，经过这些光学零件的折射、反射以后，按照需要改变光线的传播方向，发送出光学系统，为接收器件（光电成像器件、人眼、感光乳胶等）接收。这样的光学零件的组合，称为光学成像系统。例如，红外热成像系统，可以以"面"的形式对目标整体实时成像，使操作者通过屏幕显示的图像色彩和热点追踪显示功能就能初步判断发热情况和故障部位，然后加以后续分析，从而高效率、高准确率地确认问题所在。

（二）基因成像线路

1. 相关知识

（1）大肠杆菌中的光敏色素生物合成

光敏色素（phytochrome，Phy）是存在于光合生物中感受光的功能色素蛋白质，是光感受系统的主要光受体。迄今为止，已在念珠藻、集胞藻、嗜热藻等蓝细菌中发现了上百个蓝细菌光敏色素（cyanobacteriochrome，CBCR），在 CBCR 中共发现了 2 种藻胆色素生色团：藻蓝胆素（phycocyanobilin，PCB）和藻紫胆素（phycoviolobilin，PVB）。

蓝细菌结构简单，遗传背景清楚，CBCR 可在蓝细菌细胞内有效表达，但与大肠杆菌表达系统相比，蓝细菌表达蛋白周期长，目的蛋白难以提纯。因此研究者尝试在大肠杆菌中表达 CBCR。通过将蓝细菌的血红素氧化酶基因 *ho1*、胆绿素还原酶基因 *pcyA* 导入大肠杆菌，在大肠杆菌细胞内共表达。在蓝细菌血红素氧化酶（HO1）和胆绿素还原酶（PcyA）存在的条件下，大肠杆菌内源血红素（heme）转化为藻胆色素生色团——藻蓝胆素（PCB）。PCB 与辅基蛋白 Cphl 共价结合，形成了完整的光敏色素。

（2）双组分信号转导系统

在动物细胞中，跨膜信号的转导主要靠 G 蛋白偶联受体介导的信号通路来完成。然而在细菌和植物细胞中，G 蛋白偶联受体介导的信号通路并不常见，双组分系统（two component system，TCS）和受体激酶介导的信号通路起着更为主要的作用。

其中双组分信号转导系统最先在细菌中发现。在该系统中，信号分子的受体有两个基本部分——组氨酸激酶（histidine kinase，HK）和应答调控蛋白（response-regulator protein，RR），故命名为"双组分"。组氨酸激酶位于质膜，分为感受胞外刺激的信号输入区域和具有激酶性质的转运区域。当输入区域接收信号后，转运区域激酶的组氨酸残基（His）发生磷酸化，并将磷酸基团传递给下游组分。应答调控蛋白也有两个部分：一个是接收区域，由天冬氨酸（Asp）残基接受磷酸基团；另一部分为信号输出区域，将信号输出给下游组分（通常是转录因子），以此调控基因表达。

在细菌的 EnvZ/OmpR 双组分系统中，EnvZ 是感受激酶（sensor kinase），镶嵌于细胞膜上，识别环境信号；OmpR 是应答调控蛋白，位于胞内。EnvZ 通过磷酸基团转移将信号转导到 OmpR 上，磷酸化的 OmpR 激活下游基因的转录（图 8-16）（Liu et al.，2017）。

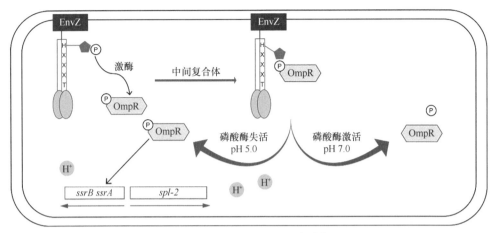

图 8-16　受 pH 调控的细菌 EnvZ/OmpR 双组分系统（Liu et al.，2017）

2. 组成与原理

（1）黑暗传感器

黑暗传感器（dark sensor）是利用大肠杆菌双组分信号转导系统 EnvZ/OmpR 设计而成（图 8-17）。首先将从集胞藻基因组克隆获得的血红素氧化酶基因 *ho1*、胆绿素还原酶基因 *pcyA* 基因这两个生物砖组件（BBa_I15008、BBa_I15009）转入大肠杆菌，实现将大肠杆菌内源血红素转化为对光敏感的藻蓝胆素（PCB）。然后在大肠杆菌中表达 Cph 蛋白，该蛋白是一种 EnvZ/OmpR 双组分信号转导因子，Cph 蛋白胞外段与 PCB 共价结合，形成黑暗传感器 Cph8（BBa_I15010）能够对光产生强烈反应（Levskaya et al.，2005）。

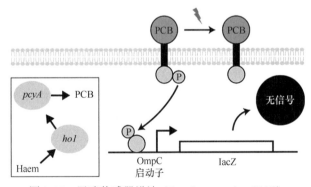

图 8-17　黑暗传感器设计（Levskaya et al.，2005）

（2）成像模块

在 *lacZ* 基因上游引入 OmpC 启动子使其表达依赖于 OmpR。这样，*lacZ* 基因的表达就会受光调控。当有红光照射时（相当于被照射物体的光亮部分），Cph 的激酶活性被抑制，EnvZ 不能磷酸化，磷酸化基团无法转移到反应调节因子

OmpR（图中哑铃性图案），OmpR 不能被磷酸化激活，导致 OmpC 启动子 P_{OmpC} 无法启动转录，*lacZ* 基因关闭，由涂抹在琼脂基片上的菌苔形成的"底片"保持原色；当没有红光照射时（相当于被照射物体的黑暗部分），EnvZ 的自磷酸化被激活，从而使 *lacZ* 基因被磷酸化的 OmpR 激活而表达，其产物是半乳糖苷酶，催化菌苔中的 S-gal 反应生成一种黑色沉淀物，这样就形成了对比度，从而实现"光学成像"（图 8-18）（Tabor et al.，2009）。

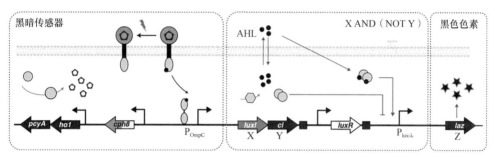

图 8-18　成像模块（Tabor et al.，2009）

五、计数器

（一）数字电路中的计数器

人类总是根据过去的经验决定现在的行动，这时需要的是记忆功能。但是与、或、非、与非、或非等逻辑门的运作都需要输入端持续输入信号，一旦输入信号中止，原来的信息就会丢失。

时序逻辑电路旨在解决这一问题，它能够实现信息的存储。时钟是数字电路中时序电路工作的核心。通过对时钟脉冲计数，可以精确地控制数据传输的时间周期。如果没有计数器，电路就无法确定时间周期的长度。在数字电路中，能够记忆输入脉冲个数的电路称为计数器（arithmometer），它是时序逻辑电路中最重要的逻辑部件之一。

计数器除用于对输入脉冲的个数进行计数外，还可以用于分频、定时、产生节拍脉冲等。计数器按计数脉冲的作用方式分类，有同步计数器和异步计数器；按功能分类，有加法计数器、减法计数器和既具有加法又有减法的可逆计数器；按计数进制的不同，又可分为二进制计数器、十进制计数器和任意进制计数器，其中二进制计数器是各种计数器的基础。

（二）基因计数器线路

基因计数器线路利用诱导启动子和 RNA 调控元件等在转录层次和翻译层次实现信号响应，然后利用重组酶实现 DNA 特定位点之间的反转（McLellan et al.，2017），构建出 DNA 记忆单元（Yang et al.，2014），记忆结果还可以稳定遗传至后代细胞中。其中，2009 年研究人员报道了在大肠杆菌中实现的最高三次计数的"计数器"（图 8-19），该计数器的理性设计对合成生物学有着重要意义（Friedland et al.，2009）。

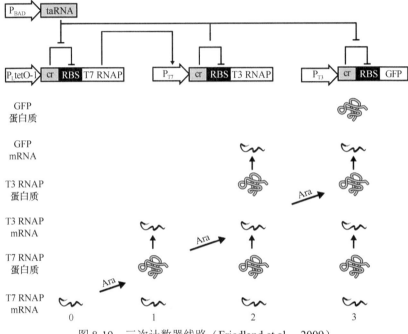

图 8-19　三次计数器线路（Friedland et al.，2009）

1. 组成

（1）启动子组件

启动子组件包括以下几部分。①P_{BAD}：阿拉伯糖操纵子来源的启动子，可用阿拉伯糖诱导。②$P_L$tetO-1：四环素耐药操纵子来源的启动子，可用四环素诱导。③P_{T7}：T7 噬菌体来源的启动子，需要 T7 RNA 聚合酶诱导。④P_{T3}：T3 噬菌体来源的启动子，需要 T3 RNA 聚合酶诱导。

（2）RNA 调控组件

RNA 调控组件包括以下几部分。①顺式抑制 RNA（*cis*-inhibitory RNA，crRNA 或 cr）：目标基因上游的发夹型的 mRNA，RBS 会被隔离在发夹结构中，核糖体无法结合，目的基因无法翻译。②反式激活 RNA（*trans*-activating RNA，taRNA）：可结合至 crRNA，使 crRNA 构象发生变化，暴露出 RBS，进而翻译下游基因。

（3）结构基因

结构基因包括以下几部分。①*T7 RNAP*：编码 T7 RNA 聚合酶，与 T7 启动子协同转录。②*T3 RNAP*：编码 T3 RNA 聚合酶，与 T3 启动子协同转录。③*gfp*：报告基因，编码绿色荧光蛋白。

（4）调控线路

①P$_{BAD}$-*taRNA*：可被阿拉伯糖诱导的启动子 P$_{BAD}$，驱动反式激活 RNA（taRNA）的转录，转录出来的 taRNA 会结合在其他两条调控线路的 cr 区，使其隔离的 RBS 暴露出来，从而可以翻译下游目的基因。

②P$_L$tet-*cr-RBS-T7 RNAP*：启动子 P$_L$tet 驱动 T7 RNA 聚合酶（RNAP）的转录，但在 *T7 RNAP* 基因上游插入了顺式抑制 RNA 因子 cr，cr 将 RBS 隔离，沉默 *T7 RNAP* 基因表达。当环境中有 taRNA 时，cr 会和 taRNA 结合，暴露 RBS，从而表达 *T7 RNAP*，生成的 T7 RNA 聚合酶会激活线路③。

③P$_{T7}$-*cr-RBS-T3 RNAP*：启动子 P$_{T7}$ 驱动 T3 RNA 聚合酶（RNAP）的转录，但在 *T3 RNAP* 基因上游也插入了顺式抑制 RNA 因子 cr，cr 将 RBS 隔离，沉默 *T3 RNAP* 表达。当环境中有 taRNA 时，cr 会和 taRNA 结合，暴露 RBS，从而表达 *T3 RNAP*，生成的 T3 RNA 聚合酶会激活线路④。

④P$_{T3}$-*cr-RBS-gfp*：启动子 P$_{T3}$ 驱动报告基因 *gfp* 的转录，但在 *gfp* 基因上游也插入了顺式抑制 RNA 因子 cr，cr 将 RBS 隔离，沉默 *gfp* 表达。当环境中有 taRNA 时，cr 会和 taRNA 结合，暴露 RBS，从而表达 *gfp*。

2. 工作过程

1）当在环境中加入阿拉伯糖时，相当于给了系统第一个输入脉冲，阿拉伯糖会诱导 P$_{BAD}$ 启动子转录 taRNA，taRNA 解除了线路②转录出的 mRNA 中 cr 对 RBS 的隔离，T7 RNA 聚合酶得到表达。

2）停止添加阿拉伯糖后，细胞内的阿拉伯糖和 taRNA 被逐渐代谢掉，线路②转录出的 mRNA 中的 cr 恢复对 RBS 的隔离，*T7 RNAP* 表达逐渐停止，已经表达出来的 T7 RNA 聚合酶会结合线路③的 P$_{T7}$ 启动子转录一些含有 cr 的 T3 RNAP mRNA。

3）再次添加阿拉伯糖，相当于给了系统第二个输入脉冲，接收到两次阿拉伯糖脉冲的细胞，因为已经有 T3 RNAP 的 mRNA，所以阿拉伯糖诱导 P$_{BAD}$ 启动子转录出的 taRNA 解除已有 T3 RNAP mRNA 上 cr 对 RBS 的隔离，翻译出 T3 RNA 聚合酶。

4）停止添加阿拉伯糖后，细胞内的阿拉伯糖和 taRNA 被逐渐代谢，线路③转录出的 mRNA 中的 cr 恢复对 RBS 的隔离，*T3 RNAP* 表达逐渐停止，已经表达出来的 T3 RNA 聚合酶会结合线路④的启动子 P$_{T3}$ 转录一些含有 cr 的 GFP mRNA。

5）第三次添加阿拉伯糖，相当于给了系统第三个输入脉冲，接收到三次阿拉伯糖脉冲的细胞，因为已经有 GFP 的 mRNA，所以阿拉伯糖诱导的 P_{BAD} 启动子转录的 taRNA 会解除已有 GFP mRNA 上的 cr 对 RBS 的隔离，翻译出 GFP 蛋白。

这样就用大肠杆菌实现了最高三次计数的"计数器"，即当用阿拉伯糖脉冲时，计数器在第一次脉冲产生 T7 RNAP，在第二次脉冲产生 T3 RNAP，在第三次脉冲产生 GFP。

六、放大器

（一）电子工程中的放大器

放大器电路亦称为放大电路，它是使用最为广泛的电子电路之一，也是构成其他电子电路的基础单元电路。所谓放大，就是将输入的微弱信号（简称信号，指变化的电压、电流等）放大到所需要的幅度值且保持与原输入信号变化规律一致的信号，即进行不失真的放大。

运算放大器，简称"运放"，是具有很高放大倍数的电路单元。它是一种带有特殊耦合电路及反馈的放大器。由于早期应用于模拟计算机中用以实现数学运算，因而得名"运算放大器"。在实际电路中，通常结合反馈网络共同组成某种功能模块。

（二）基因放大线路

在基因线路中使用正反馈调节系统可以构建生物"放大器"，从而提高对诱导信号的敏感度和输出基因的最大表达量，为构建更复杂的基因线路提供符合级联需要的信号放大模块（Nistala et al.，2010）。

1. 正反馈放大器

放大器的基本设计由 *gfp* 和 *luxRΔ* 组成（图 8-20 右侧基因线路），它们在 P_{luxI} 启动子的控制下以双顺反子构型排列。GFP 为输出信号，为转录活性提供了量度；*luxRΔ* 发挥正反馈回路的功能，因为它可以结合到 P_{luxI} 启动子激活其自身的转录。因此，*luxRΔ* 既是输出，也是正反馈信号。

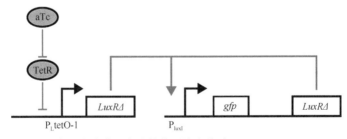

图 8-20　单组分传感器启动的基因放大线路（Nistala et al.，2010）

2. 单组分传感器

单组分传感器（图 8-20 左侧基因线路）由一个质粒组成，其中 *luxRΔ* 克隆在 TetR 调节的 P$_L$tetO-1 启动子之后。在无诱导剂脱水四环素（aTc）的情况下，二聚体的 TetR 与 P$_L$tetO-1 启动子内的操纵位点 O 结合，抑制转录。当加入 aTc 时，TetR 和 aTc 结合，不再与启动子中的操纵位点 O 结合，启动子启动，从而实现了 *luxRΔ* 的剂量依赖性控制。

3. 双组分传感器

双组分传感器（图 8-21）由 Taz 激酶和 OmpR 响应调节剂组成。

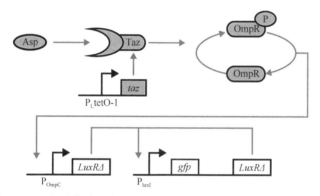

图 8-21　双组分传感器启动的基因放大线路（Nistala et al.，2010）

EnvZ/OmpR 也是大肠杆菌中表征最好的双组分体系之一。EnvZ 感知介质渗透压的变化，并通过反应调节因子 OmpR 的磷酸化控制孔蛋白（porin）OmpF 和 OmpC 的相对表达水平。在高渗透压下，EnvZ 增加磷酸化 OmpR（OmpR-P）的水平，从而激活 OmpC 启动子的转录并抑制 OmpF。然而，EnvZ 所感知到的实际信号难以捉摸，这使得该系统不适用于基因线路设计。因此，在放大线路中将大肠杆菌天冬氨酸受体（TarEc）和双组分系统 EnvZ/OmpR 融合表达，形成嵌合蛋白（嵌合受体）Taz。Taz 和天冬氨酸结合通过降低 EnvZ-C 的磷酸酶活性来增加 OmpR-P 水平，从而激活 OmpC 启动子的转录，表达下游基因。

①P$_L$tetO-1-*taz*：将 *taz* 基因克隆到了启动子 P$_L$tetO-1 的后面，启动子 P$_L$tetO-1 受四环素诱导启动 Taz 激酶。

②Asp-Taz-OmpR：天冬氨酸（aspartic acid，Asp）与 Taz 激酶结合会增加 OmpR-P 的水平。

③P$_{OmpC}$-*luxRΔ*：将 *luxRΔ* 克隆到启动子 P$_{OmpC}$ 后面，启动子 P$_{OmpC}$ 受磷酸化 OmpR（OmpR-P）诱导启动。

④P_{OmpC} 启动子启动后表达 *luxRΔ*，进而实现基于 LuxR 产量的正反馈控制。随着反应的进行，LuxR 表达量越来越高，即实现了基因放大线路的功能。

七、细胞分类器

细胞分类器作为复杂的合成生物传感设备，在医学诊断中特别有用。它们可对多个信号的存在与组合做出响应，可以高精度区分健康细胞和患病细胞。

图 8-22 显示的是研究人员提出的一种基于酿脓链球菌（*Streptococcus pyogenes*）来源的 SpCas9 来检测膀胱癌细胞的新策略（Marchisio and Huang，2017）。

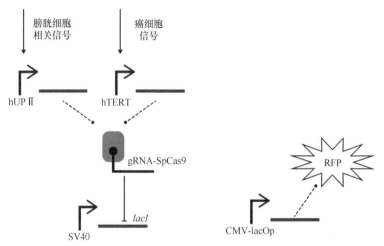

图 8-22　基于-gRNA-SpCas9 构建的细胞分类器（Marchisio and Huang，2017）

该策略包括了组成型启动子 SV40 及其表达的 LacI 阻遏蛋白，通过插入 lac 操纵子进行修饰的合成 CMV 启动子及其表达的报告基因 *rfp*。

在没有检测到膀胱癌细胞时，组成型启动子 SV40 持续表达 LacI 阻遏蛋白，LacI 阻遏蛋白结合在合成 CMV 启动子上，阻止报告基因 *rfp* 的表达。

用于检测膀胱癌细胞的基因线路由 AND 门组成。AND 门的两个不同的输入信号中一个与癌症相关，另一个与膀胱细胞相关。在检测到相应信号后，膀胱特异性 hUPⅡ 启动子驱动 SpCas9 的合成，癌症特异性 hTERT 启动子产生 gRNA。因此当两个启动子同时被激活时，即在两个输入信号都存在的情况下，才组装一个 gRNA-SpCas9 系统。gRNA 结合到 *lacI* 前的 DNA 序列上，阻止 LacI 表达，进而解除了合成 CMV 启动子的遏制，产生红色荧光蛋白。

通过在体外对经过改造的插入此分类器线路的人体细胞进行分析，结果显示膀胱癌细胞会产生强烈的红色荧光信号，达到了细胞分类的目的。

八、基因计算线路

（一）DNA 计算

DNA 计算机是一种生物形式的计算机。它是利用 DNA 建立的一种完整的信息技术形式，以编码的 DNA 序列为运算对象，通过分子生物学的操作来解决复杂的数学难题。由于最初的 DNA 计算要将 DNA 溶于试管中实现，这种计算机由一堆装着有机液体的试管组成，因此也被称为"试管计算机"。

1994 年，科学家用一支装有特殊 DNA 的试管，解决了著名的"推销员问题"：有 n 个城市，一个推销员要从其中某一个城市出发，走遍所有城市，再回到他出发的城市，求最短的路线。

DNA 计算机解决此问题的方法就是利用 DNA 单链代表每座城市及城市之间的道路，作为编码序列，使得每条道路"黏性两端"会根据 DNA 组合的生物化学规则连在一起，代表两座正确的城市之间的相连。然后在试管中把这些 DNA 链的副本混合起来，它们以各种可能组合连接在一起，经过一定时间的生化反应后，便能找出解决问题的唯一答案，即最短的 DNA 分子链是只经过每座城市一次的序列。于是，DNA 计算的概念首次被验证是可行的，从而开辟了 DNA 计算机研究的新纪元。

不过，受当前生物技术水平的限制，DNA 计算过程中，前期 DNA 分子链的创造和后期 DNA 分子链的挑选，要耗费相当的工作量。DNA 计算机真正进入现实生活尚需时日。

（二）基因计算线路

通过将一些特殊的合成 DNA 混合起来，就可以形成基因计算线路，进行加法、减法和乘法的运算。相对于传统的电子设备用电压作为控制信号，这种 DNA 计算线路的控制信号是加入的 DNA 分子的浓度。

1. 相关知识

DNA 计算线路是根据 toehold 介导的链置换（toehold-mediated strand displacement）的原理进行设计的（Song et al.，2016）。

toehold 介导的链置换是指当一条单链的 DNA 遇到了位于另一条双链 DNA 末端的完美配对区域，它就会将这个区域当前结合的 DNA 片段"挤走"，并与这个区域结合（图 8-23）。

①toehold：位于双链 DNA 3'端的可以与单链 RNA 互补的少于 10 个核苷酸的序列，图中用 a*表示，*表示互补。②toehold 绑定（toehold binding）：单链中配对域与双链上的 toehold 结合的过程。③toehold 解绑（toehold unbinding）：通过

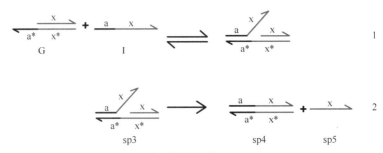

图 8-23　toehold 介导的链置换（Song et al.，2016）

toehold 匹配连接在一起的单链和双链分开的过程，是 toehold 绑定的相反过程。④分支迁移域（branch migration domain）：单链上与 toehold 匹配的区域以外的序列（单链中的 x）。⑤分支迁移（branch migration）：单链通过 toehold 绑定到双链，单链的分支迁移域与双链互补区域的结合，导致双链该区域原有的序列成为游离肽的过程。

2. 加法线路

1）加数 DNA1，用 Ia1（input addend 1）表示：Ia1 由三部分组成（图 8-24），其中 a 是与加数 1 辅助 DNA Ga1 上的 a*相匹配区域，x1 是与 Ga1 上 x1 序列相竞争结合的分支迁移域。

Ia1

i1　a　x1

图 8-24　加数 DNA1 Ia1 序列（Song et al.，2016）

2）加数 1 辅助 DNA，用 Ga1 表示：Ga1 中 a*为 toehold，x1*与加数 1 序列的 x1 互补。Ia1 与 Ga1 进行基于 a*的 toehold 绑定后，Ia1 的分支迁移域 x1 会挤掉 Ga1 的 x1-b 序列，形成如图 8-25 所示的 DNA，命名为 sp9。此时 b*暴露出来，成为与加法公共线路辅助 DNA——Fa 的 toehold（图 8-25）。

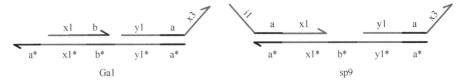

图 8-25　加数 1 辅助 DNA Ga1 序列和 sp9 序列（Song et al.，2016）

3）加法公共线路辅助 DNA，用 Fa 表示：加法公共线路辅助 DNA Fa 中的 b 是与 sp9 toehold 匹配的区域，y1-a 是与 sp9 上 y1-a 序列竞争结合的分支迁移域。

sp9 和 Fa 反应，Fa 与 sp9 进行基于 b*的 toehold 绑定，Fa 的分支迁移域 y1-a 挤掉 sp9 的 y1-a 序列，形成 sp10 和 Oa 两部分，其中 Oa 序列为 y1-a-x3（图 8-26）。

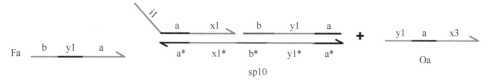

图 8-26 加法公共线路辅助 DNA Fa 序列和形成的 sp10 及 Oa 序列（Song et al.，2016）

这样得到的 Oa 浓度反映了加入的加数 DNA1 的浓度，即得到加数 1 的值 Da1（图 8-27）。

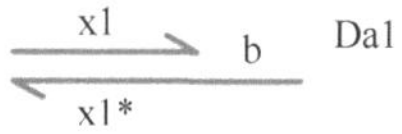

$$\frac{x1}{x1^*} \quad b \quad Da1$$

图 8-27 加数 1 的值 Da1 序列（Song et al.，2016）

4）加数 DNA2，用 Ia2（input addend 2）表示：加数 2 也是按照同样的原理进行设计。Ia2 也是由三部分序列组成，其中 a 为与加数 2 辅助 DNA Ga2 上的 a* 相匹配区域，x2 为与 Ga2 上 x2 序列相竞争结合的分支迁移域（图 8-28）。

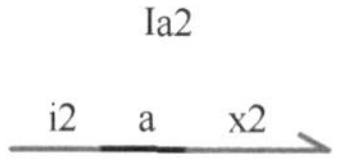

$$\text{Ia2}$$
$$\overrightarrow{i2 \quad a \quad x2}$$

图 8-28 加数 DNA2 Ia2 序列（Song and Huang，2016）

5）加数 2 辅助 DNA，用 Ga2 表示：Ga2 中 a* 为 toehold，x2* 与加数 2 序列 Ia2 的 x2 互补。Ia2 与 Ga2 进行基于 a* 的 toehold 绑定后，Ia2 的分支迁移域会挤掉 Ga2 的 x2-b 序列，形成如图 8-29 所示的 DNA，命名为 sp16，此时 b* 暴露出来，成为与加法公共线路辅助 DNA——Fa 的 toehold（图 8-29）。

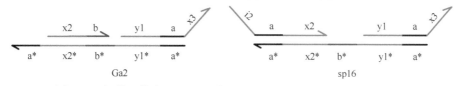

图 8-29 加数 2 辅助 DNA Ga2 序列和 sp16 序列（Song et al.，2016）

sp16 和 Fa 反应，Fa 与 sp16 进行基于 b* 的 toehold 绑定，Fa 的分支迁移域 y1-a 挤掉 sp16 的 y1-a 序列，形成 sp17 和 Oa 两部分，其中 Oa 序列也为 y1-a-x3。此时得到的 Oa 的浓度反映了加入的第二个加数 DNA2 的浓度，即得到加数 2 的值（图 8-30）。

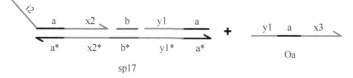

图 8-30 sp17 和 Oa 序列（Song et al.，2016）

　　所以，同时在反应体系中加入不同浓度的加数 DNA1（Ia1）、加数 DNA2（Ia2）代表不同的两个输入值，再加入加数 1 辅助 DNA（Ga1）、加数 2 辅助 DNA（Ga2），以及加法公共线路辅助 DNA（Fa）进行反应，最后测定反应后的 Oa 值，就可以得到加数 1 与加数 2 的和。

　　感兴趣的读者可以阅读参考文献（Song et al.，2016），并自行推导完成减法和乘法所需要的元件和计算过程。

参 考 文 献

葛永斌, 洪洞, 王冬梅. 2014. 合成生物学中的正交遗传系统. 生命的化学, 34(3): 376-384.

刘丁玉, 孟娇, 王智文, 等. 2016. 多元模块工程在代谢工程中的应用与研究进展. 化工进展, 35(11): 3619-3626.

魏磊, 袁野, 汪小我. 2017. 合成基因线路规模化设计面临的挑战. 生物工程学报, 33(3): 372-385.

Adamson D N, Lim H N. 2013. Rapid and robust signaling in the CsrA cascade via RNA-protein interactions and feedback regulation. Proc Natl Acad Sci USA, 110(32): 13120-13125.

Ang J, Bagh S, Ingalls B P, et al.2010. Considerations for using integral feedback control to construct a perfectly adapting synthetic gene network. J Theor Biol, 266(4): 723-738.

Basu S, Mehreja R, Thiberge S, et al. 2004. Spatiotemporal control of gene expression with pulse-generating networks. Proc Natl Acad Sci USA, 101(17): 6355-6360.

Elowitz M B, Leibler S. 2000. A synthetic oscillatory network of transcriptional regulators. Nature, 403(6767): 335-338.

Friedland A E, Lu T K, Wang X, et al. 2009. Synthetic gene networks that count. Science, 324(5931): 1199-1202.

Gardner T S, Cantor C R, Collins J J. 2000. Construction of a genetic toggle switch in *Escherichia coli*. Nature, 403(6767): 339-342.

Isaacs F J, Dwyer D J, Collins J J. 2006. RNA synthetic biology. Nat Biotechnol, 24(5): 545-554.

Kitada T, DiAndreth B, Teague B, et al. 2018. Programming gene and engineered-cell therapies with synthetic biology. Science, 359(6376): eaad1067.

Levskaya A, Chevalier A A, Tabor J J, et al. 2005. Synthetic biology: engineering *Escherichia coli* to see light. Nature, 438(7067): 441-442.

Liu Y X, Rose J, Huang S J, et al. 2017. A pH-gated conformational switch regulates the phosphatase activity of bifunctional HisKA-family histidine kinases. Nat Commun, 8: 2104.

Lowman H B, Bina M O. 1990. Temperature-mediated regulation and downstream inducible selection for controlling gene expression from the bacteriophage lambda pL promoter. Gene, 96(1): 133-136.

Mangan S, Alon U. 2003. Structure and function of the feed-forward loop network motif. Proc Natl Acad Sci USA, 100(21): 11980-11985.

Marchisio M A, Huang Z W. 2017. CRISPR-Cas type II-based Synthetic Biology applications in eukaryotic cells. RNA Biol, 14(10): 1286-1293.

McLellan M A, Rosenthal N A, Pinto A R. 2017. Cre-loxP-mediated recombination: general principles and experimental considerations. Curr Protoc Mouse Biol, 7(1): 1-12.

Moon T S, Lou C B, Tamsir A, et al. 2012. Genetic programs constructed from layered logic gates in single cells. Nature, 491(7423): 249-253.

Nistala G J, Wu K, Rao C V, et al. 2010. A modular positive feedback-based gene amplifier. J Biol Eng, 4: 4.

Song T Q, Garg S, Mokhtar R, et al. 2016. Analog computation by DNA strand displacement circuits. ACS Synth Biol, 5(8): 898-912.

Tabor J J, Salis H M, Simpson Z B, et al. 2009. A synthetic genetic edge detection program. Cell, 137(7): 1272-1281.

Whiteley M, Diggle S P, Greenberg E P. 2017. Progress in and promise of bacterial quorum sensing research. Nature, 551(7680): 313-320.

Wu J L, Wang M Y, Yang X P, et al. 2020. A non-invasive far-red light-induced split-Cre recombinase system for controllable genome engineering in mice. Nat Commun, 11: 3708.

Yang L, Nielsen A A K, Fernandez-Rodriguez J, et al. 2014. Permanent genetic memory with >1 byte capacity. Nat Methods, 11(12): 1261-1266.

You L C, Cox R S, Weiss R, et al. 2004. Programmed population control by cell-cell communication and regulated killing. Nature, 428(6985): 868-871.

第九章 合成生物学应用

合成生物学的兴起为生物学研究开发出带有工程学思维的方法和策略。近年来，合成生物学工具和应用迅速扩展，除生命科学的基本发现外，还产生了各种产品和平台，对大量传统行业产生颠覆性革新，在能源、材料、食品、医药、化工、环境和农业等很多领域展现出极好的应用前景。

第一节　合成生物学在民用领域的应用

一、绿色生物制造

绿色制造，也称为环境意识制造（environmentally conscious manufacturing）、面向环境的制造（manufacturing for environment），是一种综合考虑环境影响和资源效益的现代化制造模式。其目标是使产品从设计、制造、包装、运输、使用到报废处理的整个产品全寿命周期中，对环境的影响（副作用）最小，资源利用率最高，并使企业经济效益和社会效益协调优化。

绿色生物制造作为绿色制造的重要组成，是以工业生物技术为核心技术手段，改造现有制造过程或利用生物质、CO_2 等可再生原料生产能源、材料与化学品，实现原料、过程及产品绿色化的新模式。科技部 2021 年度"绿色生物制造"重点专项聚焦于工业酶创制与应用、生物制造工业菌种构建、智能生物制造过程与装备、生物制造原料利用、未来生物制造技术路线及创新产品研发，以及绿色生物制造产业体系等方向。绿色生物制造技术专业也于 2021 年被列入教育部《职业教育专业目录（2021 年）》。

化学品制造所使用的原料正在由化石资源向可再生生物资源转移，而其加工路线也正在由化学制造向生物制造变革。利用合成生物学的技术能够设计和构建用于化学品合成的人工生物体系，达到高效利用传统生产工艺难以利用的生物质资源，以及工业、农业、生活废弃物，降低对化石资源的依赖，减少废弃物排放，以利于环境资源保护的目的。总的来说，颠覆性的合成生物学是绿色生物制造的核心，驱动我国未来化学品先进制造和生物经济的革命性发展。

（一）多样化的原料利用

碳源是决定化学品生物制造成本的关键因素，特别是大宗化学品和生物燃料这类附加值低，但市场需求量极大的化合物。最为常用的碳源为糖类，特别是葡萄糖，然而，淀粉来源的糖类在食用方面的高需求量，引发了食品与能源的矛盾。化学品绿色制造倡导使用农业、工业、林业的副产物或废弃物如纤维素、半纤维素、木质素等代替淀粉来源的糖类作为生产原材料。例如，木质素经过物理化学预处理或生物酶水解后的产物有葡萄糖、甘露糖、半乳糖等六碳糖，木糖、阿拉伯糖等五碳糖，同时还含有多种毒性副产物如乙酸、酚类等。因此，以木质素为原料制造化学品的底盘细胞需要兼具对五碳糖和六碳糖的高利用率，以及对混合毒副产物的耐受力。研究者将五碳糖、六碳糖代谢转化和乙酸还原路径整合到酿酒酵母细胞中，实现了同时利用纤维二糖、木糖和乙酸为原料生产乙醇，为木质素的利用打下了良好基础（Wei et al.，2015）；在提高底盘细胞对毒副产物的耐受方面，研究主要致力于解析耐受机制及确定功能模块。

除了生物质原料，其他潜在的原料也在不断发掘中。例如，CO_2 及其衍生物甲醇、合成气、甲酸等含 C1（一个碳原子化合物）原料也是化学品制造的重要原料来源。利用合成生物学技术，可以对能够利用这些 C1 原料的微生物进行改造，有针对性地开发生产平台。另外，还可针对常用的底盘细胞，研究 C1 原料利用的最小模块。例如，有研究者在分析天然光合作用的基础上，设计构建了最小 CO_2 固定模块，模拟并改造光合作用的固碳过程，以期利用 CO_2 和太阳能合成产品（Jullesson et al.，2015）。

（二）异源表达

合成生物学可以在改造和优化天然表达体系的同时，将动物源和植物源的代谢路径构建到微生物体系中，最终实现目标代谢物的异源表达。有研究者在大肠杆菌中构建来自于植物红豆杉的紫杉二烯合成途径，并通过模块的调节使紫杉二烯的产量提高了近 6000 倍；将来自银杏树中的左旋海松二烯合成途径构建在大肠杆菌中，借助蛋白质工程的方法优化菌株，使目标产物的产量达到约 800mg/L；法国国家科学研究所则通过引入哺乳动物蛋白源蛋白 matP450scc（CYP1 1A1）、matADX、matADR，以及线粒体靶向的 ADX、CYP11B1、313HSD、CYP17A1 和 CYP21A1，首次实现了酿酒酵母中氢化可的松的全生物异源合成（Szczebara et al.，2003）。

（三）合成非天然分子

合成生物学可以通过不同生物来源的元件和模块的设计和组合，人工设计非天然存在的代谢路径，进而合成非天然分子。以大肠杆菌中构建非天然分子 β-甲基-δ-戊内酯的合成代谢通路为例，在甲羟戊酸途径的基础上引入来自烟曲霉的乙酰-CoA 连接酶编码基因 *sidI*、烯酰-CoA 水合酶编码基因 *sidH*，以及酵母来源的烯醇还原酶编码基因 *oye2*，即可实现 β-甲基-δ-戊内酯的生物合成。该非天然分子经过后续的化学修饰和聚合能够形成一种较聚乙烯、聚苯乙烯弹性更佳的新型材料（Xiong et al.，2014）。

（四）提高产量

合成生物学通过对底盘细胞改造优化，并对功能模块与底盘进行适配，实现了人工体系运行效率的最优化，达到副产物生成率低、底物转化效率高、终端产物生成速率高的目的，从而可以将原料以较高的速率最大限度地转化为产物，对相应化学品的产业化有着极大的促进作用。很多项目达到或者接近产业化水平，如 1,3-丙二醇、1-4-丁二醇、异丁醇、生物柴油和生物航空燃油、瓦伦烯、诺卡酮、头孢氨苄等产品项目已经达到商业化规模，进入实际投产阶段（肖文海等，2016）。

二、食品生产

（一）改善传统食品生产和制造方式

借助于合成生物学的手段能够使得传统的农业和畜牧业产品生产系统得到很大的改进和革新。例如，提高土地利用率、节约水资源、避免农药和化肥的使用等。此外，基于合成生物学构建的食品生产系统受环境影响较小，也更容易实现人工控制，提高产品质量。以细胞作为底盘构建的细胞食品工厂能够利用可再生的资源生产"代糖""代肉""无动物奶制品"等不需要经过长期农业或畜牧业劳作就能得到的产品。

肉类作为蛋白质的重要来源，一直在人类饮食结构中占据重要地位。然而，随着全球范围内肉类产品的生产和消费量不断增加，传统畜牧业面临着一系列环境和社会问题。近年来，人们将目光转移向由植物蛋白加工合成或由动物组织和细胞制造的"人造肉"，希望实现代替肉类的可持续生产。

合成生物学的出现，使得人造肉在外观和味道等特性上可以模仿真肉。肉的颜色来源于血红蛋白或肌红蛋白，血红蛋白由 4 个珠蛋白亚基（α2β2）和血红素结合而成，其中血红素的生物合成途径有两种，称为 C4 和 C5 途径。研究人员在大肠杆菌内设计了一个程序化的 C5 血红素合成途径，构建了以葡萄糖为营养来源并分泌产生游离血红素的工程化大肠杆菌细胞工厂（Zhao et al.，2018）。肉的味道与肉类中脂肪酸和芳香族化合物的类型与数量有关，想要达到好的风味，脂肪酸生物合成和降解途径都需要受到严格的调控。在这一方面，也已有大量研究设计了细胞工厂，从不同方面调控脂肪酸含量。例如，通过脯氨酰羟化酶（PHD）旁路、肉碱穿梭等反应途径生产更多的脂肪酸，通过丙酮酸甲酸裂解酶途径补充前体乙酰 CoA，调节氧化还原代谢途径保持辅因子的供应和平衡，利用相关转录因子进行动态调节或筛选，以及合成和生产芳香族化合物等（Xu et al.，2016）。在一项研究中，研究者从固态发酵酱油的原料渣和脱脂大豆酶解产物的混合物中发现了多达 57 种与肉味有关的挥发性风味化合物，该研究中使用的风味酶即来源于细胞工厂，这也是未来食品生产中芳香族化合物的重要制造方式（Wang and Cha，2018）。

除了肉类，还可以利用细胞工厂生产奶类。酪蛋白和乳清蛋白是牛奶的主要成分，都可以由工程化的大肠杆菌或酵母表达，纯化的酪蛋白和乳清蛋白可以与脂肪、水、维生素及其他必需成分混合制成牛奶。此外，还可以对奶类中的各种成分进行精确调控，如改变乳铁蛋白、β-酪蛋白和 κ-酪蛋白的比例使之更接近人类母乳的成分，促进婴儿健康发育。

（二）提高食品营养质量

通过合成生物学的方法，首先可以减少食物中脂肪、碳水化合物等高卡路里成分的含量，增加蛋白质、纤维素和维生素等营养元素含量，使得一些被称为"垃圾食品"的食物也可以成为健康食品。其次，还可以生产品质更高的香料、色素和添加剂，降低配料含量和加工成本。此外，合成生物学"定制"的特性使得我们可以根据个人饮食需求、口味偏好开发生产出具有独特风味或营养特性的食品。

在食品安全方面，既可以从食物包装出发，也可通过检测腐败产物、细菌数量，以及营养物质含量来监测食品安全度，或通过释放抗菌剂或营养补充剂作为响应，延长食品保质期。

随着经济的发展和生活水平的提高，人们的消费趋势逐渐转向功能性食品。除营养和口味以外，功能性食品的优点在于对人体健康有一定的促进作用。目前，合成生物学已广泛应用于类胡萝卜素（如番茄红素、β-胡萝卜素和虾青素）、甲萘醌-7（维生素 K2）和人乳寡糖等功能性食品的生物合成。以番茄红素为例，番茄红素是一种鲜红色的线性类胡萝卜素，存在于红色水果和蔬菜中，在降低癌症和心血管等疾病风险方面具有特别的营养价值。工业上已经有多种微生物被用于番茄红素的生物合成，常见的如大肠杆菌和酿酒酵母。大肠杆菌中番茄红素的生物合成需要三个步骤，涉及香叶基合酶、八氢番茄红素合酶和八氢番茄红素去饱和酶等多种酶的催化，具有模块化组装酶系统的酿酒酵母已经能生产出浓度为 2300mg/L 的番茄红素（Albermann，2011）。

（三）改善传统发酵工艺

发酵是改造和利用食物原材料，提高食品营养成分和风味的重要工艺。发酵是一个复杂的、微生物群落发生代谢反应和物质产生化学反应的过程，这个过程涉及多种反应条件的调节，如温度、时间和底物浓度等。然而，由于微生物群落的生物特性，这些条件往往不易控制。合成生物学结合代谢工程，通过创建半合成式的微生物群落，可以增强其发酵能力，改善食物的色味。以传统调味品酱油的酿造为例，部分消费者倾向于食用浅色酱油。酱油的棕色主要来源于还原糖和氨基酸之间的非酶促美拉德反应，产生了一组高分子量的棕色色素异质聚合物，称为类黑素。研究人员首先确定了适合在酱油发酵条件下生长的发酵微生物——枯草芽孢杆菌，然后将该菌株经过基因工程改造，使之能够降解美拉德反应的前体化合物木糖或直接降解类黑素，从而使发酵产生的酱油脱褐色（Det-Udom et al.，2019）。

三、环境治理

（一）基于细菌改造的污染物生物监测

环境污染的生物监测，是利用生物个体、种群或群落对环境污染或环境变化所产生的变化来反映环境污染状况，以及利用生物在各种污染环境下所发出的各种信息，从生物学角度为环境质量的监测和评价提供依据。

利用合成生物学的思想，以细菌或单个细胞作为生物底盘，可以对其进行基因修饰和改造，提高生物传感性，从而对环境中的污染源做出响应。早在 20 世纪 40 年代就已经有了将"发光细菌"用于环境污染监测的报道。此后，如何选择和优化 DNA，如何组装连接 DNA 元件，如何对细菌重编程等，都成为这一类生物传感器的研究内容。例如，麻省理工学院的一个研究小组通过为大肠杆菌编程，使其受到高浓度化学物质诱发时发出绿光，而在低浓度化学物质中发出红光，从而实现对环境中待检测物质浓度的相对定量。这为利用微生物进行环境污染的监测提供了理论、方法和技术基础（王呈玉和胡耀辉，2010）。

（二）基于无细胞合成生物学技术的污染物监测

目前为止，大多数生物监测装置的构建思想是充分利用天然细胞或细菌，或者优化其代谢途径。然而，由于活细胞生命系统的复杂性、基因元件的难标准化，以及细胞膜的阻碍等，在工业生产中，细胞的生长及适应性过程通常与工程设计目标不一致，大大限制了对生物组件的改造，导致生产出大量的无效产物或无法达到理想的生产效率。此外，经过基因改造的细胞或细菌，以及其代谢产物都可能成为新的污染物，具有一定的环境安全隐患。

近年来，无细胞合成生物学技术的发展为避免这种可能的生物污染提供了解决方案。无细胞传感器还具有细胞装置所不具备的优点。例如，无须考虑细胞毒性而可以装载更多调控组分如转录因子和酶等；不需支持细胞复制及代谢活动而可以节省更多的能源；更容易进行进一步改造，实现不断改进和升级等（Karig，2017）。

无细胞合成生物学就是利用细胞资源，破碎细胞膜，从细胞中取出包括 DNA、RNA 和蛋白质在内的分子元件，然后重新编程，以执行新的任务，也就是在体外开放体系中，实现基因转录、蛋白质翻译和代谢过程。有研究者巧妙地将控制发送信号和负责接收信号的不同基因线路包裹在不同的"油水滴"内（图 9-1），由于脂质外膜的隔绝作用，两者可以互不影响地进行信号交流。该设计基于一个 AND 门控线路，只有当接收到足够浓度的两种小分子物质时，才能表达出绿色荧光作为监测指标。首先，如图 9-1A 所示，在其中一个"油水滴"中，绿色荧光蛋白的表达需要 IPTG 和 AHL 的共同调控：IPTG 可诱导转录因子 LuxR 的表达，只有当 AHL 与 LuxR 结合并发生相互作用时，才能激活 lux 启动子，发出绿色荧光。AHL 的释放受到另一个"油水滴"中的基因线路调控：在 IPTG 的诱导下，lac 启动子激活，表达 AHL 并释放到体系中（Schwarz-Schilling et al.，2016）。

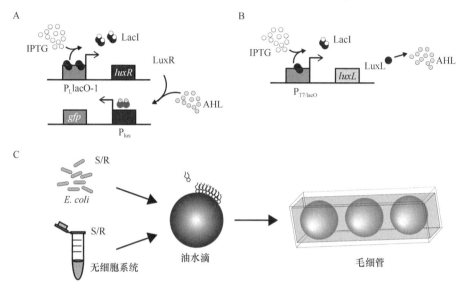

图 9-1　包裹在液滴中的无细胞监测装置（Schwarz-Schilling et al.，2016）

（三）污染治理

使用生物方法治理环境污染具有极大的潜力，生物治污主要是通过生物工程技术改造微生物，借助其代谢途径或代谢产物，利用或降解有害物质。这一技术通过基因工程手段调节具有物质转换或降解功能的酶水平，提高工程化微生物或植物对底物的降解能力，还可以把多种污染物的共同关键降解基因克隆到同一菌株中，构建更加高效能的工程菌，一菌多用，同时降解不同的污染物质。在这一方面，美国通用电气公司的一位科学家就曾获得首个称为"含有多个可相容的产能降解性质粒的微生物及其制备"的发明专利。他将 CAM、OCT、SAL 和 NAH 四种降解质粒转入同一菌株，获得了两株被称为"superbug"的超级菌株，该菌株可同时降解脂肪烃、芳烃、萜和多环芳烃，在几小时内能降解掉海上溢油中 2/3 的烃类，这些烃类靠自然菌种降解则需要一年多时间（黄菁等，2005）。

除了细菌，将植物直接作为生物底盘，培养出具有净化能力的植物也是研究方向之一。1999 年，研究人员首次报道了一种可以将生物污染物转化为无毒材料的工程化植物：阴沟肠杆菌是肠道正常菌种之一，但在一定条件下可转化为致病菌，其引起的细菌感染性疾病常累及多个器官系统。阴沟肠杆菌 PB2 能够以三硝基甲苯（trinitrotoluene，TNT）作为氮源生长，而季戊四醇四硝酸盐还原酶能够与 TNT 的芳环反应，释放亚硝酸盐，从而降解 TNT。该团队培育了表达季戊四醇四硝酸盐还原酶的转基因烟草，并获得了植株的种子。与野生型幼苗相比，转基因幼苗能够更加快速和完全地脱除还原性硝基，且该植株的种子能够在抑制野生型种子发芽和生长的硝酸甘油（nitroglycerin）或三硝基甲苯（TNT）浓度下发芽生长。这项研究表明，转基因植物可以代替细菌用于环境的生物修复（French et al.，1999）。

四、药物筛选

药物在进行临床试验前，往往需要经历从体外试验到细胞试验再到动物试验的鉴别和优化过程，其中很多试验的成本较高，周期较长，且往往无法检测到待测样品各个方面的性质。因此，需要构建系统的筛药体系以降低操作成本和增加检测指标。

有研究者使用合成生物学技术开发了基于活细胞的光辅助小分子药物筛选方法（图 9-2）。该方法针对活细胞酪氨酸激酶（RTK）及其下游的 MAPK/Erk 通路，在 HEK293 细胞中共表达光控 RTK 和荧光 MAPK/Erk 通路活性报告体系。其中，光控的 RTK 由成纤维细胞生长因子受体（FGFR）和表皮生长因子受体（EGFR）改造而来，具有良好的正交性，不会响应内源性的配体。通过融合胞内段 LOV 结构域，受体在感应蓝光以后发生同源二聚化作用，激活血清应答元件（SRE）。SRE 是一段增强子序列，可对 MAPK/Erk 信号通路做出响应，继而启动绿色荧光蛋白（GFP）的表达。在孔板中进行药物筛选时，蓝光照射下光控 RTK 被激活，可检测到绿色荧光信号，而当孔板中存在有效的抑制药物时，则无法检测到。同时，药物对光控 RTK 的二聚化作用可以确定其作用位点是受体还是下游信号通路（Inglés-Prieto et al.，2015）。

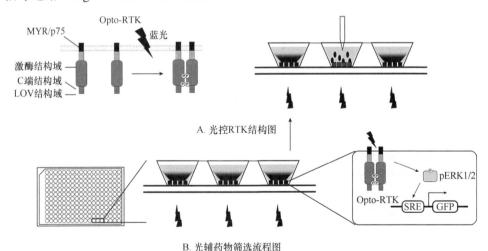

图 9-2　基于活细胞的光辅助小分子药物筛选方法原理示意图（郭丽莎等，2018）

MYR. 肉豆蔻酰化基因，用于 FGFRI 胞内区锚定于细胞膜上；p75. 低亲和性神经营养素受体 p75 的胞外区和跨膜区，用于替代 EGFR 胞外区和跨膜区

五、传染病防治

（一）病毒感染性疾病的致病机制研究

合成生物学在研究病毒致病机制方面发挥了重要的作用，主要表现在：基于已知的病毒基因组序列，能够快速合成和装配目标病毒，再将其用于探究病毒-宿主相互作用的体内和体外试验。

早在 2002～2003 年严重急性呼吸综合征（severe acute respiratory syndrome，SARS）疫情期间，病毒基因组重构就起到了至关重要的作用。虽然 SARS 冠状病毒被认为起源于蝙蝠冠状病毒，且蝙蝠冠状病毒的全基因组已经测序，但由于不能在实验室模式动物中传播，研究其发展进程及宿主趋向性具有一定的困难。为此，研究者设计合成了一种类 SARS 蝙蝠冠状病毒，全长 30kb，带有与人类同源的刺突蛋白（Becker et al.，2008）。刺突蛋白是 SARS 冠状病毒表面的膜蛋白，起到识别宿主细胞相应受体并与之结合，介导病毒入侵细胞的作用，是包括新型冠状病毒（SARS-CoV2）在内的各种冠状病毒诱发机体免疫反应的主要抗原。经过改造后，SARS 类病毒能够在培养基中复制并感染小鼠，开展的动物试验证明了刺突蛋白对人畜共患冠状病毒的宿主趋向性具有重要作用。

新冠疫情暴发初始，为找到病毒的直系祖先，进行了大量的研究以探寻 SARS-CoV2 与 SARS-CoV 的同源性关系。其中，科学家对 SARS-CoV2 进行了全基因组序列分析，表明其在全基因组水平上与蝙蝠冠状病毒具有 96% 的同源性，与 SARS-CoV 具有 79.6% 的同源性。基于病毒基因组序列，研究者利用水疱性口炎病毒构建携带有 SARS-CoV2 刺突蛋白的假病毒，细胞趋向测试结果显示 SARS-CoV2 和 SARS-CoV 感染相似的细胞系，表明两者刺突蛋白的受体选择相似。这为确定 SARS-CoV2 依靠血管紧张素转化酶 ACE2 进入宿主细胞提供了新的证据（Hoffmann et al.，2020）。

（二）病原体识别与疾病诊断

感染性疾病指的是由病原微生物引起的机体疾病，病原体包括细菌、病毒、真菌等。细菌感染性疾病，以脓毒症为例，其诊断方法主要是病原体培养和基于症状的判断。传统的病原体培养需要 24～48h，尽管采用自动化的培养系统可以提高到 11～31h，但仍可能影响患者的最佳治疗时间。而基于症状的诊断则存在很多评分标准，且脓毒症状十分复杂，可能出现很多其他传染病也具有的典型症状。病毒感染性疾病诊断包括血常规、生化检查、病毒培养、核酸检测等，也都存在耗时较长或检测成本高等不足（Wei and Cheng，2016）。

在过去的十几年里，针对感染性疾病防治的工程化合成生物学元件逐步走向临床，其中一部分已经从体外试验和动物试验转向临床试验。合成生物学的思想和手段大大改变了传染性疾病的诊断和防治方式，通过设计基因线路，改造细胞、细菌、病毒等，构建出具有特定功能的人工生命体，这些人工生命体能够感知疾病特异性信号，靶向异常细胞和病变部位，同时表达报告分子，经由外部设备的响应和监测，达到疾病诊断的目的。同时，部分设备还可以在检测到目标信号的同时释放治疗药物，达到诊治结合的作用（蒲璐等，2020）。

例如，工程化改造的噬菌体可用于检测结核分枝杆菌：噬菌体感染靶细胞，在细菌内部扩增，经过结核分枝杆菌修饰的噬菌体能够找到新的宿主并侵入，感染区域出现可见的斑点，斑点数目对应于结核分枝杆菌的水平。据分析，该检测方法的诊断灵敏度可达到95%，利福平耐药性检测特异度可达到97%。更进一步的，由于噬菌体易于进行基因改造，可以转染萤光素酶基因、荧光蛋白基因等作为报告基因，噬菌体感染结核分枝杆菌裂解后，报告基因仍在细菌内表达，可直接通过检测荧光强度确定靶细菌水平，缩短了等待噬菌斑形成所需的时间。研究人员在 T4 噬菌体基因组上整合绿色荧光蛋白基因，能在数小时内检测出污水中的大肠杆菌。

在病毒识别方面，科林斯（Collins）等首次将 CRISPR-Cas9 技术应用到核酸分子诊断中，开发了一种低成本的、用于检测寨卡病毒并区分其亚型的纸基传感器：首先从待测样本中提取 RNA 并进行体外扩增，再将扩增产物滴加到含有冻干细胞组分和生物蛋白的纸片上，病毒 RNA 能够激活冻干组分发生化学反应，使纸片发生肉眼可见的颜色变化，提示检测到寨卡病毒（Pardee et al.，2016）。

（三）疾病预防疫苗

免疫接种是控制感染性疾病的有效手段。利用合成生物学手段组装和改造病毒、细菌、酵母等生命体的基因组，可以进行减毒疫苗的生产制备。

在基因组水平将病毒衣壳蛋白的常用密码子替换成稀有密码子能够获得减毒病毒。以开发针对脊髓灰质炎病毒的活疫苗为例，尽管 GCA/GAG 与 GCC/GAA 都编码丙氨酸-谷氨酸（Ala-Glu），但 GCC/GAA 编码蛋白的表达量远远低于 GCA/GAG，削弱了病毒的复制和感染能力。这种毒性减弱的脊髓灰质炎病毒给小鼠提供了保护性免疫，由于存在多达 631 处突变，因此发生逆转重构成野生型病毒的可能性很低，赋予了减毒病毒较高的安全性（Amidi et al.，2010）。这种通过较为稳定的基因突变降低病毒感染性和致病性的方法是设计针对感染性疾病疫苗的经典方法。

我国研究团队开发出一种"合成减毒病毒工程技术"的策略，将甲型流感病毒的部分氨基酸编码密码子替换成终止密码子，使其在感染人体后不能进行完整的蛋白质表达，进一步突变 3 个以上的密码子，则使得预防性疫苗转变成治疗性疫苗，且随着突变密码子数目的增加，治疗效果逐渐增强（Si et al.，2016）。还有研究者利用该策略成功研制出新型寨卡病毒减毒疫苗，在野生型病毒基因组中引入 2568 个同义突变，小鼠首次接受免疫后即可产生高滴度中和抗体，同时可防止病毒的母婴传播。由于同义突变数量大，几乎不可能回复突变到野生型病毒，保证了减毒病毒的安全性（Li et al.，2018）。

（四）控制传染媒介

在传染病防治的几个环节中，控制传染源能够有效阻断疾病的进一步传播。昆虫是动物性传染病中常见的感染源之一，例如，埃及伊蚊是登革热病毒的主要传播媒介，广泛分布在热带及亚热带地区。登革热是一种严重的急性传染病，目前尚无治疗登革热的特效药，控制传播媒介是防控该传染病的重要手段。

为此，研究者设计构建了一个条件致死性的基因线路（图 9-3）。由四环素阻遏蛋白 TetR 与单纯疱疹病毒 VP16 蛋白的转录激活结构域（activation domain，AD）融合而成的反式激活子 tTA 能够激活相应的启动子 P_{TET}，启动下游目的基因的表达，在这里下游基因设置为一段毒性基因；利用飞行肌特异性的启动子 P_{FM} 控制一段带有内含子的 tTA 编码基因（内含子-tTA）的表达。在雄蚊中，内含子不能被切除，tTA 无法正常翻译，因此雄蚊正常飞行；而在雌蚊中，性别特异性的 RNA 可切除内含子，tTA 正常翻译，激活 P_{TET}，启动毒性基因的表达，使得雌蚊无法飞行。而且，这种抑制作用能够在四环素的存在下被解除：四环素通过抑制 tTA 对 P_{TET} 的作用，使得雌性正常发育（Fu et al.，2007）。

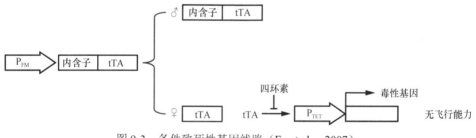

图 9-3　条件致死性基因线路（Fu et al.，2007）

将带有这种基因线路的蚊卵投放到野生生态系统中，雄性可正常发育，而雌性则会因为滞留在地面无法进食、交配或吸血而死亡。同时，雄性虽然不能传播疾病，但可以将这种基因线路传播到野生型蚊子种群中，扩大杀伤范围。这项研究已经在野外得到了测试：小规模投放的转基因雄蚊能够存活并与野生雌蚊交配产生转基因幼虫；大规模投放转基因雄蚊 11 周后，野生蚊子的数量减少了 80%（Ritchie and Staunton，2019）。

（五）治疗细菌感染性疾病

细菌感染性疾病可分为急性感染和慢性感染，这两种类型的感染分别对应于不同的分子机制。其中，发生慢性感染时，细菌在宿主体内定植，形成生物被膜，这是造成长期慢性细菌感染和细菌出现抗生素耐药性的重要原因之一。细菌生物被膜是大量细菌被其分泌的多糖、蛋白质和脂质等集合体包裹形成的菌落，能够抵抗和干扰宿主的免疫保护，具有很强的抗生素耐药性，这也是其难以根治的重要原因。

利用合成生物学的手段改造噬菌体或细菌，能够瓦解生物被膜。

以构建工程菌为例，研究者在实验菌株大肠杆菌 Nissle 中，设计了集群体感应（quorum sensing，QS）、杀菌和裂解装置为一体的系统（图 9-4），使得大肠杆菌能够感应并杀死致病菌铜绿假单胞菌菌株 Ln7。

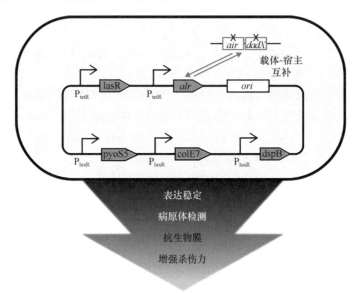

铜绿假单胞菌靶向益生菌

图 9-4　感应、杀菌、裂解的合成线路（Hwang et al.，2017）

首先，启动子 P_{tetR} 持续表达转录激活子 lasR，lasR 是铜绿假单胞菌群体感应的关键分子，它会和自身合成及由其他铜绿假单胞菌合成、释放并扩散到细胞内的 N-乙酰基高丝氨酸内酯（AHL）结合，形成活化的 AHL-lasR 蛋白复合物，激活启动子 P_{luxR}，并进一步激活系统中的杀菌、裂解和抗生物膜等三个装置，其中杀菌装置产生绿脓菌素 pyoS5，裂解装置产生裂解蛋白 colE7，抗生物膜装置产生抗生物膜酶——分散素 B（dspB）。当裂解蛋白 colE7 浓度达到阈值，大肠杆菌破裂后释放绿脓菌素 pyoS5，破坏目标菌株的结构和生物被膜，杀死有害细菌。试验结果表明，工程化大肠杆菌对铜绿假单胞菌生物被膜形成的抑制率达到了 90%（Hwang et al.，2017）。

六、癌症治疗

合成生物学技术能够将活细胞改造成一种具备"感受-响应"能力的适应性治疗设备。在肿瘤治疗方面，这种适应性的疗法体现在通过基因线路区分恶性肿瘤细胞和正常细胞，在有效杀伤恶性肿瘤细胞的同时，不对正常组织造成损伤。不同于传统的小分子药物和生物制剂，这种编程化的"治疗设备"能够自主感应某些疾病特征信号，在信息整合后做出响应，触发复杂的机制，同时，设备可以受到外源性调节因子的指令，实现治疗开始时间、治疗持续时间、治疗部位等的精细调控。

（一）工程化改造的细菌

19 世纪，威廉·科利（William Coley）首次发现链球菌感染患者体内存在一种天然的能够抑制肿瘤生长的物质。1891 年开始，科利（Coley）开始使用活链球菌培养物治疗他的癌症患者，发现链球菌感染后所致的发烧等症状与肿瘤的消退密切相关。此后，科利尝试了各种热灭活的细菌混合物，这些混合的灭活细菌被称为"抗肿瘤疫苗"，也就是"Coley 毒素"。这种疗法自面世以来得到了一定的应用，然而，1962 年美国食品药品监督管理局（FDA）未批准其为合格药物，并禁止开展相关的临床试验。时至今日，卡介苗芽孢杆菌是 FDA 批准的唯一的一种细菌制剂，自 20 世纪 70 年代后期以来一直用于治疗浅表性非肌肉浸润性膀胱癌。

目前，尚不清楚细菌用于癌症治疗及其体内毒性的机制。细菌制剂的抗癌机制主要分为直接的和免疫介导的两种。不同品系细菌的运动性、趋化性、侵袭力、潜在的细胞毒性、病原体相关模式分子（pathogen-associated molecular pattern，PAMP）丰度等存在着一定的差异，可能会影响它们的抗癌效应。细菌的肿瘤趋化性可能是其发挥抗癌作用的重要特性之一。这一现象的机制尚不清楚，但相关研究表明，肿瘤组织大量新生血管所致的缺氧、坏死，以及免疫抑制的复杂微环境可以为一些营养缺陷型的细菌提供营养素和免疫保护。

工程化细菌改造的一个目标就是提高细菌靶向肿瘤并输送治疗介质的能力。例如，在细菌内部"配置"密度感应开关，使细菌聚集在肿瘤部位发挥作用。在一项研究中，研究者在三种品系的沙门氏菌内部安装了基于菌体密度的同步裂解线路（synchronized lysis circuit）（图 9-5），分别装载不同的基因元件——编码溶血素 E（hemolysin E）的 *hlyE*、噬菌体裂解基因 *φX174E* 和 *sfGFP* 报告基因，使用共同的 luxI 启动子。该启动子既驱动其自身的激活子 AHL（正反馈）又表达裂解基因（负反馈）。具体而言，luxI 启动子调节自身诱导剂（AHL）的产生，该因子与 LuxR 结合后会进一步激活 luxI 启动子。负反馈则是由同样受 luxI 启动子控制的噬菌体裂解基因（*φX174E*）触发的细胞死亡引起的（Din et al.，2016）。

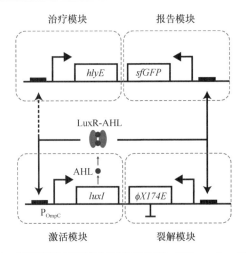

图 9-5　基于菌体密度的同步裂解回路（Din et al.，2016）

密度感应开关原理源自铜绿假单胞菌群体感应机制，由 AHL 合酶（LuxI）和 AHL 受体（LuxR）组成。AHL 由 AHL 合酶 LuxI 以细胞密度合成，并扩散到邻近的细胞。当 AHL 和细胞浓度很低时，AHL 无法结合 AHL 受体 LuxR，不能引起 luxI 启动子转录。当细胞达到高密度时，AHL 也达到浓度阈值，会和其受体 LuxR 结合，形成 AHL-LuxR 蛋白复合物，激活启动子启动靶基因的转录（图 9-6）。

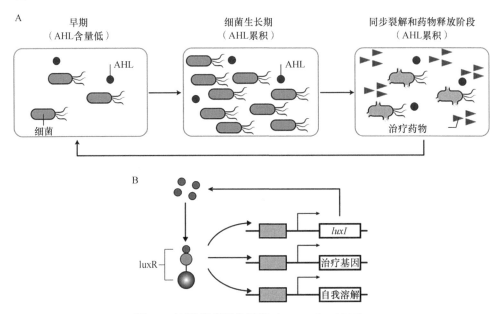

图 9-6　密度感应开关原理（Wu et al.，2016）

（二）细胞疗法

CAR-T 疗法是目前临床上抗癌治疗的有效手段，具有广阔的发展前景。该疗法的大致流程为：获取患者自体 T 细胞，经体外改造使 T 细胞表面表达嵌合抗原受体（chimeric antigen receptor，CAR），CAR 的胞外段为识别肿瘤抗原表位的抗体 scFv 段，胞内段为 T 细胞受体（TCR）胞内段，激活相关信号通路。经过体外改造的 CAR-T 细胞回输到患者体内，靶向表达特异性抗原的肿瘤细胞并杀伤之。CAR-T 疗法在 B 淋巴细胞相关恶性肿瘤中具有较好疗效，已有几种成熟的 CAR-T 细胞产品获得美国食品药品监督管理局（FDA）的批准用于临床治疗。

然而，CAR-T 疗法的局限性在一定程度上限制了其更广泛的应用。一是缺乏理想的"靶标"——肿瘤抗原。杀伤细胞对靶细胞的识别往往依赖于肿瘤相关抗原（tumor-associated antigen，TAA）在癌变细胞表面的异常表达，这就需要 CAR 的灵敏度和特异性满足在杀伤肿瘤细胞的同时，不对低表达靶抗原的正常细胞造成损伤。CAR-T 细胞的脱靶效应会产生严重的细胞毒性，细胞因子风暴（cytokine storm，CS）往往是 CAR-T 细胞回输后患者死亡的重要因素。二是存在肿瘤细胞的免疫逃逸。针对特异性抗原的 CAR-T 细胞对肿瘤细胞有一定的驯化作用，肿瘤细胞通过下调该种抗原的表达，避免 CAR-T 细胞的攻击。此外，T 细胞表面的免疫检查点如程序性死亡受体 1（PD-1）与肿瘤表面的配体 PD-L1 结合，可负调控 T 细胞的免疫杀伤功能，抑制 T 细胞的激活。三是对实体肿瘤的疗效有限。CAR-T 疗法目前主要在血液系统恶性肿瘤，如急性 B 淋巴细胞白血病、非霍奇金淋巴瘤、多发性骨髓瘤等疾病中取得理想疗效，而针对诸多实体肿瘤的尝试往往不尽如人意（Di Stasi et al.，2011；Park et al.，2014；Rabinovich et al.，2007）。效应细胞如何突破实体肿瘤的天然屏障进入肿瘤内部，如何应对复杂的肿瘤微环境等都是 CAR-T 疗法治疗实体肿瘤的关键问题。为攻克以上诸多不足的研究从未停止脚步，研究者进行了以下尝试（Wu et al.，2019）。

1. 基于逻辑门多抗原识别提高灵敏度

目前，FDA 批准用于临床治疗的几种 CAR-T 细胞都是针对单个抗原的单靶标产品。然而，很难找到完全区分肿瘤细胞和正常细胞的单个肿瘤抗原。例如，抗 CD19 的 CAR-T 细胞能够有效攻击恶性的癌变 B 细胞，但由于正常 B 细胞也表达 CD19，这种靶向效应会导致 B 细胞再生不良，需要每月静脉注射免疫球蛋白等辅助治疗。于是合成生物学家将目光由单个抗原转向多个抗原，希望能够实现更精确和适应性更强的"靶向"。

根据基因逻辑门线路的原理，多抗原识别开关可分为三种基本类型（图 9-7）。

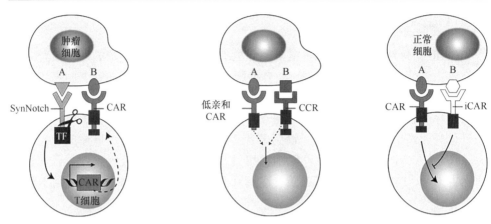

图 9-7　CAR-T 疗法中基于逻辑门的多抗原识别开关（Wu et al.，2019）

1）A AND B 型抗原识别开关：如利用 SynNotch 受体识别抗原 A，胞内域激活后启动 CAR 受体的表达，CAR 识别抗原 B，介导 T 细胞杀伤靶细胞。只有在 T 细胞同时接受 A、B 两种抗原信号时才能被激活（图 9-7 左）。

2）A OR B 型抗原识别开关：既可以选择使用两种 CAR-T 细胞，也可以设计带有两种抗体 scFv 的 CAR，如双靶向 CD19 和 CD20，可有效避免肿瘤细胞下调 CD19 的免疫逃逸反应（图 9-7 中）。

3）A AND（NOT B）型抗原识别开关：如利用抑制型受体细胞毒性 T 淋巴细胞相关蛋白 4（CTLA4）和程序性死亡受体 1（PD-1）设计抑制型 CAR（iCAR），在识别自身抗原 B 后，发出阻遏信号抵消识别肿瘤抗原 A 后的活化信号。这种开关可以避免杀伤过程中正常组织损伤（图 9-7 右）。

2. 药物诱导自杀开关及可控的 T 细胞定位提高安全性

提高 CAR-T 疗法安全性的一个方面是实现可控的细胞凋亡，自杀开关可以发挥“效应刹车”的作用：在小分子药物的诱导下，表达细胞凋亡相关蛋白诱导 T 细胞凋亡。这样的例子包括 AP1903 诱导的 iCaspase 9 自杀开关，该自杀开关已在造血干细胞移植患者体内进行了试验，给予 AP1903 后 30min 内可致 90% 的 T 细胞凋亡。然而，该方法会造成 T 细胞的不可逆死亡，显然不符合 CAR-T 疗法昂贵的代价。另一个例子是小分子控制的 CAR，该方法将 CAR 的结构域拆分，在 scFv 段及其他部分各自融合小分子诱导的异源二聚体结构域，在雷帕霉素类似物 AP21967 的诱导下，CAR 的两个结构域发生二聚化，形成一个完整的 CAR。这样，CAR-T 细胞活性可以通过改变 AP21967 的浓度来调节。

另一个方面是控制工程化 T 细胞的体内定位。在一项研究中，T 细胞被装载了 G 蛋白偶联受体（G protein-coupled receptor，GPCR），可以识别一种小分子化合物 CNO，并根据其浓度梯度实现定向迁移。在体内放置这种 CNO 释放珠可将 T 细胞吸引到特定区域，实现可控的定位。然而，这一策略如果应用到癌症治疗，其缺点也是显而易见的——理论上需要将 CNO 释放珠注射到肿瘤内部，而深层组织肿瘤及其他难以接触部位的肿瘤则会形成盲区。今后的研究方向可以转向利用工程化的趋化因子受体和黏附分子来调控 T 细胞向实体瘤的运输。

3. 避免肿瘤微环境影响的工程化免疫细胞和非免疫细胞提高有效性

影响 CAR-T 疗法对实体瘤疗效的一个重要因素是肿瘤及复杂的肿瘤微环境造成的免疫抑制效应。解决方法之一是构建"装甲"T 细胞，使之表达强免疫刺激因子如 IL-12、CD40L 等。另一种方法是采用非免疫细胞作为细胞底盘。例如，改造人间充质干细胞（mesenchymal stem cell，MSC），使其表面表达可识别人上皮生长因子受体 2（HER2）的人工合成受体，实现乳腺癌肿瘤细胞的检测；在识别并结合 HER2 后，激活 MSC 的 JAK/STAT 通路，表达并分泌胞嘧啶脱氨酶，继而将 5-氟胞嘧啶转化为有毒的 5-氟尿苷单磷酸酯。

4. 构建能同时识别超过十万个潜在靶点的合成免疫细胞组库

针对特定的已知靶点进行靶向治疗是目前肿瘤免疫治疗技术的主要手段，但鉴定出可靠的治疗性靶点需要极大的经济和时间成本，而且鉴定出的靶点也仅仅只对一部分患者有效。即使在这部分患者中，针对特定靶点的治疗方式往往不足以应对疾病的进化性特征，反而可能驱动病灶产生人工进化压力，最终导致耐药和复发。

研究人员（Fu et al.，2022）针对这一肿瘤免疫治疗应用的现实困境，创建了一种有大容量嵌合抗原受体信息的合成免疫细胞组库技术。该项研究使用 T 细胞和 NK 细胞作为两种不同的细胞底盘，构建了可以识别多样性超过十万种潜在抗原的工程化细胞组库。在基因线路控制下，当免疫细胞识别肿瘤组织抗原时，相应的效应免疫细胞克隆即开始扩增富集。当效应免疫细胞达到一定数量规模后，便可以清除表达这些抗原的肿瘤细胞。

（三）基因疗法

除了改造细胞构建工程细胞，基因线路也可以直接在体内表达，称为"核酸编码"疗法。可以通过对基因线路进行设计，使之能够区分肿瘤细胞和正常细胞，并在肿瘤组织内部表达效应蛋白。这样的"编码核酸"分为 DNA 型和 RNA 型。以下分别举两个例子说明：首先是一种 DNA 双启动子调控元件（dual promoter integrator，DPI）。该元件以两种肿瘤细胞特异性的启动子作为输入信号，构建了一个基于"与门"的哺乳动物细胞双杂交系统。当两种肿瘤细胞特异性的启动子 P1、P2 都被激活时，启动下游基因表达两种小分子 X-AD 和 BD-Y，其中亚基 X 和 Y 发生特异性结合，两个小分子拉近后，亚基 BD 和 AD 分别与启动子 GAL4、RNA 聚合酶（RNAP）结合，构成完整的启动序列，启动下游效应分子如抗肿瘤药物更昔洛韦的表达（图 9-8）。

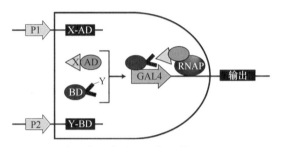

图 9-8　DNA 编码的双启动子调控元件（Wu et al.，2019）

RNA 也被广泛用于疾病治疗和研究，包括 lncRNA、miRNA、siRNA 等。由于 miRNA 对基因片段的阻断和激活作用，可用于构建复杂的多元逻辑线路。一项研究基于 miRNA 控制的 DNA 表达谱，用以区分 HeLa 细胞系与其他细胞系（Xie et al.，2011）。

Lac 阻遏蛋白 LacI 由四环素控制的反式激活子 rtTA 调控，遏制下游基因的表达；LacI-rtTA 转录子与三种 HeLa 细胞内源性 miRNA 结合，这三种 miRNA 在 HeLa 细胞中高表达，而与正向启动下游基因的转录子所结合的三种 miRNA 则在 HeLa 细胞中低表达。这样，就构成了可接收六个输入信号的逻辑线路，从而可以根据特定的 miRNA 组合区分出目标细胞系。如图 9-9 中的识别条件是：miR-21 AND (miR-17 or miR-30a) AND NOT (miR-141) AND NOT (miR-142(3p)) AND NOT (miR-146a)。其中，miR-141、miR-142(3p)和 miR-146a 是特定癌细胞中低表达的 miRNA，它们的存在将直接作用于报告基因 *DsRed* 所在线路，导致报告基因不表达，因为它们的存在表明细胞不是特定的癌细胞；miR-21 是特定癌细胞中肯定存在的高表达 miRNA，它的存在会导致 rtTA 和 LacI 的不表达；miR-17 和 miR-30a 是特定癌细胞中可能同时存在、也可能单独存在的高表达 miRNA，它(们)的存在也会导致 rtTA 和 LacI 的不表达。然而只有在 miR-21 AND (miR-17 or miR-30a)条件下，LacI 阻遏蛋白才会彻底不表达，进而解除报告基因 *DsRed* 启动子 CAG$_{OP}$（CAG-LacO$_2$）的阻遏，使得报告基因表达（图 9-9）。

如果将报告基因更换成自杀基因，则可以在识别出特定癌细胞后进行进一步的干预。其中 miR-21 在 HeLa 细胞中高表达，而 miR-141、miR-142(3p)和 miR-146a 在 HeLa 细胞中低表达；*L7Ae* 基因的表达将阻止核糖体与靶基因结合，进而抑制

miR-21AND (miR-17-30a) AND NOT (miR-141) AND NOT (miR-142(3p)) AND NOT (miR-146a)

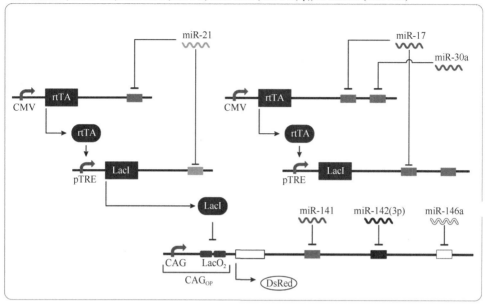

图 9-9　使用 miRNA 实现特定癌细胞识别的基因线路（Xie et al.，2011）

靶基因翻译；*hBax* 基因则会诱导癌细胞凋亡（图 9-10）。

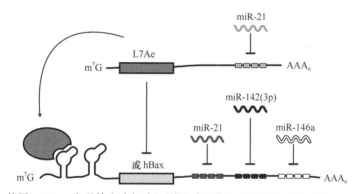

图 9-10　使用 miRNA 实现特定癌细胞识别并诱导其凋亡的基因线路（Xie et al.，2011）

七、生物医药制造

天然产物一般指分子质量小于 2000Da 的代谢物，广泛存在于动物、植物、微生物等各种生物中。由于天然产物含有大量生物活性相关的分子骨架和药效团，将其发展成临床药物具有广阔的前景，尤其是在抗肿瘤和抗感染领域，天然产物被视为临床药物的重要来源。

尽管天然产物具有生物活性分子的天然优势，但往往因自然产量不足、新活性天然产物发现率低、其本身性质如水溶性、结构类似物多、活性不强等特点，导致其研发过程较为缓慢，甚至难以成药。因此，发现新的活性分子仅仅是药物研发的开端，还需要经历漫长的优化过程才能发展成为临床用药物。合成生物学的手段可以创建人工合成生物体系，规模化定向生物合成新型活性分子，并进一步改善其成药性（王清和陈依军，2020）。

（一）增加水溶性

任何药物应用于临床治疗，均需要一定的水溶性才能制备成合适的剂型。针对大部分天然产物水溶性低的问题，可以通过构建体内外修饰体系，定向改造化合物的骨架结构，提高其水溶性。这些修饰包括糖基化、羟基化、磷酸化、磺酸化等，其中糖基转移酶和糖苷合成酶是改善天然活性分子理化性质的重要手段。例如，甘草次酸（glycyrrhetinic acid，GA）是一种疏水性五环三萜化合物，研究者对其进行了糖基化修饰，将来自植物欧洲山芥（*Barbarea vulgaris*）的糖基转移酶 UGT73C11 在大肠杆菌中重组表达并在体外纯化，UGT73C11 催化 β 糖苷键连接 UDP-葡萄糖和甘草次酸 C-3 位羟基生成新化合物甘草次酸-3-*O*-单葡萄糖，修饰后的产物水溶性和生物活性都得到了提高（Liu et al.，2018）。

（二）提高活性

天然产物的二聚化通常有助于活性的提高，如研究人员通过基因敲除发现了天然产物新石蒿素（neosartorin）生物合成基因簇 *nsr*，并且发现 P450 酶 NsrP 能催化氧杂蒽酮发生异源二聚化，从而实现通过不同单体之间的二聚化产生抗菌活性更强的新型二聚化产物（Matsuda et al.，2018）。

（三）减少类似物

天然产物的产生常伴随着很多结构相似的副产物，尽管结构上的差异很小，活性差别却较大。由于两者结构的类似性，目标产物与副产物难以分离，阻碍了目标产物的开发和质量控制。对此，可通过改造合成途径中的关键酶基因，提高目标产物的比例。例如，红霉素主要包含 A、B、C、D 四种成分，其中红霉素 A 活性最高，在临床广泛使用。为提高红霉素 A 的比例，将红霉素产生菌 HL3168 E3 中的隐秘基因 *nrps1-1* 替换成 8 个 attB 位点序列，再引入对红霉素 A 合成具有重要影响的基因，如用于增加氧气供应的 *vhb* 基因和用于优化后修饰的 *eryK* 基因。经过一系列基因改造，红霉素 A 的产量得到了系统性的提高，而其余三种副产物几乎被完全消除（Wu et al.，2011）。

（四）提高产量

天然产物的另一个制约点是产量低，尤其在自然环境下，很难获得满足临床需求的产量。植物提取是目前植物天然产物的主要生产方式，然而，这种传统的生产方式往往难以满足产量、周期的要求，且会对野生植物资源造成破坏。化学合成、植物组织细胞培养等方法也各自存在一定的缺点，难以满足工业化要求。

基于合成生物学原理创建的人工合成细胞用于生产植物天然产物则是一种绿色高效的新型生产模式。主要有两种途径：一是重构生物合成途径，将部分反应模块组合到新的生物合成通路中，调节各个基因线路组分的表达水平；二是进行异源表达，使用遗传更友好的模式宿主，选择合适的底盘细胞或对其进行改造优化，提高生产能力和效率。

在使用人工合成细胞生产植物天然产物的过程中，特征基因元件挖掘与优化、生物合成途径优化和细胞工厂性能提升等组成了植物天然产物合成生物学研究的基本内容。特征基因元件挖掘与优化，包括寻找植物天然产物生物合成过程中的关键酶及其复合体的编码基因，并通过基因突变、蛋白质结构设计等生物工程技术对其进行优化；生物合成途径优化，指的是利用基因元件在宿主细胞中进行异源生物合成途径的重建，需要考虑物质能量平衡、异源代谢产物对宿主细胞毒性，以及异源代谢产物、功能酶、生物途径和宿主细胞之间的兼容性等多个方面，优化方法包括物质流分配控制、合成途径的精确控制、合成途径的动态控制等；细胞工厂性能的提升，主要是从细胞器和发酵液层面，提高发生在细胞膜、线粒体、内质网中合成反应的效率，并控制发酵体系中杂菌的生长和营养物质利用效率（戴住波等，2018）。例如，通过敲除酿酒酵母的 *PHA1* 基因，可以提高酵母中内质网含量，由于存在于多种反应途径中的关键酶细胞色素 P450 酶附着于内质网膜上，因此可提高酶含量，提高催化产物产量（Arendt et al.，2017）。

这一方法取得了一系列成功，并研发出了一些已经应用于临床的药物。目前合成生物学在植物来源的萜类化合物的生物合成方面取得了许多突破性进展，能够利用微生物合成青蒿素、紫杉醇、番茄红素、银杏内酯等多种药用活性成分。天然萜类化合物都来自于异戊烯焦磷酸（isopentenyl pyrophosphate，IPP）及其异构物二甲基烯丙基焦磷酸（dimethylallyl diphosphate，DMAPP），其生物合成途径分为两种：甲羟戊酸途径和 2-C-甲基-D-赤藓醇-4-磷酸（MEP）途径。其中甲羟戊酸途径存在于真核生物和一些原核生物中，2-C-甲基-D-赤藓醇-4-磷酸途径存在于细菌和植物叶绿体中。青蒿中的青蒿素由甲羟戊酸途径合成。由于从青蒿酸、二氢青蒿酸形成青蒿素的途径尚不清楚，目前通过合成生物学技术制备青蒿素的研究大部分是先合成其前体物质，如紫穗槐-4,11-二烯、青蒿酸、二氢青蒿酸等（岳雪等，2016；严伟等，2020）。

紫穗槐-4,11-二烯生物合成途径包括甲羟戊酸途径模块、前体法尼基焦磷酸合成模块及紫穗槐-4,11-二烯合成模块三个合成模块。加利福尼亚大学基斯林（Keasling）课题组经过十余年的研究，实现了利用工程化的大肠杆菌合成青蒿素前体，再通过化学法合成青蒿素。他们将青蒿素合成酶编码基因和酵母菌甲羟戊酸途径中的 HMG-CoA 合酶、HMG-CoA 还原酶基因转入大肠杆菌中，使青蒿素产量提高到 100mg/L（Ro et al.，2006）。此后，该课题组又对酵母菌进行工程改造，利用可调基因序列调节多基因操纵子基因的表达量，转入来源于黄花蒿植物的脱氢酶、细胞色素 P450 编码基因，使青蒿素的产量达到了 153mg/L。该项工作被认为是利用人工合成细胞生产植物萜类天然产物研究领域的里程碑工作。

我国也已经建立了成熟的植物天然产物合成生物学生产的技术体系，包括植物天然产物基因元件挖掘技术、高通量自动化克隆技术、合成途径创建与精确调控技术、发酵与分离提取技术等。

八、农业生产

（一）土壤监测与修复

1. 监测土壤菌群

细菌往往通过监测周围环境中自身及其他种类细菌的数量，调控自身基因表达以适应环境变化，这一调控以群体中特定信号分子的浓度为感应，当信号分子达到浓度阈值时，可以启动细菌中相关基因的表达，这一特性被称为细菌的群体感应（quorum sensing，QS）。基于该机制，可以通过监测群体感应信号分子来监测土壤中的细菌数量。有研究发现，革兰氏阴性菌群 AHL-群体感应系统在病原菌的发病中发挥重要作用。AHL 是革兰氏阴性菌的信号分子，研究者设计构建了利用气体比例报告检测 AHL 的工程化大肠杆菌 MG1655 生物传感器，该传感器包括两个基础基因线路（图 9-11）：一方面，工程菌组成性表达乙烯形成酶（ethylene-forming enzyme，EFE），EFE 以 α-酮戊二酸和氧气为底物合成乙烯（C_2H_4）；另一方面，工程菌组成性表达铜绿假单胞菌 lasR，lasR 与土壤中的 AHL 组成 AHL-lasR 复合物，诱导卤代甲烷转移酶（MHT）的表达，MHT 以 S-腺苷甲硫氨酸和溴化物为底物合成溴甲烷（CH_3Br）。最终溴甲烷和乙烯的比例可反映出环境中 AHL 浓度，从而推测出土壤中细菌的数量（Cheng et al.，2018）。

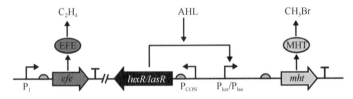

图 9-11　利用气体比例报告检测 AHL 的基因线路（Cheng et al.，2018）

2. 农药降解

有机磷类、有机氯类和拟除虫菊酯类杀虫剂都是较为常用的杀虫剂，这些杀虫剂有效成分在土壤和人体内的长期堆积会造成环境污染，损害身体健康。研究表明，有机磷的存在会加强拟除虫菊酯的毒性。有研究者构建了带有组成型启动子 J23119、有机磷降解基因 *mpd*、拟除虫菊酯水解羧化酶基因 *pytH* 及标记基因 *upp* 的自杀质粒，将该质粒引入 *upp* 基因缺陷假单胞菌。引入质粒后所得的菌株能够同时降解有机磷和拟除虫菊酯，并可在48h内实现完全降解（Zuo et al.，2015）。

（二）农药与重金属检测

氯吡硫磷（CPF）是一种广谱有机磷杀虫剂，广泛应用于农业害虫防治，同时它也是一种神经毒素和可疑的内分泌干扰物。研究人员构建了一种大肠杆菌全细胞遗传生物传感器，以硫酸酯酶为报告系统检测 CPF（Whangsuk et al.，2016）。

该传感器基于 CPF 响应转录因子（ChpR）和与 *lacZ* 融合的 ChpA 启动子实现，含有 pChpAp-atsBA 和 pB-BR-*chpR* 两个质粒。当大肠杆菌暴露于 CPF 时，CPF 激活组成型表达的 ChpR，活性 ChpR 通过 ChpA 启动子触发克雷伯氏杆菌属的 *artA* 和 *artB* 基因，分别表达甲酰甘氨酸合成酶（FGE）和硫酸酯酶。在 FGE 的作用下，硫酸酯酶 72 位的丝氨酸残基被修饰为甲酰甘氨酸，完成翻译后活化，活化的硫酸酯酶从 4-MUS 切割硫酸基团以产生荧光产物 4-MU，通过测定荧光强度就可以确定硫酸酯酶的活性，进而报告 CPF 浓度（图 9-12）。

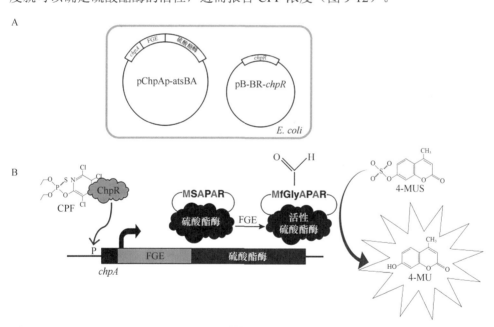

图 9-12　pChpAp-atsBA 和 pB-BR-*chpR* 质粒构成及传感器工作原理（Whangsuk et al.，2016）

除了种植过程中大量使用的农药，环境中经工业生产排放的重金属也会被农作物吸收，最终对人体健康产生影响。铬化合物被认为是一个重要的污染源头，工业中铬酸盐的广泛使用导致了世界范围内的饮用水和农业用水污染。研究人员开发了一种铬酸盐-GFP 生物报告大肠杆菌，报告质粒 pCHRGFP1 中插入有重金属响应元件，由 chr 启动子和 *chrB* 调节基因控制绿色荧光蛋白（GFP）的表达，从而反映环境中重金属的浓度（Branco et al.，2013）。

（三）促进植物生长

1. 促进工程固氮

生物固氮作用即原核生物中的固氮酶系在厌氧或微氧，以及常温常压条件下将空气中单质氮气转化成氨的过程，是自然界化合态氮素形成的主要途径，包括自身、联合和共生三种形式。目前，固氮合成生物学的研究方向主要包括固氮酶基因簇的细胞器转移及适配性研究、固氮酶基因簇及其调控回路简化、病原细菌共生功能的人工进化，以及禾谷类作物的共生功能改造等（罗利，2019）。

固氮微生物的 *nif* 基因簇一般由十几到二十几个基因形成多个操纵子，大量的编码基因和调控区不利于基因工程操作。北京大学王忆平实验室先后进行了一系列固氮基因簇简化方面的工作：2013 年，该实验室报道，经改造的 T7 启动子可以平衡表达 *nif* 操纵子，且在大肠杆菌中，不同强度的 T7 启动子可获得不同表达水平的固氮酶，这些固氮酶的活性可达到天然固氮酶系的 42%。该项工作简化了固氮基因调控线路（Wang et al.，2013）。2014 年，该实验室对大肠杆菌的 Fe-Fe 固氮酶系统进行工程化，融合 *anf* 结构基因和附属的 *nif* 基因，形成了一个仅由 10 个基因组成的固氮基因簇。该项工作大大简化了固氮基因簇（Yang et al.，2014）。2018 年，该实验室进一步创建了一个固氮基因的简化工具——病毒来源的多蛋白"融合和剪切"技术体系。该技术将 14 个固氮必需基因选择性装配，形成 5 个巨大基因，简化了固氮基因组织形式（Yang et al.，2018）。

2. 合成植物激素

植物激素是植物细胞接受特定环境信号诱导产生的、低浓度时可调节植物生理反应的活性物质。定植在植物上的细菌能够通过其群体感应特性，增加植物营养物质的获取，调节植物激素水平。研究人员利用海洋细菌费舍尔弧菌的 LuxI/LuxR 型 QS 系统，在环境异养菌 *Cupriavidus pinatubonensis* JMP134 株系中构建了细胞密度依赖性的正反馈基因回路，在群体感应信号的触发下，可触发植物激素吲哚-3-乙酸（indole-3-acetic acid，IAA）的自调节合成，IAA 可促进定植的拟南芥根系的生长（Zúñiga et al.，2018）。该基因线路以高丝氨酸内酯（homoserine lactone，HSL）为感应信号分子，在 P_{tet} 启动子的控制下组成型表达的 LuxR 蛋白与 HSL 结合，激活下游的 P_{lux} 启动子，依次表达 HSL 合成催化酶 LuxI、IAA 合成酶系（iaaM 和 iaaH）及 GFP。随着 HSL 的增多，IAA 合成通路可不断循环，且可通过测定 GFP 荧光强度确定质粒群体激活基因的表达水平（图 9-13）。

P_{lux}-*gfp*

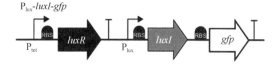

P_{lux}-*luxI*-*gfp*

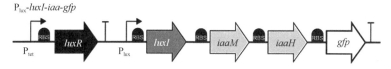

P_{lux}-*luxI*-*iaa-gfp*

图 9-13 植物激素合成基因线路（Zúñiga et al.，2018）

九、其他应用

（一）ATP 合酶的体外组装与遗传调控

目前，基于合成生物学平台的无细胞蛋白质合成（cell-free protein synthesis，CFPS）技术为重组蛋白表达提供了廉价且快速的方式，这一表达系统的重要优势是，它在一定程度上避免了蛋白质体内生产的典型问题，例如，对宿主细胞的毒性，蛋白质聚集、错误定位和蛋白质降解等。目前已经有很多高效的 CFPS 平台投入使用，随着 CFPS 系统中蛋白质生产能力和反应寿命的增加，可以一次性合成更多、结构更复杂的蛋白质。CFPS 可能在结构较复杂的膜蛋白的表达及正确折叠方面有重要潜力。

研究人员构建了一个体外合成组装一种 F_1F_0-ATP 合酶的无细胞平台（Matthies et al.，2011）。F_1F_0-ATP 合酶由 F_1 和 F_0 两个主要结构域组成，通过独特的旋转机制将跨膜电化学离子梯度转化为 ATP。其中，F_0 是内置在膜中的疏水性复合物，主要用来传输质子，F_1 是亲水性络合物，用来催化 ATP 的形成。该研究团队分析了热碱杆菌 TA2.A1 菌株中 F_1F_0-ATP 合酶的表达和组装，该蛋白质由约 7kb 长的 *atp* 操纵子调控 9 段蛋白质编码基因的表达，首先合成 9 种蛋白质，再进行折叠组装，最终形成总质量为 542kDa、由 25 种蛋白质组成的膜蛋白，其中包含 9 种可溶性蛋白和 16 种跨膜蛋白，化学式为 $\alpha_3\beta_3\gamma\varepsilon\delta ab_2c_{13}$。这一研究结果表明，$F_1F_0$-ATP 合酶的正确组装取决于特定亚基的表达水平并由操纵子调节，同时，经过组装的中间产物也可能激活基因线路中其他亚基的表达（图 9-14）。

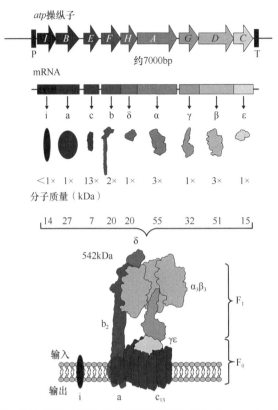

图 9-14　F_1F_0-ATP 合酶的体外组装与调控（Matthies et al.，2011）

（二）大肠杆菌核糖体的体外组装

　　除了蛋白质亚基的组装，还可以将 RNA 和蛋白质组装成具有一定生物功能的大分子。例如，大肠杆菌核糖体是一种大型蛋白质/RNA，已有研究利用 CFPS 系统在体外进行组装。研究者通过将编码核糖体 RNA（rRNA）的 DNA 和经过纯化的核糖体蛋白添加到天然缺乏核糖体的大肠杆菌提取物中，使得体外组装的核糖体能够在生理条件下发挥翻译功能。这个核糖体构建平台称为 iSAT，被用于核糖体的合成、组装和翻译中，为研究核糖体生物发生提供了新方法。研究者对这一体外合成体系的反应条件进行了优化，例如，在 OD_{600}=3 而不是 0.5 时收获产物，增加盐浓度并添加多胺改变透析缓冲液的浓度和成分，将总提取蛋白质浓度从大约 4mg/ml 增加到 10mg/ml 等。经过改进，iSAT 的生产效率提高了大约 300 倍。此后，研究者尝试利用这一平台组装和修饰一种对克林霉素具有抗性的核糖体，该核糖体在 23S rRNA 上有点突变位点 A2058U。测试结果表明，当没有克林霉素时，野生型核糖体和 iSAT 系统合成的核糖体均能翻译蛋白质，而当使用 200mg/ml 克林霉素时，只有在体外组装的，由 A2058U 突变的 23S rRNA 组成的核糖体能够在反应 4h 后合成（1.3±0.4）nmol/L 的萤光素酶，而野生型核糖体则不产生蛋白质。这一结果证明了 iSAT 组装系统的可行性（Jackson et al., 2015）。

（三）非天然氨基酸的共翻译掺入

非天然氨基酸（unnatural amino acid，UAA）可以在蛋白质翻译过程中，将生物基团、氧化还原活性基团等整合到新合成的肽链中，大大扩展了生命化学反应。这一过程被称为"共翻译"。迄今为止，已经有 100 多种非天然氨基酸被用于共翻译系统。这一过程的调控依赖于一种正交翻译系统（orthogonal translation system，OTS），该系统用于编码非天然氨基酸基因。传统的 OTS 由工程化的、正交的 tRNA/氨酰基 tRNA 合成酶对（orthogonal tRNA/orthogonal aminoacyl-tRNA synthetase，o-tRNA/o-aaRS）组成，o-tRNA 具有特定的对应于终止密码子 UAG 的反密码子。首先，氨酰基 tRNA 合成酶（o-aaRS）与同源的非天然氨基酸和 o-tRNA 结合，o-aaRS 催化 o-tRNA 的氨酰化，接着，氨酰-tRNA（aa-tRNA）从 o-aaRS 中释放出来，并通过延伸因子-Tu（elongation factor Tu，EF-Tu）转运到核糖体。aa-tRNA 与核糖体的 A 位点结合，其反密码子与 mRNA 的互补密码子结合，使得核糖体将非天然氨基酸连接到不断增长的肽链上（图 9-15）（Wang and Schultz，2001）。

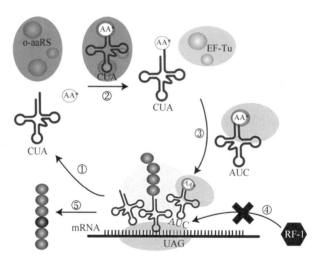

图 9-15　非天然氨基酸的共翻译掺入示意图（Wang and Schultz，2001）

然而，当释放因子 1（release factor 1，RF-1）与 aa-tRNA 竞争性结合终止密码子 UAG 时，会导致蛋白质被截断，非天然氨基酸掺入效率降低。对此，有研究者将 7 个必需基因的 TAG 重新编码为同义的 TAA，使得 *RF-1* 基因被删除而不影响细胞生长。体内试验中，*RF-1* 缺失菌株使得 *O*-磷酸丝氨酸的掺入增加了近 120 倍。此后，研究者还开发了一种 *RF-1* 基因敲除且有 13 个必需基因的 TAG 都被重新编码为 TAA 的菌株作为非天然氨基酸共翻译掺入系统的底盘，提高了这一共翻译系统的掺入效率（Wang and Schultz，2002）。

第二节　合成生物学在军事领域中的应用

与很多新兴技术一样，合成生物学也具有民用和军用两种用途，它不仅在自然科学领域和社会生活领域具有重大的研究与应用价值，而且正在加速渗透到国防安全和武器装备研制中，在军事应用领域显示出颠覆性潜力（李天等，2020）。2011 年起，美国国防部高级研究计划局的"生物铸造"项目旨在将标准化的生命元件组装成全新的工程微生物，用来实现各种具有军事应用潜力的生物功能，从而获得"新材料、能源和药物"，在其制定的《2013—2017 年科技发展计划》中进一步明确了合成生物学可用于军用药物快速合成、生物病毒战、基因改良和人体快速损伤修复等领域，以满足士兵作战效能提升、身体损伤快速修复、战场药物快速合成等国防和军事需求。

一、军用医药开发

合成生物学的应用为医学领域的发展带来了强大的动力，包括促进干细胞与再生医学的发展，通过分子传感器、分子纳米器件与分子机器的开发等提升疾病诊断能力，开发人工合成减毒或无毒活疫苗以增强疾病预防能力，合成人工噬菌体使其成为替代抗生素的新型杀菌物质，将人工噬菌体技术和基因组打靶技术等用于基因治疗，运用合成生物学技术设计可以精确调控细胞行为和表型的特异免疫细胞、干细胞等临床治疗性细胞产品体系，人工设计和合成工程细菌作为靶向治疗用的药物载体等。目前，基于合成生物学的新药开发处于蓬勃发展阶段，一些具有重大或潜在应用价值的战场药物也在开发当中。

美国斯坦福大学研究人员将来自于植物、细菌和啮齿动物的 20 余个基因导入酵母中，利用改造过的酵母成功将糖转化为阿片类止痛药物——蒂巴因（二甲基吗啡，thebaine）和氢可酮（hydrocodone），这两种止痛药均可作为潜在的战场止痛药物（Galanie et al.，2015）。德国耶拿大学的研究人员在构巢曲霉中重构一种致幻药物——赛洛西宾（psilocybin）的代谢途径，将其代谢途径中各个酶串联表达在同一个启动子下，最终实现了该药的异源合成，其在治疗精神疾病，如痛苦、焦虑、抑郁等症状方面显示出了巨大潜力（Hoefgen et al.，2018）。美国已于 2018 年批准用其进行治疗抑郁症的临床试验。不仅如此，该药也可用于开发治疗战场特殊环境下（如幽闭空间、长时间高负荷作战等）士兵焦虑症的靶向药物。哈佛大学、麻省理工学院和多伦多大学的科研人员合作开发了一种新型的无细胞蛋白合成（cell-free protein synthesis，CFPS）系统，将 CFPS 组分制成冻干提取物，制备成便携式微型药物合成工厂。通过加入相应的代谢模块，即能生产出具有生物活性的抗菌肽（antimicrobial peptide，AMP）、白喉菌苗、组合抗体类似物和小分子药物等，为疾病的预防、诊断及个体化精准治疗提供了新的可能，同时也实现了按需生产和携带的方便性（图 9-16）。这项技术在军事领域中具有极好的应用前景，由于冻干的 CFPS 组分具有保存时间长和便携式优点，可用于战场药物的实时快速生产（Pardee et al.，2016）。

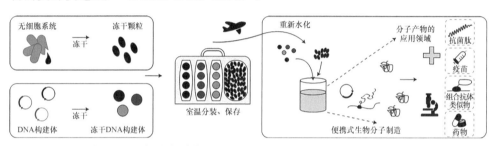

图 9-16　便携式微型药物合成工厂示意图（Pardee et al.，2016）

二、军用能源

利用大肠杆菌、酵母和蓝藻等底盘细胞，通过系统设计和改造，以生物质、二氧化碳等为原料，生产清洁、高效、可持续生产的化学品和生物能源产品，实现生物质资源对化石资源的逐步替代、生物路线对化学路线的逐步替代，对于破解经济发展的资源环境瓶颈制约、构建新型可持续发展工业化道路具有重大战略意义。

部分合成生物学化学品和燃料已经有一定的应用，但更多的产品开发则需要合成生物学研究的突破，以进一步降低成本、提高生产效率、扩大生产规模，从而实现对石化产品的替代。目前，合成生物学研究已应用于第二代生物乙醇、生物柴油等生物燃料产品的研发，并逐渐取得越来越多的技术进展，一些有发展前景的生物燃料产品已步入准商业化生产进程。

除合成民用生物燃料，合成生物学技术在生产高能生物燃料方面具有重大的军事和国防应用前景，有望弥补从石油中提炼 Jet A-1、JP-10、RJ-5 等高能化石燃料的供给不足，从而作为替代品或复配混合物用于航空、航天、导弹、战斗机等国防和军事领域。

军用高能燃料的生物合成研究受到西方国家高度重视。例如，美国海军空战中心武器分部与英国曼彻斯特大学合作，开展在海水中利用生物合成高密度导弹燃料的研究，加速从实验室到战场应用的转化。

三、军用材料

生物材料在传统上一直与医疗保健应用相关联，如生物相容性支架材料（组织再生）、结构生物相容性材料（假体）和药物输送材料等。随着合成生物学的发展，通过将更深层次的生物学思维引入材料制造中，以整合的方式利用增材制造、基因线路等新的功能平台，应对社会的巨大挑战。合成生物学将带来可持续且负担得起的复杂新材料制造，这不仅会影响医疗保健领域，而且会影响军事和国防领域。

例如，美国麻省理工学院研究人员借助合成生物学技术，将贻贝足蛋白（mussel foot protein，Mfp）与大肠杆菌淀粉样卷曲纤维的主要亚基 CsgA 蛋白融合而成制备了"生物胶水"（图 9-17），具有强大的水下黏合特性，可作为舰船维修的生物黏合剂、舰船防腐和防污的生物涂料（Zhong et al.，2014）。华盛顿大学和美国国家航空航天局研制的合成蛛丝蛋白可用于制造防弹衣，以及坦克、飞机、卫星的外壳和军事建筑物的装甲，并有望成为航母舰载机阻拦索复合纤维材料的重要组件（Bowen et al.，2018）。另外，美军在研的其他军用高性能生物材料还包括防护涂层材料、橡胶材料、隐身材料、防虫服、微生物合成纳米电线等。

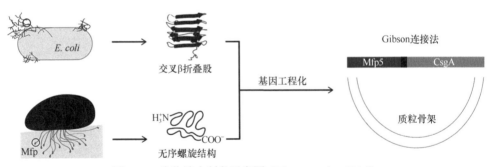

图 9-17　生物胶水制备示意图（Zhong et al.，2014）

四、军用生物传感器

在环境保护、疾病诊断、有毒有害物质检测等领域取得极大进展的生物传感器，亦可应用于战场环境修复、战场环境危害因子侦检、士兵健康状况监测等军用领域。

对爆炸物的特异性和高灵敏度检测可降低人员探测带来的伤亡，在反恐防暴和战场扫雷中具有重要的应用前景。TNT（三硝基甲苯）和 DNT（2,4-二硝基甲苯）是一种常见的爆炸物和环境污染物，利用合成生物学构建的生物传感器可实现对其特异性检测。美国俄亥俄州空军研究室的科研人员设计和筛选了能特异识别爆炸物（DNT）的适配体，通过与下游报告基因相耦合，在大肠杆菌中构建了一种新型的核糖开关，实现了对 DNT 特异性检测（Davidson et al.，2013）；以色列希伯来大学的科研人员利用合成生物学方法，在大肠杆菌中构建并优化了多个感应元件（能被 2,4,6-TNT、2,4-DNT 和 1,3-DNB 等几种氮基化合物激活的 *yqjF* 和 *ybiJ* 基因启动子）和报告元件（绿色荧光蛋白基因 *gfpmut2* 或生物发光 *luxcabe* 基因），实现了对 TNT 和 DNT 等爆炸物的特异性和高灵敏度检测（Yagur-Kroll et al.，2014，2015），并通过设计激光远程扫描系统（Kabessa et al.，2016）和光电子转化系统（Belkin et al.，2017）实现了对爆炸物激活荧光信号的远距离和定量探测。

2016 年，美国陆军研究办公室开始研发能植入士兵人体组织中的生物传感器和对军人汗液进行跟踪的皮肤生物传感器，根据体内化学信号和激素信号，实时监测士兵健康状况和快速掌握在特殊环境的反应，据此进行调整优化，从而提高战斗力。另外，还可通过人工设计的益生菌识别与标志特定的体内靶标，如感染、炎症、有毒化合物等，从而可高特异性、快速检测特定人体疾病、毒素等，便于早期干预和快速恢复（万秀坤等，2019）。

英国和美国的研究人员还利用合成生物学原理开发一个多细胞微型机器人 Cyberplasm。通过微电子技术和仿生学的技术集成，对海七鳃鳗的一些行为进行生物模拟，配备化学检测和光检测传感器，并与工程细胞设备、电子设备，以及生物元件和电子元件之间新的通信方法结合起来，帮助人类诊断疾病，也可以用于战场、极地等特殊环境下的环境快速检测（Daniel，2012）。

参 考 文 献

戴住波, 王勇, 周志华, 等. 2018. 植物天然产物合成生物学研究. 中国科学院院刊, 33(11): 1228-1238.

郭丽莎, 魏夏瑜, 李校堃, 等. 2018. 光遗传学技术在酪氨酸受体激酶等靶向药物筛选中的应用. 生物产业技术, (5): 97-103.

黄菁, 刘正, 乔传令. 2005. 转基因工程菌在污染治理中的应用. 北京: 第二届农药与环境安全国际会议: 478-484.

李天, 胡适, 林方兴, 等. 2020. 合成生物学的军事应用及其教育教学开展现状. 广东化工, 47(22): 181, 190-191.

罗利. 2019. 植物固氮细胞器的合成生物学研究. 生物技术通报, 35(10): 1-6.

蒲璐, 黄亚佳, 杨帅, 等. 2020. 合成生物学在感染性疾病防治中的应用. 合成生物学, 1(2): 141-157.

万秀坤, 姚戈, 刘艳丽, 等. 2019. 合成生物学发展现状与军事应用展望. 军事医学, (11): 801-810.

王呈玉, 胡耀辉. 2010. 合成生物学在环境污染生物治理上的应用. 吉林农业大学学报, 32(5): 533-537.

王清, 陈依军. 2020. 天然产物成药性的合成生物学改良. 合成生物学, 1(5): 583-592.

肖文海, 王颖, 元英进. 2016. 化学品绿色制造核心技术——合成生物学. 化工学报, 67(1): 119-128.

严伟, 信丰学, 董维亮, 等. 2020. 合成生物学及其研究进展. 生物学杂志, 37(5): 1-9.

岳雪, 聂少振, 王素珍, 等. 2016. 合成生物学在天然药物和微生物药物开发中的应用. 中国抗生素杂志, 41(8): 568-576, 605.

Albermann C. 2011. High versus low level expression of the lycopene biosynthesis genes from *Pantoea ananatis* in

Escherichia coli. Biotechnol Lett, 3(2): 313-319.

Amidi M, de Raad M, de Graauw H, et al. 2010. Optimization and quantification of protein synthesis inside liposomes. J Liposome Res, 20(1): 73-83.

Arendt P, Miettinen K, Pollier J, et al. 2017. An endoplasmic reticulum-engineered yeast platform for overproduction of triterpenoids. Metab Eng, 40: 165-175.

Becker M M, Graham R L, Donaldson E F, et al. 2008. Synthetic recombinant bat SARS-like coronavirus is infectious in cultured cells and in mice. Proc Natl Acad Sci USA, 105(50): 19944-19949.

Belkin S, Yagur-Kroll S, Kabessa Y, et al. 2017. Remote detection of buried landmines using a bacterial sensor. Nat Biotechnol, 35(4): 308-310.

Bowen C H, Dai B, Sargent C J, et al. 2018. Recombinant spidroins fully replicate primary mechanical properties of natural spider silk. Biomacromolecules, 19(9): 3853-3860.

Branco R, Cristóvão A, Morais P V. 2013. Highly sensitive, highly specific whole-cell bioreporters for the detection of chromate in environmental samples. PLoS One, 8(1): e54005.

Cheng H Y, Masiello C A, Del Valle I, et al. 2018. Ratiometric gas reporting: a nondisruptive approach to monitor gene expression in soils. ACS Synth Biol, 7(3): 903-911.

Daniel F. 2012. Sea lamprey-inspired cyberplasm microrobot to detect diseases in human body. Inside R & D, 41(20): 4.

Davidson M E, Harbaugh S V, Chushak Y G, et al. 2013. Development of a 2,4-dinitrotoluene-responsive synthetic riboswitch in *E. coli* cells. ACS Chem Biol, 8(1): 234-241.

Det-Udom R, Gilbert C, Liu L, et al. 2019. Towards semi-synthetic microbial communities: enhancing soy sauce fermentation properties in *B. subtilis* co-cultures. Microb Cell Fact, 18(1): 101.

Di Stasi A, Tey S K, Dotti G, et al. 2011. Inducible apoptosis as a safety switch for adoptive cell therapy. N Engl J Med, 365(18): 1673-1683.

Din M O, Danino T, Prindle A, et al. 2016. Synchronized cycles of bacterial lysis for *in vivo* delivery. Nature, 536(7614): 81-85.

French C E, Rosser S J, Davies G J, et al. 1999. Biodegradation of explosives by transgenic plants expressing pentaerythritol tetranitrate reductase. Nat Biotechnol, 17(5): 491-494.

Fu G L, Condon K C, Epton M J, et al. 2007. Female-specific insect lethality engineered using alternative splicing. Nat Biotechnol, 25(3): 353-357.

Fu W, Lei C, Wang C, et al. 2022. Synthetic libraries of immune cells displaying a diverse repertoire of chimaeric antigen receptors as a potent cancer immunotherapy. Nat Biomed Eng,6(7):842-854.

Galanie S, Thodey K, Trenchard I J, et al. 2015. Complete biosynthesis of opioids in yeast. Science, 349(6252): 1095-1100.

Hoefgen S, Lin J, Fricke J, et al. 2018. Facile assembly and fluorescence-based screening method for heterologous expression of biosynthetic pathways in fungi. Metab Eng, 48: 44-51.

Hoffmann M, Kleine-Weber H, Schroeder S, et al. 2020. SARS-CoV-2 cell entry depends on ACE2 and TMPRSS2 and is blocked by a clinically proven protease inhibitor. Cell, 181(2): 271-280.e8.

Hwang I Y, Koh E, Wong A, et al. 2017. Engineered probiotic *Escherichia coli* can eliminate and prevent *Pseudomonas aeruginosa* gut infection in animal models. Nat Commun, 8: 15028.

Inglés-Prieto Á, Reichhart E, Muellner M K, et al. 2015. Light-assisted small-molecule screening against protein kinases. Nat Chem Biol, 11(12): 952-954.

Jackson K, Jin S G, Fan Z H. 2015. Optimization of a miniaturized fluid array device for cell-free protein synthesis.

Biotechnol Bioeng, 112(12): 2459-2467.

Jullesson D, David F, Pfleger B, et al. 2015. Impact of synthetic biology and metabolic engineering on industrial production of fine chemicals. Biotechnol Adv, 33(7): 1395-1402.

Kabessa Y, Eyal O, Bar-On O, et al. 2016. Standoff detection of explosives and buried landmines using fluorescent bacterial sensor cells. Biosens Bioelectron, 79: 784-788.

Karig D K. 2017. Cell-free synthetic biology for environmental sensing and remediation. Curr Opin Biotechnol, 45: 69-75.

Li P H, Ke X L, Wang T, et al. 2018. Zika virus attenuation by codon pair deoptimization induces sterilizing immunity in mouse models. J Virol, 92(17): e00701-e00718.

Liu X C, Zhang L A, Feng X D, et al. 2018. Biosynthesis of glycyrrhetinic acid-3-*O*-monoglucose using glycosyltransferase UGT73C11 from *Barbarea vulgaris*. Industrial & Engineering Chemistry Research, 56(51): 14949-14958.

Matsuda Y, Gotfredsen C H, Larsen T O. 2018. Genetic characterization of neosartorin biosynthesis provides insight into heterodimeric natural product generation. Org Lett, 20(22): 7197-7200.

Matthies D, Haberstock S, Joos F, et al. 2011. Cell-free expression and assembly of ATP synthase. J Mol Biol, 413(3): 593-603.

Pardee K, Green A A, Takahashi M K, et al. 2016. Rapid, low-cost detection of Zika virus using programmable biomolecular components. Cell, 165(5): 1255-1266.

Pardee K, Slomovic S, Nguyen P Q, et al. 2016. Portable, on-demand biomolecular manufacturing. Cell, 167(1): 248-259.e12.

Park J S, Rhau B, Hermann A, et al. 2014. Synthetic control of mammalian-cell motility by engineering chemotaxis to an orthogonal bioinert chemical signal. Proc Natl Acad Sci USA, 111(16): 5896-5901.

Rabinovich G A, Gabrilovich D, Sotomayor E M. 2007. Immunosuppressive strategies that are mediated by tumor cells. Annu Rev Immunol, 25: 267-296.

Ritchie S A, Staunton K M. 2019. Reflections from an old Queenslander: can rear and release strategies be the next great era of vector control? Proc Biol Sci, 286(1905): 20190973.

Ro D K, Paradise E M, Ouellet M, et al. 2006. Production of the antimalarial drug precursor artemisinic acid in engineered yeast. Nature, 440(7086): 940-943.

Schwarz-Schilling M, Aufinger L, Mückl A, et al. 2016. Chemical communication between bacteria and cell-free gene expression systems within linear chains of emulsion droplets. Integr Biol (Camb), 8(4): 564-570.

Si L L, Xu H, Zhou X Y, et al. 2016. Generation of influenza A viruses as live but replication-incompetent virus vaccines. Science, 354(6316): 1170-1173.

Szczebara F M, Chandelier C, Villeret C, et al. 2003. Total biosynthesis of hydrocortisone from a simple carbon source in yeast. Nat Biotechnol, 21: 143-149.

Wang L, Schultz P G. 2001. A general approach for the generation of orthogonal tRNAs. Chem Biol, 8(9): 883-890.

Wang L, Schultz P G. 2002. Expanding the genetic code. Chem Commun (Camb), (1): 1-11.

Wang W F, Cha Y J. 2018. Volatile compounds in seasoning sauce produced from soy sauce residue by reaction flavor technology. Prev Nutr Food Sci, 23(4): 356-363.

Wang X, Yang J G, Chen L, et al. 2013. Using synthetic biology to distinguish and overcome regulatory and functional barriers related to nitrogen fixation. PLoS One, 8(7): e68677.

Wei N, Oh E J, Million G, et al. 2015. Simultaneous utilization of cellobiose, xylose, and acetic acid from lignocellulosic biomass for biofuel production by an engineered yeast platform. ACS Synth Biol, 4(6): 707-713.

Wei T Y, Cheng C M. 2016. Synthetic biology-based point-of-care diagnostics for infectious disease. Cell Chem Biol, 23(9): 1056-1066.

Whangsuk W, Thiengmag S, Dubbs J, et al. 2016. Specific detection of the pesticide chlorpyrifos by a sensitive genetic-based whole cell biosensor. Anal Biochem, 493: 11-13.

Wu J Q, Zhang Q L, Deng W, et al. 2011. Toward improvement of erythromycin A production in an industrial *Saccharopolyspora erythraea* strain via facilitation of genetic manipulation with an artificial attB site for specific recombination. Appl Environ Microbiol, 77(21): 7508-7516.

Wu M R, Jusiak B, Lu T K. 2019. Engineering advanced cancer therapies with synthetic biology. Nat Rev Cancer, 19(4): 187-195.

Xie Z, Wroblewska L, Prochazka L, et al. 2011. Multi-input RNAi-based logic circuit for identification of specific cancer cells. Science, 333(6047): 1307-1311.

Xiong M Y, Schneiderman D K, Bates F S, et al. 2014. Scalable production of mechanically tunable block polymers from sugar. Proc Natl Acad Sci USA, 111(23): 8357-8362.

Xu P, Qiao K J, Ahn W S, et al. 2016. Engineering *Yarrowia lipolytica* as a platform for synthesis of drop-in transportation fuels and oleochemicals. Proc Natl Acad Sci USA, 113(39): 10848-10853.

Yagur-Kroll S, Amiel E, Rosen R, et al. 2015. Detection of 2,4-dinitrotoluene and 2,4,6-trinitrotoluene by an *Escherichia coli* bioreporter: performance enhancement by directed evolution. Appl Microbiol Biotechnol, 99(17): 7177-7188.

Yagur-Kroll S, Lalush C, Rosen R, et al. 2014. *Escherichia coli* bioreporters for the detection of 2,4-dinitrotoluene and 2,4,6-trinitrotoluene. Appl Microbiol Biotechnol, 98(2): 885-895.

Yang J G, Xie X Q, Wang X, et al. 2014. Reconstruction and minimal gene requirements for the alternative iron-only nitrogenase in *Escherichia coli*. Proc Natl Acad Sci USA, 111(35): E3718-E3725.

Yang J G, Xie X Q, Xiang N, et al. 2018. Polyprotein strategy for stoichiometric assembly of nitrogen fixation components for synthetic biology. Proc Natl Acad Sci USA, 115(36): E8509-E8517.

Zhao X R, Choi K R, Lee S Y. 2018. Metabolic engineering of *Escherichia coli* for secretory production of free haem. Nat Catal, 1(9): 720-728.

Zhong C, Gurry T, Cheng A A, et al. 2014. Strong underwater adhesives made by self-assembling multi-protein nanofibres. Nat Nanotechnol, 9(10): 858-866.

Zúñiga A, Fuente F, Federici F, et al. 2018. An engineered device for indoleacetic acid production under quorum sensing signals enables *Cupriavidus pinatubonensis* JMP134 to stimulate plant growth. ACS Synth Biol, 7(6): 1519-1527.

Zuo Z Q, Gong T, Che Y, et al. 2015. Engineering *Pseudomonas putida* KT2440 for simultaneous degradation of organophosphates and pyrethroids and its application in bioremediation of soil. Biodegradation, 26(3): 223-233.